高职高专建筑类专业“十二五”规划教材

建筑工程计量与计价

主 编 廖 雯 孙 璐

副主编 张 伟 毛燕红 于文革 郑 重

参 编 田秋红 郝风田 张传芹

赵盈盈 鲁 辉 贾秀章

西安电子科技大学出版社

内 容 简 介

“建筑工程计量与计价”不仅是建筑工程管理房地产评估和工程造价专业的主要专业课，还是监理、建筑工程施工、建筑财会等专业的重要专业课。

本书由六个项目组成：建筑工程计量与计价相关知识、建筑工程造价的构成与确定、建筑工程预算定额、建筑工程定额计量与计价、建筑工程清单计量与计价以及工程造价软件的应用。每个项目后配有相应的思考及练习题。

本书编写力求反映当前工程造价的特点，并且非常注重实际应用，从建筑工程计量与计价两个层次分别进行介绍，仅实例就百余个。为便于学生将理论知识与实际应用进行有机结合，书中还配有两套综合实训题。

本书不仅可以作为高职高专和各类职业院校的建筑工程管理、工程造价、土木工程、建筑财会等专业的教材，也可作为建筑施工企业对工程技术人员和工程经济管理人员的培训教材，还适合作为建筑造价员资格的考试用书。

本书配有电子教案，需要的老师可登录出版社网站，免费下载。

图书在版编目(CIP)数据

建筑工程计量与计价/廖雯，孙璐主编. —西安：西安电子科技大学出版社，2013.2

高职高专建筑类专业“十二五”规划教材

ISBN 978-7-5606-2990-2

Ⅰ. ① 建… Ⅱ. ① 廖… ② 孙… Ⅲ. ①建筑工程—计量 ②建筑造价 Ⅳ. ① TU723.3

中国版本图书馆 CIP 数据核字(2013)第 021137 号

策　　划　马乐惠

责任编辑　秦志峰　马乐惠

出版发行　西安电子科技大学出版社(西安市太白南路 2 号)

电　　话　(029)88242885　88201467　　邮　　编　710071

网　　址　www.xduph.com　　电子邮箱　xdupfxb001@163.com

经　　销　新华书店

印刷单位　陕西天意印务有限责任公司

版　　次　2013 年 2 月第 1 版　2013 年 2 月第 1 次印刷

开　　本　787 毫米×1092 毫米　1/16　印　张　16

字　　数　376 千字

印　　数　1～3000 册

定　　价　24.00 元

ISBN 978-7-5606-2990-2/TU

XDUP　3282001-1

前　言

本教材以建筑企业和实习基地为依托，针对工程造价员岗位设计课程，按照工作任务流程设计教学任务，并将岗位技能课程内容与工程造价员执业资格标准，以及造价员部分岗位职责内容融入课程，保证学生在专业知识、专业操作技能、职业素质、方法能力等方面达到岗位要求。本教材适于采用项目教学法的教学单位使用。

本教材的特点：

1．深入浅出。教材的编写按教学特有的规律由浅入深，逐步讲解。

2．实用通俗。教材将内容实用性放在首位，利用图、表以及简练和通俗易懂的文字语言，使得内容条理清晰，适合初学者及自学者使用。

3．内容翔实。在有限的篇幅内，不仅介绍了建筑工程计价的基础知识、建筑工程造价的构成与确定、建筑工程定额计价文件及清单计价文件的编制，还介绍了建筑工程计价最重要的依据之一——建筑工程预算定额以及工程造价软件的应用。

4．注重规范性、政策性。工程量计量及计价方法均按国家最新的规范《房屋建筑与装饰工程计量规范》(GB50500—2013)及要求编写。

5．注重理论联系实际。培养学生的动手能力，强化实际训练。

建筑计价各类文件的编制均具有较强的实践性，本书例举了百余道实例题，以方便学生学习。另外还准备编制综合实训题及与本书配套使用的《建筑工程计量与计价实训练习册》，以便学生边学边练，稳步提高。

本教材编写团队既有任教多年的高校教师——江苏建筑职业技术学院教师廖雯、毛燕红，九州职业技术学院土木工程系副主任张伟，教师田秋红，又有多年从事定额编辑解释工作的工程师——江苏省造价管理总站工程师孙璐及从事定额基础工作的工程师——江苏省徐州市造价管理处工程师郑重，还有多年从事工程造价管理工作的管理者——中煤建设集团建筑安装公司第73工程处高级工程师、总经济师于文革。江苏建筑职业技术学院教师郝风田、张传芹、赵盈盈、鲁辉、贾秀章也参与了编写。综合实训图纸由中煤国际工程公司北京华宇工程有限公司高级工程师李振民绘制。

在本教材编写过程中，编者查阅了大量的参考文献，在此，对相关的专家、编者致以深深的敬意。本书出版还得到西安电子科技大学出版社编辑的大力支持，对他们的付出，编者在此深表感谢。

由于时间有限，书中难免有疏漏与不完善之处，愿同行或广大读者多提宝贵意见。

编者

2013年1月

目 录

绪 论

一、本课程的研究对象及任务

建筑产品的生产需要消耗一定的人力、物力、财力，其生产过程受到管理体制、管理水平、社会生产力、上层建筑等诸多因素的影响。建筑产品不仅具有一般商品的特性，而且自身还具有固定性、多样性和体积庞大等特点，在生产过程中还具有生产的单件性、施工流动性、生产连续性、露天性、工期长、产品质量差异性等独特的技术经济特点。根据建筑产品的这些特点，建筑产品价格构成因素及其计算方法有专门的要求，必须按照特殊的计价程序来计算和确定其价格。

本课程研究的对象是建筑产品数量与建筑产品价格之间的关系，着重研究其货币形态。

本课程要完成的任务是正确合理地计算建筑产品的造价，即正确合理地计算建筑产品价格的方法。

二、本课程的学习内容

本课程由 6 个项目组成，分别是建筑工程计量与计价相关知识、建筑工程造价的构成与确定、建筑工程预算定额、建筑工程定额计量与计价、建筑工程清单计量与计价和工程造价软件的应用。本书主要介绍了建筑工程定额计价文件与清单计价文件的编制。

三、本课程的性质

(1) 本课程不仅是一门建筑工程管理房地产评估和工程造价专业的主要专业课，而且还是监理、建筑工程施工、建筑财会等专业的重要专业课。

(2) 本课程是一门就业岗位必须具备的基本技能的专业课。

(3) 本课程是建筑企业进行现代化管理的基础，也是建筑企业进行经济核算、考核工程成本、对工程建设投资进行分配管理和监督的依据。

四、本课程的特点

(1) 综合性。本课程的内容融合了建筑工程定额和建筑工程施工工艺、施工组织与设计等多门学科的知识。

(2) 政策性。本课程内容与国家、省、市的政策密切相关。

(3) 实践性。本课程的学习过程是理论与实践相结合的过程。

(4) 实用性。借助本课程介绍的知识，可以解决工作中经常遇到的问题。

五、本课程与其他课程的关系

建筑工程识图、房屋构造学、建筑施工技术、建筑材料学等课程是学习本课程应具备的基础知识。此外，建筑业统计、建筑施工组织管理、工程招投标与合同管理等课程与本课程也有着密切的关系。

目前，运用计算机编制工程造价文件已经普及，因此学习者还应具有熟练运用计算机的能力，以便于学习工程造价软件的应用知识。

六、本课程的学习要求

本课程的学习要求如下：

(1) 熟悉国家颁发的有关规定、标准、制度、法令等。

(2) 养成经常浏览工程造价网的习惯，以便及时掌握有关造价方面的最新政策。

(3) 由于学习内容有很强的地域性，因此学习时应注意地域特点，能将本地区的有关规定与教材内容相结合。

(4) 课前预习新知识，及时复习所学过的内容，灵活运用所学知识。

(5) 坚持理论联系实际，加强实际训练。在学习过程中多动手、勤动脑，以实现学练结合。

项目一　建筑工程计量与计价相关知识

学习目标

了解：建筑业、基本建设以及基本建设的分类、内容、程序；工程造价的特点、建筑工程计价的特征。

熟悉：基本建设造价文件、基本建设程序与建筑工程计价间的关系；工程造价、建筑工程计价的含义。

掌握：基本建设造价文件的分类，基本建设项目与建筑工程计价间的关系以及计价的模式。

一、建筑业与基本建设

(一) 建筑业

建筑业是指从事建筑安装工程的勘测、设计、施工、设备安装和建筑工程更新维修等生产活动的物质生产部门。建筑业生产的是建筑产品，比如，一栋建筑(构筑)物、一堵砖墙、一根梁或柱都可以看做是一个建筑产品。生产一定数量的建筑产品，必定会消耗一定数量的人工、材料、机械时间，这些因素决定了该建筑产品的价格。

(二) 基本建设

基本建设是指国民经济各部门固定资产的形成过程。它是把一定的建筑材料、机械设备通过购置、建造和安装等活动，转化为固定资产(使用年限在一年以上且单位价值在规定限额以上的劳动资料和消费资料)，形成新的生产能力或使用效益的过程。与此相关的其他工作，如土地征用、房屋拆迁、青苗补偿、勘察设计、招投标、工程监理等工作也是基本建设的组成部分。

(三) 建筑业与基本建设的区别和联系

1. 建筑业与基本建设的区别

(1) 性质不同。建筑业是一个物质生产部门，是工程项目的承包方(乙方)；基本建设是一项投资活动，基本建设部门是工程项目的建设方(业主或甲方)。

(2) 任务不同。建筑业的任务是为业主提供建筑产品；基本建设的任务是控制工程投资，进行工程项目的可行性研究，组织勘察、设计、施工和监理的发包等工作。

2. 建筑业与基本建设的联系

任何基本建设都离不开建筑业；反之，建筑业的生产活动，也都是为了进行基本建设。因此两者是相互依存、相互制约和相互影响的关系。

二、基本建设概述

(一) 基本建设的内容

基本建设的内容包括以下五个方面：

(1) 建设工程，包括房屋建筑和市政基础设施工程。

(2) 设备安装工程，包括机械设备安装和电气设备安装工程。

(3) 设备、工具、器具的购置。

(4) 勘察与设计，即地质勘察、地形测量和工程设计。

(5) 其他基本建设工作，如征用土地、培训工人、生产准备等。

(二) 基本建设的分类

基本建设是由一个个的基本建设项目(简称建设项目)组成的。根据不同的分类标准，基本建设项目大致可分为以下几类。

1. 按建设形式不同分类

(1) 新建项目——新开始建的项目，或在原有固定资产的基础上扩大三倍以上规模的建设项目。

(2) 扩建项目——原有建设单位为扩大生产能力或效益，在原有固定资产的基础上扩大三倍以内规模的建设项目。

(3) 改建项目——原有建设单位为扩大生产能力或效益，对原有设备、工艺流程进行技术改造的项目。

(4) 迁建项目——原有建设单位由于各种原因迁址建设的项目。

(5) 恢复项目(又称重建项目)——因遭受自然灾害或战争使得全部报废而投资重新恢复建设的项目。

2. 按建设过程不同分类

(1) 筹建项目——在计划年度内，正在准备建设还未正式开工的项目。

(2) 施工项目(又称在建项目)——已开工并正在施工的项目。

(3) 收尾项目——已经竣工验收，并且投产或交付使用，但还有少量扫尾工作的建设项目。

(4) 投产项目——已经竣工验收，并且投产或交付使用的项目。

3. 按资金来源渠道不同分类

(1) 国家投资项目——国家预算计划内直接安排的建设项目。

(2) 自筹建设项目——国家预算计划外，地方或企业自筹资金建设的项目。

(3) 外资项目——国外资金投资的建设项目。

(4) 贷款项目——通过银行贷款的建设项目。

4．按建设规模不同分类

按建设规模不同可分为大、中、小型项目。其划分标准在各行业中是不一样的，一般按产品的设计能力或按其全部投资额来进行划分。

基本建设分类如图 1-1 所示。

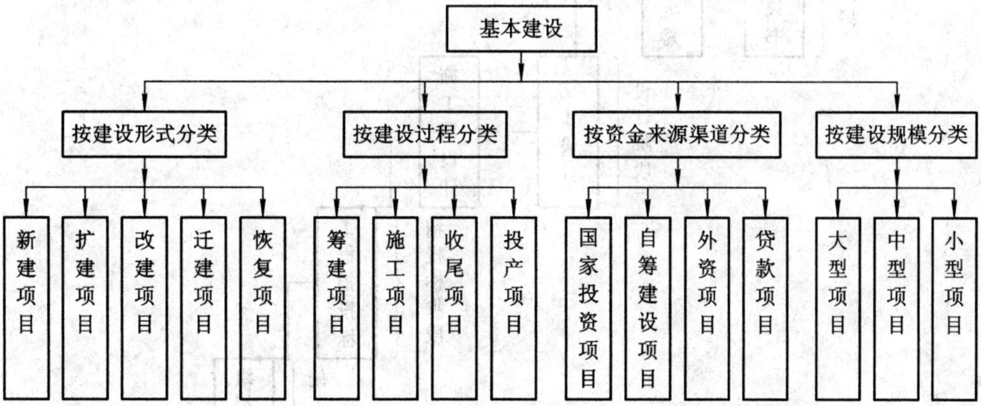

图 1-1　基本建设分类

(三) 基本建设的程序、步骤

1．基本建设程序

基本建设程序：是指在基本建设工作中，各项工作必须遵循的先后顺序。

基本建设程序遵循的原则：先勘察后设计，先设计后施工，先验收后使用。

2．基本建设的步骤

基本建设一般按下列步骤进行(如图 1-2 所示)：

(1) 提出项目建议书；

(2) 进行可行性研究；

(3) 初步设计；

(4) 施工图设计；

(5) 工程招投标；

(6) 组织施工；

(7) 竣工验收。

(四) 基本建设程序与建筑工程计价间的关系

基本建设程序与建筑工程计价间的关系如图 1-3 所示。

(1) 项目建议书可行性研究阶段——编制投资估算。

(2) 初步设计阶段——编制设计概算。

(3) 施工图设计阶段——编制施工图预算。

(4) 招投标阶段——编制标底、报价书。
(5) 施工阶段——编制施工预算。
(6) 单位工程或单项工程竣工验收阶段——编制竣工结算。
(7) 建设项目全部竣工验收阶段——编制竣工决算。

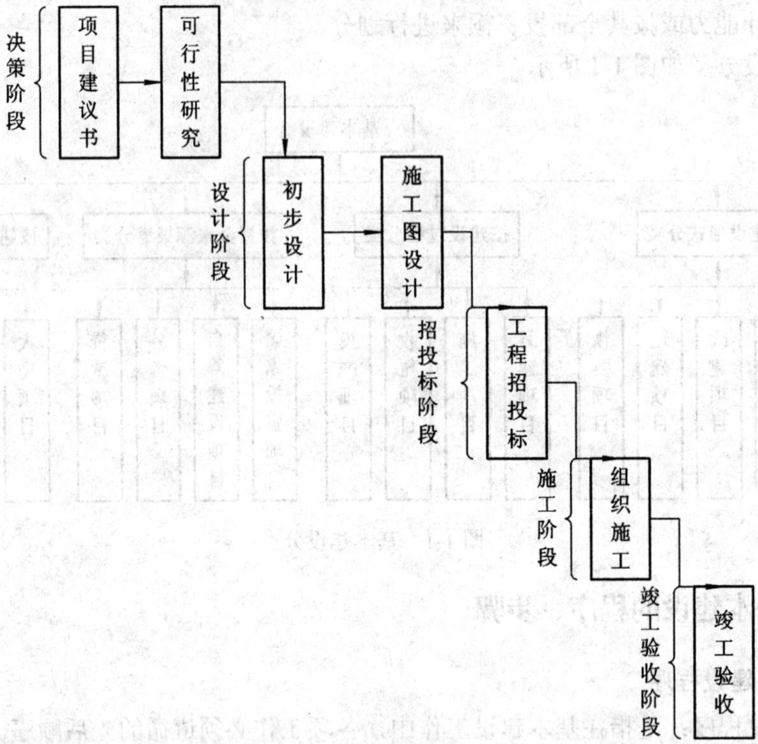

图 1-2 基本建设步骤

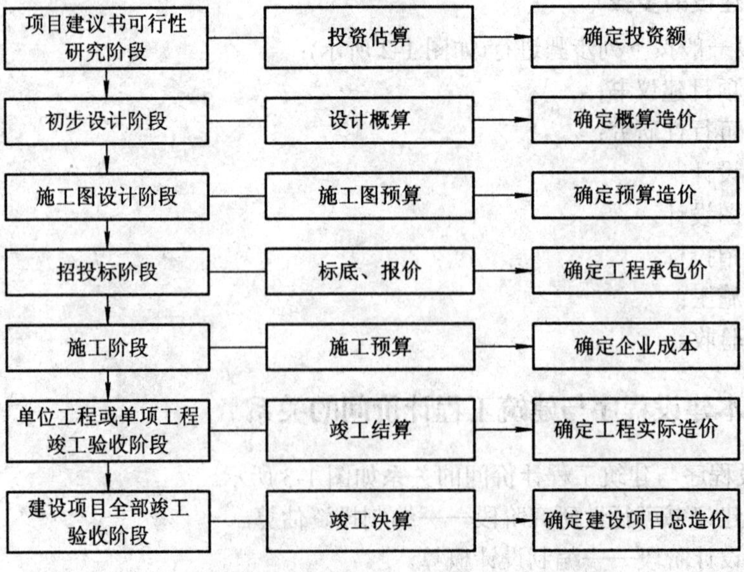

图 1-3 基本建设程序与建筑工程计价间的关系

(五) 基本建设项目的划分及建筑工程造价确定的原理

1. 基本建设项目的层次

基本建设项目按从大到小划分可分为五个层次，它们分别是建设项目、单项工程、单位工程、分部工程、分项工程。

(1) 建设项目。在一个总体设计范围内，由一个或几个单项工程组成，经济上实行独立核算，行政上实行统一管理的建设单位，例如：建筑学院、铜山中学、第四人民医院等。

(2) 单项工程：具有独立设计文件，竣工以后可以独立发挥生产能力或使用效益的工程。例如：办公楼、教 1 楼、学 8 楼、图书馆、医院、一食堂等。

(3) 单位工程：具有独立的设计文件，能独立施工，但一般不能独立发挥生产能力或使用效益的工程。例如：教 1 楼、图书馆等楼中的土建工程、给排水工程、电器照明工程、采暖工程等。

(4) 分部工程：单位工程的组成部分。它是单位工程的各个部位由不同工种的工人利用不同的工具和材料完成的部分工程。例如：土建工程中的土石方工程、打桩及基础垫层、砌筑工程、混凝土工程、钢筋工程、金属结构工程等。

(5) 分项工程：分部工程的组成部分，它是将分部工程进一步更细地划分为若干部分。例如：砌筑工程又分直型砖基础、圆、弧形砖基础、1/2 砖外墙、3/4 砖外墙、1 砖外墙、1 砖弧形外墙、1/2 砖内墙、3/4 砖内墙、1 砖内墙、1 砖弧形内墙、毛石基础等。

基本建设项目划分示意图如图 1-4 所示。

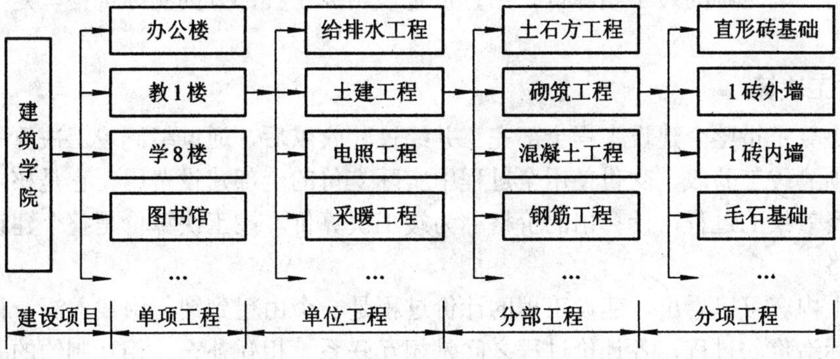

图 1-4　基本建设项目划分示意图

2. 建筑工程造价确定的原理

基本项目是按照建设项目—单项工程—单位工程—分部工程—分项工程层层分解的关系来划分的。建筑工程计价是从分项工程量计算开始，然后套预算定额计算出分项工程费，汇总、计算出分部工程费，再汇总，计算出单位工程费，最后根据有关取费文件计算出工程的总造价。建筑工程造价是以单位工程为编制对象的。

三、基本建设造价文件

基本建设造价文件是反映基本建设各阶段的造价文件。根据基本建设程序的不同阶段，基本建设造价文件可分为以下几项。

1．投资估算

投资估算是指在项目建议书和可行性研究阶段，对拟建工程所需投资预先测算和估算的过程，计算出来的价格称为估算造价。投资估算是决策、筹资和控制造价的主要依据。

2．设计概算

设计概算是指在初步设计阶段，根据初步设计图纸，通过编制工程概算文件对拟建工程所需投资预先测算和确定的过程，计算出来的价格称为概算造价。概算造价较估算造价准确，它受到估算造价的控制，是项目投资的最高限额。

3．施工图预算

施工图预算也称为设计预算，它是指在施工图设计阶段，根据施工图纸，通过编制造价文件对拟建工程所需投资预先测算和确定的过程，计算出来的价格称为预算造价。预算造价较概算造价更为详尽和准确，它是编制招投标价格和进行工程结算等的重要依据，要受概算造价的控制。

4．招标控制价(标底)和投标价

工程招投标阶段，根据施工图纸、计价规范、预算定额、工程量清单、招标文件等编制的造价文件。

5．竣工结算价

以合同价格为基础，根据设计变更与工程索赔等情况，通过编制工程结算书对已完工程进行价格的确定称为竣工结算价。结算价是该结算工程部分的实际价格，是支付工程款项的凭据。

6．竣工决算

竣工决算是指整个建设工程全部完工并经过验收以后，通过编制竣工决算书计算整个项目从立项到竣工验收、交付使用全过程中实际支付的全部建设费用。它是核定新增资产和考核投资效果的过程，计算出的价格称为竣工决算价。竣工决算价是整个建设工程的最终实际价格。

从以上内容可以看出，建设工程的计价过程是一个由粗到细、由浅入深，最终确定整个工程实际造价的过程，各计价过程之间是相互联系、相互补充、相互制约的关系，前者制约后者，后者补充前者。

四、工程造价

(一) 工程造价的含义

工程造价就是工程的建造价格。工程泛指一切建设工程，它的范围和内涵具有很大的不确定性。工程造价有广义的工程造价和狭义的工程造价两种含义。

(1) 广义的工程造价：是指建设一项工程预期开支或实际开支的全部固定资产投资费用。这一含义是从投资者——业主的角度来定义的。

(2) 狭义的工程造价：是指工程价格，也就是它的发承包价格。它是以商品经济和市场经济为前提，以工程作为交易对象，通过招投标或其他交易方式，在多次预估的基础上，最终由市场形成的价格。

一般情况下我们所指的工程造价是指狭义的工程造价。

(二) 工程造价的特点

工程建设的特点决定了工程造价具有以下特点。

1. 大额性

能够发挥投资效用的任何一项工程，不仅实物形体庞大，而且造价高昂，动辄达到百万元以上，甚至特大型工程项目的造价可达百亿元以上。

2. 个别性、差异性

任何一项工程都有特定的用途、功能、规模。因此，对每一项工程的结构、造型、空间分割、设备配置和内外装饰都有具体的要求，从而使工程内容和实物形态都具有个别性和差异性。产品的差异性决定了工程造价的个别性差异。

3. 动态性

任何一项工程从决策到竣工交付使用，都有一个较长的建设期间，而且由于不可控因素的影响，在预计工期内，许多影响工程造价的动态因素，如工程变更、设备材料价格、工资标准，以及费率、利率、汇率都会发生变化，这些变化必然会影响到造价的变动。所以，工程造价在整个建设期中处于动态调整状态，直至竣工决算才能最终确定工程的实际造价。

4. 层次性

造价的层次性取决于工程的层次性。一个建设项目往往由多个单项工程组成，单项工程由多个单位工程组成，单位工程由分部工程组成，分部工程由分项工程组成。这样工程造价可分为建设项目总造价、单项工程造价、单位工程造价、分部工程造价、分项工程造价。

5. 兼容性

兼容性首先表现在它具有广义和狭义两种含义，其次表现在工程造价构成因素复杂。对于广义的工程造价来说，除建安成本外，获得建设工程用地支出的费用、项目可行性研究和规划设计费用、政府一定时期的相关政策、资金成本等因素都将影响工程的最终造价。

五、建筑工程计价

(一) 建筑工程计价的含义

建筑工程计价是指根据有关建设工程计价的法律、法规和文件、图纸及相关资料，对建筑工程进行工程量计算，确定综合单价，汇总取费形成工程总造价的过程。

建筑工程计价的主要特点是将一个单位工程分解成若干分部、分项工程或按有关计价依据规定的若干基本子目，找到合适的计量单位，采用特定的估价方法进行组价汇总，得到该单位工程的工程造价。

(二) 建筑工程计价的特征

1. 单件性计价

建设工程是按照特定使用者的专门用途在指定地点逐个建造的。每项建筑工程为适应不同的使用要求，其面积和体积、造型和结构、装修与设备的标准及数量都会有所不同，而且特定地点的气候、地质、水文、地形等自然条件及当地政治、经济、风俗习惯等因素必然使建筑产品实物形态千差万别，再加上不同地区构成投资费用的各种生产要素(如人工、材料、机械)的价格差异，最终导致建设工程造价的千差万别。所以，建设工程和建筑产品不可能像工业产品那样统一地成批定价，而只能根据它们各自所需的物化劳动和活劳动消耗量逐项计价，即单件计价。

2. 多次性计价

由于建设工程生产周期长、规模大、造价高，因此必须按基本建设规定程序分阶段分别计算工程造价，以保证工程造价确定与控制的科学性。对不同阶段实行多次性计价是一个从粗到细、从浅到深、由概略到精确、逐步接近实际造价的过程。具体过程见表 1-1。

表 1-1　工程多次性计价

阶　段	主要工作	工程造价	计价类型
决策阶段	项目建议书 可行性研究报告	投资估算造价	投资估算
设计阶段	方案设计	概算造价	设计概算
	技术设计	修正总概算造价	
	施工图设计	预算造价	施工图预算
实施阶段	工程招投标	招标控制价(标底)、投标价	工程量清单计价
	签订合同	合同价	承包合同价
竣工阶段	竣工验收	结算造价	竣工结算价
	交付使用	最终造价	竣工决算

3. 组合性计价

建设工程造价包括从立项到竣工所支出的全部费用，其组成内容十分复杂，只有把建设工程分解成能够计算造价的基本组成要素，再逐步汇总，才能准确计算出整个工程造价。

4. 计价形式和方法的多样性

工程计价形式和方法有多种，目前常用的有定额计价法和工程量清单计价法。

5. 计价依据的复杂性

由于影响工程造价的因素很多，因此计价依据种类繁多且复杂。计价依据是指计算工程造价所依据基础资料的总称，它包括各种类型定额与指标、计价规范、设计文件、招标文件、人工单价、材料价格、机械台班单价、施工方案、费用定额及有关部门颁发的文件和规定等。

(三) 建筑工程计价的模式

建筑工程计价目前有定额计价法和工程量清单计价法两种模式。

(1) 定额计价法。它是利用预算定额进行计价的一种传统的计价方式。它分为单价法和实物法两种方式。

(2) 工程量清单计价法。它是指完成工程量清单中一个规定计量单位项目的完全价格(包括人、材、机、企业管理费、利润、风险费)的一种方法，它采用综合单价法进行计价。工程量清单计价法是一种国际上通行的计价方式。我国目前采用的工程量清单计价并不是完全意义上的清单计价。

【思考及练习题】

1. 什么是工程造价？工程造价的含义有哪两种？
2. 什么是基本建设？它包括哪些内容？ 基本建设程序可以分为哪些阶段？
3. 基本建设项目可划分为哪些层次？以身边实例说明基本建设项目的层次划分。
4. 基本建设造价文件有哪些？
5. 什么是建筑工程计价？建筑工程计价的特征是什么？
6. 简述建筑工程计价的模式。

项目二　建筑工程造价的构成与确定

学习目标

了解：基本建设费用的构成。

熟悉：建筑工程造价费用的构成、所在省市现行建安工程造价的构成。

掌握：包工包料工程的计价程序、建筑工程造价费用的计算。

单元一　基本建设费用的构成

一、基本建设费用

基本建设费用是指基本建设项目从筹建到竣工验收交付使用整个过程中，所投入的全部费用总和，内容包括工程费用、其他费用、预备费、专项费等，如表2-1。

表2-1　基本建设费用的构成

<table>
<tr><td rowspan="10">基本建设费用</td><td rowspan="2">工程费用</td><td>建筑安装工程费</td><td>直接费用、间接费用、利润、税金</td></tr>
<tr><td>设备、工器具等购置费</td><td>设备购置费、工器具及生产家具购置费</td></tr>
<tr><td rowspan="3">其他费用</td><td>土地使用费</td><td>土地征用及拆迁补偿费、土地使用权出让金</td></tr>
<tr><td>与建设项目有关的其他费用</td><td>建设单位管理费、勘察设计费、研究试验费、建设单位临时设施费、工程奖励费、工程保险费、引进技术和进口设备其他费用、工程承包费</td></tr>
<tr><td>与未来企业生产经营有关的其他费用</td><td>联合试运转费、生产准备费、办公及生产家具购置费</td></tr>
<tr><td rowspan="2">预备费</td><td>基本预备费</td><td></td></tr>
<tr><td>涨价预备费</td><td></td></tr>
<tr><td rowspan="2">专项费</td><td>建设期贷款利息</td><td></td></tr>
<tr><td>铺底流动资金</td><td></td></tr>
</table>

二、基本建设费用的组成

1．工程费用

工程费用由建筑安装工程费和设备及工器具购置费组成。

(1) 建筑安装工程费。建筑安装工程费包括建筑工程费和安装工程费。

① 建筑工程费是指包括房屋建筑物、构筑物以及附属工程等在内的各种工程费用。

② 安装工程费是指各种设备及管道等安装工程的费用。

(2) 设备及工器具购置费。设备及工器具购置费包括需要安装和不需要安装的设备及工器具购置费。

① 设备购置费是指为建设项目购置或自制的达到固定资产标准的各种国产或进口设备、工器具的购置费用。

② 工具、器具及生产家具购置费是指为保证正式投入使用以及初期正常生产必须购置的没有达到固定资产标准的设备、仪器、工卡模具、器具、生产家具和备品备件等的购置费用。

2．其他费用

其他费用是指从工程筹建到工程竣工验收交付使用的整个建设期间，除建筑安装工程费和设备及工器具购置费以外，为保证工程建设顺利完成，交付使用后能够正常发挥效用的各项费用总和。内容包括：① 土地费用；② 勘察设计费；③ 可行性研究费；④ 建设单位管理费；⑤ 建设工程监理费；⑥ 工程咨询费；⑦ 工程设计费；⑧ 建设规费；⑨ 研究试验费；⑩ 工程保险费；⑪ 施工机构迁移费；⑫ 引进技术和进口设备费；⑬ 联合试运转费；⑭ 办公和生产家具购置费等。

3．预备费

预备费也称不可预见费，包括基本预备费和涨价预备费。

(1) 基本预备费指在初步设计及概算编制阶段难以预料的工程费用及其他支出发生的费用。

(2) 涨价预备费是指建设项目在建设期间内由于价格等变化引起工程造价变化的预测预留费。

4．专项费用

(1) 建设期贷款利息：一个建设项目需要投入大量的资金，通常利用贷款来解决自有资金的不足，但利用贷款必须支付利息。

(2) 铺底流动资金：主要指工业建设项目中，为投产后第一年产品生产作准备的铺底流动资金。

【例 2-1】 某建设项目的建筑安装工程费为：主要生产项目 75 000 万元，辅助生产项目 50 000 万元，环境保护工程 650 万元，运输工程 300 万元，厂外工程 100 万元。该项目设备工器具购置费 30 000 万元，工程建设其他费用 500 万元。基本预备费率 10%，建设期价格上涨率 5%，建设期 2 年，第一年投资使用比例 45%，第二年投资使用比例 55%。第一年贷款 5000 万元，第二年贷款 4800 万元，贷款年利率 12%。试计算该项目的总投资。

解：基本建筑费用的计算见表 2-2。

表 2-2 基本建筑费用计算表 单位：万元

费用名称	费用(万元)	计算过程
1. 建安工程费	126 050	75 000+50 000+650+300+100=126 050
2. 设备及工器具购置费	30 000	
3. 工程建设其他费	500	
4. 预备费	29 237.67	15 655+13 582.67=29 237.67
(1) 基本预备费		(126 050+30 000+500)×10%=15655
(2) 涨价预备费		3874.613+9708.057=13 582.67
第一年		(126 050+30 000+500+15 655)×45%×[(1+5%)(1－1)]=3874.613
第二年		(126 050+30 000+500+15 655)×55%×[(1+5%)(2－1)]=9708.057
5. 建设期贷款利息	1224	300+924=1224
第一年		1/2×5000×12%=300
第二年		(5000+300+1/2×4800)×12%=924
该项目总投资	187 011.67	126 050+30 000+500+29 237.67+1224=187 011.67

单元二 建筑工程造价费用的构成

建筑安装工程费是工程造价中最活跃的部分。建筑安装工程费约占项目总投资的50%～60%，它由建筑工程费用和安装工程费用两部分组成。

一、建筑工程费用理论构成

根据建标［2003］206 号《建筑安装工程费用项目组成》规定，我国现行建筑安装工程费用由直接费、间接费、利润和税金四部分构成，具体构成见表 2-3。

表 2-3 建筑安装工程费构成

建筑安装工程费	直接费	直接工程费	人工费、材料费、机械费
		措施费	环境保护费、文明施工费、安全施工费、临时设施费、夜间施工增加费、二次搬运费、大型机械设备进出场及安拆费、砼和钢筋砼模板及支架费、脚手架费用、已完工程及设备保护费、施工降水费用、排水费、冬雨季施工增加费、地上地下设施费用、建筑物的临时保护设施费
	间接费	规费	工程排污费、社会保障费、住房公积金、危险作业意外伤害保险
		企业管理费	管理人员工资、办公费、差旅交通费、固定资产使用费、工具用具使用费、劳动保险费、工会经费、职工教育经费、财产保险费、财务费、税金、其他
	利润		
	税金		

二、现行建筑工程费用的构成

以江苏省为例。根据《江苏省建筑工程费用定额》(2009)适应工程量清单计价的要求，江苏省现行建筑安装工程费用由分部分项工程费、措施项目费、其他项目费、规费和税金构成，见表2-4。

表2-4 江苏省现行建筑工程费用构成

序号	费用名称	计算过程
1	分部分项工程费	∑工程量×综合单价
2	措施项目费	① ∑工程量×综合单价 ② 分部分项工程费×费率
3	其他项目费	按约定
4	规费	(1+2+3)×费率
5	税金	(1+2+3+4)×税率
6	工程费用合计	1+2+3+4+5

(一) 分部分项工程费

分部分项工程费是指为完成工程实体项目所发生的各项费用，包括人工费、材料费、机械费、管理费和利润。

1. 人工费

人工费是指直接从事建筑工程施工的生产工人开支的各项费用，内容包括基本工资、工资性津贴、生产工人辅助工资、职工福利费、劳动保护费。

2. 材料费

材料费是指施工过程中耗费的构成工程实体的原材料、辅助材料、构配件、零件、半成品的费用和周转使用材料的摊销费用。内容包括：材料原价、材料运杂费、运输损耗费、采购及保管费。

3. 机械费

机械费是指施工机械作业所发生的机械使用费、机械安拆费和场外运费。施工机械台班单价应由下列费用组成：折旧费、大修费、经常修理费、安拆费及场外运费、人工费、燃料动力费、车辆使用费。

4. 企业管理费

企业管理费是指施工企业组织施工生产和经营活动所发生的费用。内容包括：

(1) 管理人员的基本工资、工资性津贴、职工福利费、劳动保护费等。

(2) 差旅交通费：指企业职工因公出差、住勤补助费、市内交通费和误餐补助费、职工探亲路费、劳动力招募费、工地转移费以及交通工具油料、燃料、牌照等费用。

(3) 办公费：指企业办公用文具、纸张、账表、印刷、邮电、书报、会议、水、电、燃煤、燃气等费用。

(4) 固定资产使用费：指企业属于固定资产的房屋、设备、仪器等的折旧、大修、维修、或租赁费用。

(5) 生产工具用具使用费：指施工生产所需不属于固定资产的生产工具、检验用具、仪器仪表等的购置、摊销和维修费，以及支付给工人自备工具的补贴费。

(6) 工会经费及职工教育经费：工会经费是指企业按职工工资总额计提的工会经费；职工教育经费是指企业为职工学习培训按职工工资总额计提的费用。

(7) 财产保险费：指企业管理用财产、车辆保险费用。

(8) 劳动保险补助费：包括由企业支付的六个月以上的病假人员工资、职工死亡丧葬补助费、按规定支付给离休干部的各项经费。

(9) 财务费：是指企业为筹集资金而发生的各种费用。

(10) 税金：指企业按规定交纳的房产税、车船使用税、土地使用税、印花税等。

(11) 意外伤害保险费：企业为从事危险作业的建筑安装施工人员支付的意外伤害保险费。

(12) 工程定位、复测、点交、场地清理费。

(13) 非甲方所为四小时以内的临时停水、停电费用。

(14) 企业技术研发费：建筑企业为转型升级、提高管理水平所进行的技术转让、科技研发、信息化建设等费用。

(15) 其他：业务招待费、远地施工增加费、劳务培训费、绿化费、广告费、公证费、法律顾问费、审计费、咨询费、联防费等费用。

5．利润

利润是指施工企业完成所承包工程获得的盈利。

(二) 措施项目费

措施项目费是指为完成工程项目施工，发生于该工程施工准备和施工过程中的技术、生活、安全、环境保护等方面的非工程实体项目费用。

一般来说，非实体性项目费用的发生和金额的大小与使用时间、施工方法或者工序相关。

措施项目费由通用措施项目费和专业措施项目费两部分组成。

1．通用措施项目费

通用措施项目费见表 2-5。

表 2-5　通用措施项目费一览表

序　号	项 目 名 称
1	现场安全文明施工措施费(含环境保护、文明施工、安全施工)
2	夜间施工增加费
3	二次搬运费
4	冬雨季施工增加费
5	大型机械设备进出场费及安拆费
6	施工排水费
7	施工降水费
8	地上、地下设施，建筑物的临时保护设施费
9	已完工程及设备保护费

续表

序　号	项 目 名 称
10	临时设施费
11	企业检验、试验费
12	赶工措施费
13	工程按质论价
14	特殊条件下施工增加费

2. 专业措施项目费

专业措施项目费见表2-6。

表2-6　专业措施项目费一览表

序　号	项 目 名 称
1	混凝土、钢筋混凝土模板及支架费
2	脚手架费
3	垂直运输机械费
4	住宅工程分户验收费

措施项目的编制需考虑多种因素，除工程本身的因素以外，还涉及水文、气象、环境、安全等因素。若出现工程量清单中未列的项目，可根据工程实际情况加以补充。

3. ××省关于措施项目费的规定

措施项目费有按“费率”计算的项目和按“项”计算的项目。

(1) 按“费率”计算的措施项目：① 现场安全文明施工费：包括基本费、考评费和奖励费；② 夜间施工增加费；③ 冬雨季施工增加费；④ 已完工程及设备保护费；⑤ 临时设施费；⑥ 企业检验、试验费；⑦ 赶工措施费；⑧ 工程按质论价费；⑨ 住宅分户验收费；⑩ 各专业工程以“费率”计价的措施项目。

(2) 按“项”计算的措施项目：① 二次搬运费；② 大型机械设备进出场费及安拆费；③ 施工排水费；④ 施工降水费；⑤ 地下、地上设施，建筑物的临时保护设施费；⑥ 特殊条件下施工增加费；⑦ 各专业工程以“项”计价的措施项目。

(三) 其他项目费

其他项目费是指对工程中可能发生或必然发生，但价格或工程量不能确定的项目费用的列支，包括暂列金额、暂估价、计日工、总承包服务费等。

1. 暂列金额

暂列金额是招标人暂定并掌握使用的一笔款项，它包括在合同价款中，由招标人用于合同协议签订时尚未确定或者不可预见的所需材料、设备、服务的采购以及施工过程中各种工程价款调整因素出现时的工程价款调整。

不管采用何种合同形式，其理想的标准是一份合同的价格就是其最终的竣工结算价格，或者至少两者应尽可能接近。我国规定对政府投资工程实行概算管理，经项目审批部门批复的设计概算是工程投资控制的刚性指标，即使商业性开发项目也有成本的预先控制问题，否则无法相对准确预测投资的收益和科学合理地进行投资控制。但工程建设自身的特性决定了工程的设计需要根据工程进展不断地进行优化和调整，业主需求可能会随着工程建设进展出现变化，工程建设过程还会存在一些不能预见、不能确定的因素。消化这些因素必然会造成合同价格的调整，暂列金额正是为这类不可避免的价格调整而设立，以便达到合理确定和有效控制工程造价的目标。

2. 暂估价

暂估价包括材料暂估价和专业工程暂估价。暂估价是在招标阶段预见肯定要发生，只是因为标准不明确或者需要由专业承包人完成，暂时不能确定价格的材料以及专业工程的金额。暂估价数量和拟用项目应当结合工程量清单中的暂估价表予以补偿说明。

为方便合同管理，材料暂估价应纳入分部分项工程量清单项目综合单价中，不计入其他项目费汇总，以方便投标人组价。

专业工程暂估价一般应是综合暂估价，应当包括除规费和税金以外的管理费、利润等费用。总承包招标时，专业工程设计深度往往不够，一般需要交由专业设计人设计，以发挥其专业技能和专业施工经验的优势。这类专业工程交由专业分发包人完成是国际工程的良好实践，目前在我国工程建设领域也已经比较普遍。公开透明地确定这类暂估价金额的最佳途径就是通过施工总承包人与工程建设项目招标人共同组织的招标。

3. 计日工

计日工是对零星项目或工作采取的一种计价方式，包括完成作业所需的人工、材料、施工机械及其费用的计价，类似于定额计价中的签证用工。

计日工是为了解决现场发生的零星工作的计价而设立的。国际上常见的标准合同条款中，大多数都设立了计日工(Daywork)计价机制，即对完成零星工作所消耗的人工工时、材料数量、施工机械台班进行计量，并按照计日工表中填报的适用项目的单价进行计价支付。计日工适用的所谓零星工作一般是指合同约定以外的或者因变更而产生的、工程量清单中没有相应项目的额外工作，尤其是那些时间不允许事先商定价格的额外工作。

4. 总承包服务费

总承包服务费是在工程建设的施工阶段实行施工总承包时，当招标人在法律、法规允许的范围内对工程进行分包和自行采购供应部分设备、材料时，要求总承包人提供相关服务(如分包人使用总包人的脚手架等)和施工现场管理等所需的费用。

总承包服务费是为了解决招标人在法律、法规允许的条件下进行专业工程发包，以及自行供应材料、设备，并需要总承包人对发包的专业工程提供协调和配合服务，对供应的材料、设备提供收发和保管服务以及进行施工现场管理时发生，并向总承包人支付的费用。招标人应预计该项费用并依据总承包人的报价向总承包人支付该项费用。

工程建设标准的高低、工程复杂程度、工期长短、工程组成内容、发包人对工程管理要求等都直接影响其他项目清单的具体内容，计价规范中仅提供了 4 项内容作为参考，其不足部分可根据工程的具体情况进行补充。

(四) 规费

规费是指按国家有关部门规定标准必须缴纳的费用。

根据建设部、财政部“关于印发《建筑安装工程费用项目组成》的通知”(建标[2003]206号文)的规定，规费包括工程排污费、工程定额测定费(目前已取消)、社会保障费(养老保险、失业保险、医疗保险)、住房公积金、危险作业意外伤害保险。规费是政府和有关权力部门规定必须缴纳的费用，编制人对《 建筑安装工程费用项目组成》未包括的规费项目，在编制“规费项目清单”时应根据省级政府或省级有关权力部门的规定列项。

××省规费项目按照下列内容列项：① 工程排污费；② 建筑安全监督管理费(从2012年2月1日起取消)；③ 社会保障费：包括养老、医疗、失业、工伤、生育保险；④ 住房公积金。

(五) 税金

税金是指依据国家税法规定应计入建筑安装工程造价内，由承包人负责缴纳的的营业税、城市维护建设税以及教育费附加等的总称。

根据建设部、财政部“关于印发《建筑安装工程费用项目组成》的通知”(建标 [2003] 206 号)的规定，目前我国税法规定应计入建筑安装工程造价的税种包括营业税、城市建设维护税及教育费附加。若国家税法发生变化，税务部门依据职权增加了税种，则应对税金项目进行补充。

单元三 建筑工程造价费用的计算

一、建筑工程造价理论费用的组成和计算

(一) 直接费

直接费由直接工程费和措施费组成。

(1) 直接工程费：指为完成工程实体项目所发生的各项费用。

直接工程费=工程量×基价=人工费+材料费+机械费

其中，人工费=Σ人工消耗量×人工工日单价。

材料费=Σ材料消耗量×材料单价。

机械费=Σ机械消耗量×机械台班单价。

(2) 措施费：指为完成工程项目施工，发生于该工程施工准备和施工过程中的技术、生活、安全、环境保护等方面的非工程实体项目费用。

措施费=直接工程费×相应费率　或者　措施费=工程量×基价

(3) 直接费的计算：

直接费=直接工程费+措施费

(二) 间接费

间接费由规费和管理费组成。

(1) 规费：指有关部门规定必须缴纳的费用。

(2) 管理费：指建筑安装企业组织施工生产和经营管理所需的费用。

(3) 间接费的计算：间接费是按相应计算基础乘以间接费率确定，计算方法有三种：

① 以直接费为计算基础，即：间接费=直接费×间接费费率。

② 以人工费和机械费为计算基础，即：间接费=(人工费+机械费)×间接费费率。

③ 以人工费为计算基础，即：间接费=人工费×间接费费率。

(三) 利润

利润指施工企业完成所承包工程获得的盈利。利润是按相应计算基础乘以利润率来确定，计算方法有三种：

(1) 以直接费+间接费为计算基础，即：利润=(直接费+间接费)×利润率。

(2) 以人工费和机械费为计算基础，即：利润=(人工费+机械费)×利润率。

(3) 以人工费为计算基础，即：利润=人工费×利润率。

(四) 税金

税金包括应计入建筑安装工程造价内的营业税、城市建设维护税以及教育费附加税等，通常是三税一并征收。

税金=(直接费+间接费+利润)×税率

(五) 建筑安装工程总造价

建筑安装工程总造价=直接费+间接费+利润+税金

【例 2-2】 某建筑工程直接工程费为 300 万元，措施项目费为直接工程费的 5%，以直接费为计算基础计算建筑工程费。其中，间接费为直接费的 8%，利润为直接费加间接费之和的 4%，税金费率为 3.41%。计算该工程的建筑工程费用。(保留 3 位小数)

解：见表 2-7。

表 2-7 建筑工程造价计算表 单位：万元

费用名称	费用	计算过程
一、直接费	315	300+15=315
1. 直接工程费	300	
2. 措施项目费	15	300×5%=15
二、间接费	25.2	315×8%=25.2
三、利润	13.608	340.2×4%=13.608
四、税金	12.065	353.808×3.41%=12.065
五、建筑安装工程造价	365.873	315+25.2+13.608+12.065=365.873

二、建筑工程造价现行费用的计算

以××省为例进行说明。

(一) 计价程序

1. 定额计价法计算程序

(1) 包工包料计算程序见表2-8。

表2-8 定额计价法计算程序(包工包料)

序号	费用名称		计算公式	备注
一	分部分项工程费		工程量×综合单价	
	其中	1. 人工费	定额人工消耗量×人工单价	
		2. 材料费	定额材料消耗量×材料单价	
		3. 机械费	定额机械消耗量×机械单价	
		4. 管理费	(1+3)×费率	
		5. 利润	(1+3)×费率	
二	措施项目费		分部分项工程费×费率 或 工程量×综合单价	
三	其他项目费用		按约定	
四	规费		(一+二+三)×费率	按规定计取
	其中	1. 工程排污费		
		2. 建筑安全监督管理费		
		3. 社会保障费		
		4. 住房公积金		
五	税金		(一+二+三+四)×费率	按当地规定计取
六	工程造价		一+二+三+四+五	

(2) 包工不包料计算程序见表2-9。

表2-9 定额计价法计算程序(包工不包料)

序号	费用名称		计算公式	备注
一	分部分项人工费		人工消耗量×人工单价	
二	措施项目费		(一)×费率 或工程量×综合单价	
三	其他项目费用		按约定	
四	规费		(一+二+三)×费率	按规定计取
	其中	1. 工程排污费		
		2. 建筑安全监督管理费		
		3. 社会保障费		
		4. 住房公积金		
五	税金		(一+二+三+四)×费率	按当地规定计取
六	工程造价		一+二+三+四+五	

2. 清单计价法计算程序

(1) 包工包料计算程序见表2-10。

表 2-10　清单计价法计算程序(包工包料)

序号	费用名称		计算公式	备注
一	分部分项工程量清单费		工程量×综合单价	
	其中	1. 人工费	人工消耗量×人工单价	
		2. 材料费	材料消耗量×材料单价	
		3. 机械费	机械消耗量×机械单价	
		4. 管理费	(1+3)×费率	
		5. 利润	(1+3)×费率	
二	措施项目清单费		分部分项工程费×费率 或　工程量×综合单价 或　按协议	
三	其他项目清单费用		按招标文件或约定	
四	规费			按规定计取
	其中	1. 工程排污费	(一+二+三)×费率	
		2. 建筑安全监督管理费		
		3. 社会保障费		
		4. 住房公积金		
五	税金		(一+二+三+四)×费率	按当地规定计取
六	工程造价		一+二+三+四+五	

(2) 包工不包料计算程序见表 2-11。

表 2-11　清单计价法计算程序(包工不包料)

序号	费用名称		计算公式	备注
一	分部分项工程量清单费用		人工消耗量×人工单价	
二	措施项目清单费		(一)×费率 或　工程量×综合单价	
三	其他项目清单费用		按招标文件或约定	
四	规费			按规定计取
	其中	1. 工程排污费	(一+二+三)×费率	
		2. 建筑安全监督管理费		
		3. 社会保障费		
		4. 住房公积金		
五	税金		(一+二+三+四)×费率	按当地规定计取
六	工程造价		一+二+三+四+五	

(二) 建筑工程费用取费标准及有关规定

1. 分部分项工程费计算

分部分项工程费=工程量×综合单价

定额计价法工程量按施工图纸、预算定额计算规则计算而来。综合单价由计价表套价而来。综合单价由人工费、材料费、机械费、管理费、利润组成。

1) 人工费计算标准

(1) 预算定额包工包料人工分为三类：一类工、二类工和三类工。现行人工单价标准(例如苏建价 [2011] 812 号文)为：一类工 70 元/工日；二类工 67 元/工日；三类工 63 元/工日。

施工企业在投标时可根据本企业实际人工用工情况竞争性报价。

(2) 包工不包料、点工人工单价中包括了管理费、利润、社会保障费和住房公积金。例如，现行人工单价标准(苏建价[2011]812 号文)为：包工不包料工程 88 元/工日，点工 73 元/工日。

2) 管理费和利润计算标准

在建筑工程计价表中管理费暂以三类工程的标准列入子目，其计算基础为人工费加机械费。利润不分工程类别。详见表 2-12。

表 2-12　建筑工程管理费、利润取费标准表

序号	工程名称	计算基础	管理费费率(%)			利润费率(%)
			一类工程	二类工程	三类工程	
一	建筑工程	人工费+机械费	31	28	25	12

3) 工程类别划分标准

(1) 术语释解：

① 工业建筑工程：指从事物质生产和直接为生产服务的建筑工程，主要包括生产(加工)车间、实验车间、仓库、独立实验室、化验室、民用锅炉房、变电所和其他生产用建筑工程。

② 民用建筑工程：指直接用于满足人们的物质和文化生活需要的非生产性建筑，主要包括商住楼、综合楼、办公楼、教学楼、宾馆、宿舍及其他民用建筑工程。

③ 檐口高度系指设计室外地面标高至檐口顶标高(不包括女儿墙，高出屋面电梯间、楼梯间、水箱间等的高度)；跨度系指轴线之间的间距。

(2) 工程类别划分标准见表 2-13。

表 2-13　建筑工程工程类别划分标准表

项目 \ 类别			单位	一类	二类	三类
工业建筑	单层	檐口高度	m	≥20	≥16	<16
		跨度	m	≥24	≥18	<18
	多层	檐口高度	m	≥30	≥18	<18
民用建筑	住宅	檐口高度	m	≥62	≥34	<34
		层数	层	≥22	≥12	<12
	公共建筑	檐口高度	m	≥56	≥30	<30
		层数	层	≥18	≥10	<10

说明：

① 工程类别划分是根据不同的单位工程，按施工难易程度，结合各省建筑工程项目管理水平确定的。

② 不同层数组成的单位工程，当高层部分的面积(竖向切分)占总面积 30%以上时，按高层的指标确定工程类别，不足 30%的按低层指标确定工程类别。

③ 单独地下室工程的按二类标准取费，如当地下室建筑面积≥10000 m^2时，则按一类标准取费。

④ 与建筑物配套的零星项目，如化粪池、检查井、分户围墙按相应的主体建筑工程类别标准确定外，其余如厂区围墙、道路、下水道、挡土墙等零星项目，均按三类标准执行。

⑤ 建筑物加层扩建时要与原建筑物一并考虑套用类别标准。

⑥ 确定类别时，地下室、半地下室和层高小于2.2 m的均不计算层数。

⑦ 凡在工程类别标准中，由两个指标控制的，只要满足其中一个指标即可按该指标确定工程类别。

⑧ 在确定工程类别时，对于工程施工难度较大的(如建筑造型复杂、基础要求高、有地下室采用新的施工工艺的工程等)，以及工程类别标准中未包括的特殊工程，如展览中心、影剧院、体育馆、游泳馆、别墅、别墅群等，由当地工程造价管理机构根据具体情况确定，报上级造价管理机构备案。

2. 措施项目费计算

(1) 措施项目费计算形式：

措施项目费=工程量×综合单价计算

或　　措施项目费=分部分项工程费×相应费率

(2) 措施项目费费率标准见表2-14。

表2-14　措施项目费费率标准

项　目	计 算 基 础	建筑工程费率(%)
现场安全文明施工措施费	分部分项工程费	
1. 基本费率	分部分项工程费	2.2
2. 现场考评费率	分部分项工程费	1.2
3. 奖励费	分部分项工程费	0.4(市级文明工地)/0.7(省级文明工地)
夜间施工增加费	分部分项工程费	0～0.1
冬雨季施工增加费	分部分项工程费	0.05～0.2
已完工程及设备保护	分部分项工程费	0～0.05
临时设施费	分部分项工程费	1～2.2
企业检验试验费	分部分项工程费	0.2
赶工措施费	分部分项工程费	1～2.5
工程按质论价	分部分项工程费	1～3
住宅分户验收	分部分项工程费	0.08

说明：

① 现场安全文明施工措施费：按分部分项工程费的一定费率计算，由基本费率(2.2%)、现场考评费率(1.2%)、奖励费率(0.4%(市级)，0.7%(省级))组成。该费用作为不可竞争费。

② 夜间施工增加费：根据工程实际情况，由发、承包双方在合同中约定或投标人在投标时自主报价。

③ 冬雨季施工增加费：根据工程实际情况，由发、承包双方在合同中约定或投标人在投标时自主报价。

④ 已完工程及设备保护：根据工程实际情况，由发、承包双方在合同中约定或投标人在投标时自主报价。

⑤ 临时设施费：根据工程实际情况，由发、承包双方在合同中约定或投标人在投标时自主报价。

⑥ 检验试验费：施工企业按规定进行建筑材料、构配件等试样的制作、封样和其他为保证工程质量

进行的材料检验试验工作所发生的费用。根据有关国家标准或施工验收规范要求对材料、构配件和建筑工程质量检测检验发生的费用由建设单位直接支付给所委托的检测机构。

⑦ 赶工措施费：由发、承包双方在合同中约定或投标人在投标时自主报价。

⑧ 工程按质论价：由发、承包双方在合同中约定或投标人在投标时自主报价。

3．其他项目费的计算

(1) 暂列金额、暂估价：按发包人给定的标准计取。

(2) 计日工：由投标人在投标时根据招标人提供数量进行报价或由发承包双方在合同中约定。

(3) 总承包服务费：总承包人应根据招标文件列出的需要配合的内容，参照下列标准计算：

① 招标人仅要求对分包的专业工程进行总承包管理和协调时，按分包的专业工程估算造价的1%计算。

② 招标人要求对分包的专业工程进行总承包管理和协调，并同时要求提供配合服务时，根据配合服务内容和提出的要求，按分包的专业工程估算造价的2%～3 %计算。

4．有关规费和税金计取标准

有关规费和税金计取标准按当地文件规定计取。

(1) 工程排污费：由招标人在招标文件中给出暂定费率，一般为1‰，投标人按给定标准报价。施工期间环保部门收取的工程排污费由承包人垫付，竣工结算时发承包双方按实际发生结算。

(2) 建筑安全监督管理费：按苏建价站[2012]2号文，从2012年2月1日起已取消。

(3) 社会保障费、住房公积金：按规定计费标准计取，费率见表2-15。

表2-15　社会保障费费率、住房公积金费率标准

序号	工程类别	计 算 基 础	社会保障费率	住房公积金率
1	建筑工程	分部分项工程费+措施项目费+其他项目费	3%	0.5%

说明：社会保障费包括养老、失业、医疗、工伤和生育保险费。

5．税金

税金包括营业税、城市建设维护税、教育费附加(包括地方教育附加)。按当地文件规定计取。

例如，苏建价(2011)1号规定，2011年2月1日以后：(说明：各地规定不一样，此处仅以徐州为例予以说明)

(1) 纳税地点在市区的企业：按3.48%(3.477%)计取。

(2) 纳税地点在县城、建制镇、工矿区的企业：按3.41%(3.413%)计取。县、镇、工矿区另有规定的按有权部门规定的税率执行。

(3) 纳税地点在乡村的企业：按3.28%(3.284%)计取。

【例2-3】　某砖混结构住宅经计算分部分项工程费156万元，模板15万元，脚手架9万元，冬雨季施工增加费率0.1%，临时设施费费率2%、现场安全文明施工措施费(按建设方要求获得市级文明工地)、检验试验费，住宅分户验收费按 09 费用定额规定，专业工程暂估价 0.5 万元。该工程在市区，计算其建筑总造价。(排污费暂不计，保留 3 位小数)

解：建筑工程造价的计算见表 2-16。

表 2-16　建筑工程造价计算表　　单位：万元

费 用 名 称	费　用	计 算 过 程
一、分部分项工程费	156.000	
二、措施项目费	33.485	15＋9＋5.772＋0.156＋3.12＋0.312＋0.125＝33.485
1. 模板	15.000	
2. 脚手架	9.000	
3. 现场安全文明施工措施费	5.772	3.432＋1.716＋0.624＝5.772
①基本费		156.000×2.2%＝3.432
②现场考评费		156.000×1.1%＝1.716
③奖励费		156.000×0.4%＝0.624
4. 冬雨季施工增加费	0.156	156.000 × 0.1% = 0.156
5. 临时设施费费	3.120	156.000 × 2% = 3.12
6. 检验试验费	0.312	156.000 × 0.2% = 0.312
7. 住宅分户验收费	0.125	156.000 × 0.08% = 0.125
三、其他项目费	0.500	0.500
1. 专业工程暂估价	0.500	100 × 0.005 = 0.500
四、规费	6.650	5.700 + 0.950 = 6.650
1. 社会保障费	5.700	(156 + 33.485 + 0.5) × 3% = 5.700
2. 住房公积金	0.950	(156 + 33.485 + 0.5) × 0.5% = 0.950
五、税金	6.843	(156 + 33.485 + 0.5 + 6.650) × 3.48% = 6.843
六、建筑工程总造价	203.478	156 + 33.485 + 0.5 + 6.650 + 6.843 = 203.478

【思考及练习题】

1. 简述我国现行建安工程费用的构成。
2. 简述本省现行建安工程造价的构成。各部分如何计算？
3. 本省建筑工程计取的规费有哪些？如何计算？
4. 什么是民用建筑？民用建筑工程类别是如何划分的？
5. 写出在工程量清单计价模式下包工包料工程的计价程序。
6. 某县城有钢筋砼框架结构办公楼一栋，经计算，分部分项工程费 565 万元，模板 25.5 万元，脚手架 21.7 万元，冬雨季施工增加费率 0.12%，临时设施费费率 1.5%，现场安全文明施工措施费(按建设方要求获得省级文明工地)、检验试验费按 09 费用定额规定，专业工程暂估价 5 万元。计算该工程建筑总造价。(排污费暂不计，保留 3 位小数)

项目三　建筑工程预算定额

学习目标

了解：预算定额的产生和发展；预算定额的作用、水平。

熟悉：平整场地、沟槽、基坑、挖土方、接桩、送桩等有关术语；预算定额结构、内容；预算定额指标及单价的确定。

掌握：所在省《建筑工程预算定额》的应用。

现阶段，无论是定额计价法还是清单计价法，都要用到建筑工程预算定额。建筑工程预算定额是计价的最重要依据之一。

单元一　概　述

一、预算定额的产生和发展

20 世纪初，随着资本主义生产的发展，管理跟不上生产的矛盾越来越突出。出于社会生产管理的客观需要，美国工程师泰勒(1856—1915)率先开始研究科学管理方法，制定了泰勒制。泰勒制的内容：制定科学的工时定额、实行标准的操作方法，采用先进的工具和设备，实行有差别的计件工资制。泰勒制使资本主义社会生产能力得到高度发展，它是企业科学管理的产物，因此泰勒被尊称为“科学管理之父”。

我国建设工程定额从无到有，从不完善到逐步完善，经历了一个分散与集中、统一领导与分级管理相结合的发展过程。

新中国成立以来，国家十分重视建设工程定额的测定和管理。1955 年，劳动部和建筑工程部编制颁发了全国统一的《建筑工程预算定额》，1957 年修订了《建筑工程预算定额》。此后，国家建委将预算定额的编制和管理工作下放到各省、市、自治区，各地先后组织编制了本地区适用的建筑工程预算定额。

党的十一届三中全会以后，工程建设定额得到恢复及进一步发展，陆续编制颁发了许多建筑安装工程定额，主要包括：

1981 年国家建委印发了《建筑工程预算定额》(修改稿)。

1986 年国家计委印发了《全国统一安装工程预算定额》，共计 15 册。

1988 年建设部编制《仿古建筑及园林工程预算定额》，共计 4 册。

1992 年建设部颁发了《建筑装饰工程预算定额》。

1995 年建设部颁发了《全国统一建筑工程基础定额》(土建部分)及《全国统一建筑工程预算工程量计算规则》，各省、市、自治区在此基础上编制了新的地区建筑工程预算定额。

2003 年建设部颁发了《建设工程工程量清单计价规范》(GB50500—2003)，于 2003 年

7 月 1 日起执行。

2008 年建设部修订了《建设工程工程量清单计价规范》(GB50500—2008)。

2013 年建设部进一步修订了《建设工程工程量清单计价规范》(GB50500—2013)《房屋建筑与装饰工程计量规范》(GB500854—2013)，于 2013 年 4 月 1 日起执行。

由此可见，国家对工程建设定额的制定和管理是十分重视的，同时说明在现阶段各类定额仍是工程建设造价管理的主要依据之一。

二、预算定额的概念

定额：定是指规定；额是指额度、标准、尺度。定额是规定的额度、标准或尺度。

预算定额：指在一定生产条件下，为完成单位(分项工程或结构构件)合格建筑产品所消耗的的人工、材料和机械台班消耗的数量标准。

三、预算定额的作用

预算定额的作用体现在以下几个方面：

(1) 预算定额是编制预算文件的基础；

(2) 预算定额是编制招标控制价的依据和投标报价的参考；

(3) 预算定额是编制施工组织设计的依据；

(4) 预算定额是施工企业进行经济活动分析的参考；

(5) 预算定额是工程结算的依据；

(6) 预算定额是编制概算定额和概算指标的基础。

四、预算定额的水平

预算定额的水平是社会平均水平。

社会平均水平是指在现实的平均中等的生产条件，平均劳动熟练强度、平均劳动强度下，完成单位建筑产品所需的劳动时间。

五、预算定额的结构、内容

(一) 预算定额的结构

预算定额的结构按其组成顺序，一般由下述几部分组成：定额说明部分、定额表部分、附录。如图 3-1 所示。

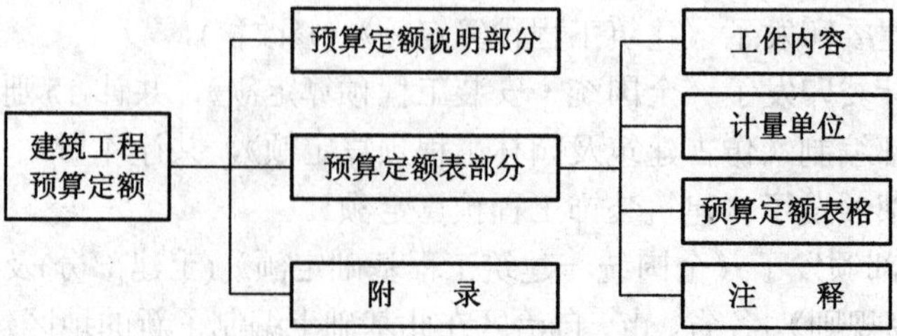

图 3-1　建筑工程预算定额结构框图

1．预算定额说明部分

预算定额说明部分包括预算定额总说明、各章(节)说明和工程量计算规则。工程量计算规则是计算工程量的重要依据，它按分部分项工程列入相应的各分部工程(章)内，并且只有工程量计算规则和预算定额表格配套使用，才能正确计算分项工程的人工费、材料费、机械台班消耗量。

2．预算定额表部分

预算定额表是定额的主体内容，它用表格的形式表示出来，是预算定额的主要部分，有工作内容、计量单位、预算定额编号、项目名称、人工、材料和机械消耗量等项目内容。另外，在预算定额表的下方常有“注”，这也是重要的组成内容，供预算定额换算和调整使用。

3．附录

附录一般编在预算定额的最后，主要提供编制预算定额的有关基础数据。

下面以《江苏省建筑与装饰工程计价表》结构内容为例来进行说明。

(1) 文字说明——总说明；各分部(章)说明及工程量计算规则等。

(2) 23 个分部(章)工程，它们分别是：

第一章：土石方工程
第二章：打桩及基础垫层
第三章：砌筑工程
第四章：钢筋工程
第五章：混凝土工程
第六章：金属结构工程
第七章：构件运输及安装工程
第八章：木结构工程
第九章：屋平、立面防水及保温隔热工程
第十章：防腐耐酸工程
第十一章：厂区道路及排水工程
第十二章：楼地面工程
第十三章：墙柱面工程
第十四章：天棚工程
第十五章：门窗工程
第十六章：油漆、涂料、裱糊工程
第十七章：其他零星工程
第十八章：建筑物超高增加费用
第十九章：脚手架
第二十章：模板工程
第二十一章：施工排水、降水、深基坑支护
第二十二章：建筑工程垂直运输
第二十三章：场内二次搬运

在一个分部工程中，又分为若干个分项(节)工程。在分项(节)工程中，又再细分为若干个子目。预算定额编号是指子目的编号。

(3) 9 个附录：

附录一：砼及钢筋砼构件模板及钢筋含量表
附录二：机械台班预算单价取定表
附录三：砼、特种砼配合比表
附录四：砌筑砂浆、抹灰砂浆、其他砂浆配合比表
附录五：防腐耐酸砂浆配合比表
附录六：主要建筑材料预算价格取定表
附录七：抹灰分层厚度及砂浆种类表
附录八：主要材料、半成品损耗率取定表
附录九：常用钢材理论重量及形体公式计算表

六、预算定额子目中各项数值之间的关系

预算定额中存在三量与三价。三量指人工消耗量、材料消耗量、机械消耗量；三价指人工单价、材料单价、机械台班单价。预算定额子目间关系如下：

人工费＝人工消耗量×人工单价

材料费＝材料消耗量×材料预算单价

机械费＝机械消耗量×机械台班单价

管理费＝(人工费＋机械费)×管理费费率

利润＝(人工费＋机械费)×利润率

综合单价＝人工费＋材料费＋机械费＋管理费＋利润

单元二　预算定额消耗量指标及单价的确定

一、预算定额消耗量指标的确定

(一) 人工消耗量指标的确定

人工消耗量指标，是指在正常的施工技术、组织条件下，为完成一定量的合格产品，或完成一定量的工作所规定的人工消耗量标准。例如，现行江苏省预算定额确定的原则是人工不分工种、技术等级，以一类工、二类工、三类工表示。其中，一类工主要适用于装饰装修等高级技术工种，二类工适用于土建等技术工种，三类工适用于土石方等壮工工种。人工消耗量的组成内容一般包括基本用工、辅助用工、人工幅度差以及超运距用工。

1. 基本用工

基本用工是指完成单位合格产品所必须消耗的技术工种用工。按技术工种相应劳动定额工时定额计算，以不同工种列出定额工日。

2. 辅助用工

辅助用工是指在技术工种劳动定额内不包括，而在此预算定额内又必须考虑的工时。如电焊点火用工等。

3. 超运距用工

超运距用工是指预算定额的平均水平运距超过劳动定额规定水平运距的部分。可表示为

超运距＝预算定额取定运距－劳动定额已包括的运距

4. 人工幅度差

人工幅度差是指在劳动定额作业时间之外，在预算定额应考虑的在正常施工条件下所发生的各种工时损耗。内容包括：

(1) 各工种间的工序搭接及交叉作业互相配合所发生的停歇用工；

(2) 施工机械在单位工程之间转移及临时水电线路移动所造成的停工；

(3) 质量检查和隐蔽工程验收工作的影响；

(4) 班组操作地点的转移用工；

(5) 工序交接时对前一工序不可避免的修整用工；

(6) 施工中不可避免的其他零星用工。

人工幅度差的计算公式：

$$人工幅度差 = (基本用工 + 超运距用工) \times 人工幅度差系数$$

现行江苏省预算定额在编制时取定的人工幅度差系数一般按 10%取定。

(二) 材料消耗量指标的确定

材料消耗量指标，是指完成一定计量单位合格建筑产品所规定消耗某种材料的数量标准。在定额表中，定额含量列在各子项的“数量”栏内，是计算单位工程材料用量的重要指标。材料消耗量是由材料净用量和损耗率决定的。

材料净用量：是直接用于建筑工程的材料数量。材料净用量的计算方法主要有以下几种：

(1) 施工图纸理论计算方法：依据设计图纸、施工验收规范和材料规格等，按照图示尺寸从理论上计算用于工程的材料净用量。消耗量定额中的材料消耗量主要是按这种方法计算的。

(2) 测定方法：根据现场测量资料计算材料用量。

(3) 经验方法：根据以往的经验值进行估算。

(三) 施工机械台班消耗量指标的确定

施工机械台班消耗量指标，是以台班为单位计算的，每台班为 8 h。定额的机械化水平以多数施工企业已采用和推广的先进方法为标准。机械台班消耗量是以统一机械定额中机械施工项目的台班产量为基础进行计算的，同时还应考虑在合理的施工组织条件下机械的停歇等因素，这些因素会影响机械的效率，因而需加上一定的机械幅度差。

二、预算定额中人工、材料、机械台班单价的确定

(一) 人工单价的确定

人工单价是指一个建筑生产工人一个工作日应消耗的全部人工费。按照现行建设工程费用组成规定，生产工人的人工工日单价理论上由下列费用组成，详见表 3-1。

表 3-1 工人工日单价组成内容

单价组成	组成内容	单价组成	组成内容
1．基本工资	岗位工资	3．辅助工资	非作业工日发放的工资和工资性补贴
	技能工资	4．职工福利费	书报费
	年功工资		洗理费
2．工资性补贴	物价补贴		取暖费
	煤、燃气补贴	5．劳动保护费	劳保用品购置及修理费
	交通补贴		徒工服装补贴
	住房补贴		防暑降温费
	流动施工津贴		保健费用

但在工程实践中，由于建筑施工企业用工方式的改变，施工企业生产工人多数来源于劳务公司，原来的工程造价中的人工单价组成内容以及计算口径已经发生了根本改变。

影响人工单价的因素有社会平均工资水平、生活消费指数、劳动力市场供需变化、政府推行的社会保障和福利政策。

(二) 材料预算价格的确定

1. 材料预算价格的组成

材料预算价格一般由下列费用组成：

(1) 原价：一般指材料的出厂价。

(2) 包装费：为了便于材料运输或保护材料不受损失而进行包装所需的费用，包括袋装、箱装所耗用的材料费和人工费。

(3) 运杂费：指材料由产地或交货地运到工地仓库或施工现场的运输过程中所发生的各种运输费用的总和。一般包括车船运输费、装卸费。

(4) 采购及保管费：采购、保管时发生的费用。

2. 材料预算价格的计算

(1) 原价：若同一种材料因来源地、供应单位或制造厂家不同而有几种价格时，要根据不同的来源地的供应数量比例，采取加权平均的方法计算其材料的原价。

(2) 包装费：分两种情况，一种是材料出场时已由厂家包装者，其包装费已计入材料原价内，不另计算，但计算包装品的回收价值；另一种是施工单位自备保装品，其包装费按原包装品的价值和使用次数分摊计算。

(3) 运杂费：根据材料来源地运输距离、运费、运输损耗率的不同按加权平均的方法计算。

(4) 采购及保管费：

$$(原价+包装费+运杂费)\times采购与保管费率$$

(5) 材料预算价格：

$$(原价+包装费+运杂费)\times(1+采购与保管费率)-包装品回收值$$

【例 3-1】 某地方材料，经货源调查后确定，甲地可以供货 20%，原价 93.50 元/t；乙地可以供货 30%，原价 91.20 元/t；丙地可以供货 15%，原价 94.80 元/t；丁地可以供货 35%，原价 90.80 元/t。甲、乙两地为水路运输，甲地运距 103 km，乙地运距 115 km，运费 0.35 元/(km・t)，装卸费 3.4 元/t，驳船费 2.5 元/t，途中损耗 3%；丙、丁两地为汽车运输，运距分别为 62 km 和 68 km，运费 0.45 元/(km・t)，装卸费 3.6 元/t，调车费 2.8 元/t，途中损耗 2.5%。材料包装费均为 10 元/t(不计包装回收价值)，采购与保管费率 2.5%。试计算该材料的预算价格。

解：该材料预算价格的计算见表 3-2。

表 3-2　材料预算价格计算表

序号	名　称	金额	计 算 过 程
1	加权平均原价	92.06	93.50×0.2+91.20×0.3+94.80×0.15+90.80×0.35=92.06(元/t)
2	包装费	10	10(元/t)

续表

序号	名　称	金额	计 算 过 程
3	运杂费	44.25	34.18 + 3.5 + 2.65 + 3.92 = 44.25(元/t)
	① 运费		(0.2×103+0.3×115)×0.35+(0.15×62+0.35×68)×0.45=34.18(元/t)
	② 装卸费		(0.2+0.3)×3.4+(0.15+0.35)×3.6=3.5(元/t)
	③ 调车驳船费		(0.2+0.3)×2.5+(0.15+0.35)×2.8=2.65(元/t)
	加权平均途中损耗率		(0.2+0.3)×3%+(0.15+0.35)×2.5%=2.75%
	④ 材料途中损耗费		(92.06+10+34.18+3.5+2.65)×2.75%=3.92(元/t)
4	材料预算价格	149.97	(92.06+10+44.25)×(1+2.5%)=149.97(元/t)

(三) 机械台班单价的确定

1. 机械台班单价的组成

机械台班价格由折旧费、大修理费、经常修理费、机械安装拆卸费(不包括大型机械)、燃料动力费、机械操作人工费，车船使用税等组成。

2. 机械台班单价的计算

$$机械台班折旧费=\frac{机械预算价格\times(1-机械残值率)}{使用总台班}$$

$$台班大修费=\frac{一次大修理费\times大修理次数}{使用总台班}$$

$$台班经修费=台班大修费\times Ka$$

式中，$机械残值率=\dfrac{机械残值}{机械预算价格}$；使用总台班 = 机械使用年限 × 年工作台班；$Ka$ 为台班经常维修系数，$Ka=\dfrac{台班经常维修费}{台班大修理费}$，塔式起重机 $Ka=1.69$，自卸汽车 $Ka=1.52$。

单元三　预算定额的应用

预算定额的应用一般有：

(1) 根据所列分部分项工程，查出分部分项或工序所对应的人工、材料和机械台班消耗量及单价计算分部分项工程的费用。

(2) 求出各分部分项工程所必须消耗的人工、材料及机械台班数量，汇总后得出单位建筑工程的人、材、机消耗总量，为建筑企业组织人力和准备机械、材料作依据。

一般说来，应用定额中因为设计要求的不同，定额子目在套用过程中经常需要进行换算。

一、应用一：套价

预算定额常用方法有直接套用及换算后套用。下面以《江苏省建筑与装饰工程计价表》

为例进行介绍。

(一) 直接套用

直接套用是指工程项目(指工程子项)的工作内容和施工要求与计价表(子)项目中规定的各种条件和要求完全一致时，可以直接套用计价表中规定的人工、材料、机械台班的单位消耗量，调整人工、材料和机械单价，以求出实际建筑工程中该工作项目的综合单价。

【例 3-2】 某基础工程经计算计价表工程量如下：人工平整场地 800 m^2；基槽挖土(人工挖三类干土、深 1.8 m 以内)550 m^3；毛石条基 124 m^3(M5 水泥砂浆砌筑)；标准砖 1 砖外墙 115 m^3(M5 混合砂浆砌筑)，标准砖 1 砖内墙 252 m^3(M5 混合砂浆砌筑)，防水砂浆墙基防潮层 8 m^2。计算该分部分项工程费用。(金额保留两位小数)

解：套计价表，计算分部分项工程费用。见表 3-3。

表 3-3 分部分项工程费计算表

序号	计价表编号	分部分项工程名称	计量单位	工程量	综合单价(元)	合价(元)
1	1-98	人工平整场地	10 m^2	80	18.74	1499.20
2	1-24	挖基槽	m^3	550	16.77	9223.50
3	3-49	毛石基础	m^3	124	146.29	18 139.96
4	3-29	标准砖一砖外墙	m^3	115	197.70	227 355.00
5	3-33	标准砖一砖内墙	m^3	252	192.69	48 557.88
6	3-42	防水砂浆防潮层	10 m^2	0.8	80.68	64.54
小计(元)						304 840.08

(二) 换算后套用

1. 换算的条件

(1) 计价表子目规定内容与工程项目内容部分不相符，如砼标号不一致，抹灰厚度不同等；

(2) 计价表章节说明或附注中规定允许换算。

定额编制时是按常用的施工工艺和施工方法考虑的。当定额作为计价依据时，上述条件必须同时满足，否则不得因为具体工程的施工组织设计、施工方法和工、料、机耗用与计价表有出入而调整计价表用量。

计价表换算的实质就是按计价表规定的换算范围、内容和方法，对某些项目的人工、材料、机械含量以及单价等有关内容进行调整的工作。

计价表是否允许换算应按计价表说明，这些说明主要包括在计价表“总说明”、各分部工程(章)的“说明”及各分项工程定额表的“附注”中。此外，造价管理部门还会不定期发布定额应用的解释或文件，对现行定额中不明确部分作出进一步规定或是不合理部分进行调整。

2. 计价表换算的基本思路和方法

计价表换算就是以工程项目内容为准，调整计价表子目中不同的部分，求得项目的人工、材料、机械台班消耗量或价格。

上述换算的基本思路可描述如下：

换算后的材料消耗量＝定额消耗量－应换出材料数量＋应换入材料数量

换算后的价格＝定额原价格－应换出价格＋应换入价格

3. 常见的换算类型

1) 砼标号或砌筑砂浆标号不同的换算

换算后的价格＝定额原价格＋定额砼(砂浆)用量×(换入单价－换出单价)

【例 3-3】 无梁式现浇 C30 砼条形混凝土基础 62.5 m^3，计算该基础砼部分分项工程费用(金额保留两位小数)。若是现浇 C35 砼的呢？

解：(1) 子目换算，见表 3-4。

表 3-4 计价表项目综合单价组成计算表(子目换算) 单位：元

序号	计价表编号	计价表项目名称	计量单位	综合单价	其中				
					人工费	材料费	机械费	管理费	利润
1	5-2	无梁式条形基础	m^3	241.83	19.5	194.66	14.93	8.61	4.13
5-2 换 条形基础	材料费：175.21－170.58＋190.03＝194.66(元) 综合单价：222.38－170.58＋190.03＝241.83(元)								

(2) 套计价表，计算分部分项工程费用，见表 3-5。

表 3-5 分部分项工程费计算表

序号	计价表编号	分部分项工程名称	计量单位	工程量	综合单价(元)	合价(元)
1	5-2 换	条形基础	m^3	62.5	241.83	15 114.38

2) 砌块规格不同换算

$$每m^3砌块的消耗量=\frac{1\times(1+损耗率)}{墙厚\times(砌块长+灰缝)\times(砌块宽+灰缝)}$$

【例 3-4】 加气砼砌块墙墙厚 240 mm，工程量为 110 m^3(M5 混合砂浆砌筑；砌块规格(600×300×240) mm，每块 15 元，垂直和水平灰缝厚度均为 10 mm，加气砼砌块的损耗率按 7%考虑)，标准砖配砖量及砂浆用量不作调整。请计算该分项工程费用。(金额保留两位小数)

解：

$$每m^3加气砼砌块的消耗量=\frac{1\times(1+7\%)}{0.24\times(0.6+0.01)\times(0.3+0.01)}=23.58(块)$$

(1) 子目换算，见表3-6。

表3-6 计价表项目综合单价组成计算表(子目换算) 单位：元

序号	计价表编号	计价表项目名称	计量单位	综合单价	其中				
					人工费	材料费	机械费	管理费	利润
1	3-6换	加气混凝土砌块	m^3	397.22	23.4	364.31	0.62	6.01	2.88
3-6换 材料费：187.94 − 177.33 + 23.58 × 15 = 364.31(元) 综合单价：220.85 − 177.33 + 23.58 × 15 = 397.22(元)									

(2) 套计价表，计算分部分项工程费用，见表3-7。

表3-7 分部分项工程费计算表

序号	计价表编号	分部分项工程名称	计量单位	工程量	综合单价(元)	合价(元)
1	3-6换	加气混凝土砌块	m^3	110	397.22	43 694.20

3) 运距换算

换算后的价格＝基本运距价格＋增减运距部分价格

【例3-5】 某工程施工完后余土方220 m^3，用双轮车运至300 m外的堆土场堆放。请计算该余土外运费用。(金额保留两位小数)

解：(1) 子目换算，见表3-8。

表3-8 计价表项目综合单价组成计算表(子目换算) 单位：元

序号	计价表编号	计价表项目名称	计量单位	综合单价	其中				
					人工费	材料费	机械费	管理费	利润
1	1-92换	双轮车运土运距300 m	m^3	12.15	8.86			2.24	1.05
1-92换 人工费：4.56 + 0.86 × 5 = 8.86 管理费：1.14 + 0.22 × 5 = 2.24 利润：0.55 + 0.10 × 5 = 1.05 综合单价：6.25 + 1.18 × 5 = 12.15									

(2) 套计价表，计算分部分项工程费用有两种方法，见表3-9和表3-10。

表3-9 分部分项工程费计算表

序号	计价表编号	分部分项工程名称	计量单位	工程量	综合单价(元)	合价(元)
1	1-92换	双轮车运土300 m	m^3	220	12.15	2673.00

表3-10 分部分项工程费计算表

序号	计价表编号	分部分项工程名称	计量单位	工程量	综合单价(元)	合价(元)
1	1-92	双轮车运土	m^3	220	6.25	1375.00
2	【1-95】×5	增加运距	m^3	220	5.9	1298.00
		小计				2673.00

4) 厚度换算

(1) 换算后的价格=基本厚度价格+增减厚度部分价格

【例 3-6】 某工程有细石砼刚性防水屋面(有分格缝，厚 35 mm)，工程量 1200 m^2，计算该分项工程费用。(金额保留两位小数)

解：套计价表，计算分部分项工程费用，见表 3-11。

表 3-11　分部分项工程费计算表

序号	计价表编号	分部分项工程名称	计量单位	工程量	综合单价(元)	合价(元)
1	9-72	细石砼刚性防水屋面	10 m^2	120	211.07	25 328.40
2	9-74	厚度减 5 mm	10 m^2	120	−13.97	−1676.40
		小计				23 653.00

(2) 换算后的价格=定额原价格+按比例计算出的量×单价 − 定额中的量×单价

或　换算后的价格=定额原价格+增减的量×单价。见表 3-12。

表 3-12　分部分项工程费计算表

序号	计价表编号	分部分项工程名称	计量单位	工程量	综合单价(元)	合价(元)
1	9-72 换	细石砼刚性防水屋面	10 m^2	120	197.10	23 653.00

5) 材料按比例换算

材料按比例换算，其他人工、机械用量不变。

$$换算后的消耗量=\frac{设计截面(厚度)}{定额截面(厚度)}\times定额消耗量$$

【例 3-7】 某打桩工程，钢筋砼预制方桩，采用胶泥接桩，断面 350mm×350mm，接桩个数为 100 个，请计算该胶泥接桩分项工程费用。(金额保留两位小数)

解：(1) 子目换算，见表 3-13。

$$换算后的胶泥消耗量=\frac{350\times350}{400\times400}\times3.96=3.032\ kg$$

表 3-13　计价表项目综合单价组成计算表(子目换算)　　单位：元

序号	计价表编号	计价表项目名称	计量单位	综合单价	其中 人工费	材料费	机械费	管理费	利润
	2-28 换	胶泥接桩	个	103.11	11.18	22.46	57.75	7.58	4.14
2-28 换　材料费：28.54 + 3.032 × 6.55−25.94 = 22.46　综合单价：109.19 + 3.032 × 6.55−25.94 = 103.11									

(2) 套计价表，计算分部分项工程费用，见表 3-14。

表 3-14　分部分项工程费计算表

序号	计价表编号	分部分项工程名称	计量单位	工程量	综合单价(元)	合价(元)
1	2-28 换	胶泥接桩	个	100	103.11	10 300.00

6) 乘系数的换算

【例 3-8】 双面清水直形毛石墙计价表工程量为 30 m^3，请计算该分部分项工程费用。

解：(1) 子目换算。见表 3-15。

表 3-15 计价表项目综合单价组成计算表(子目换算) 单位：元

序号	计价表编号	计价表项目名称	计量单位	综合单价	其中				
					人工费	材料费	机械费	管理费	利润
1	3-53	双面清水直形毛石墙	m^3	184.26	57.39	101.26	3.19	15.15	7.27
3-53 人工费：46.28 × 1.24 = 57.39 管理费：(57.39 + 3.19) × 25% = 15.15 利润：(57.39 + 3.19) × 12% = 7.27 综合单价：57.39 + 101.26 + 3.19 + 15.15 + 7.27 = 184.26									

(2) 套计价表，计算分部分项工程费用，见表 3-16。

表 3-16 分部分项工程费计算表

序号	计价表编号	分部分项工程名称	计量单位	工程量	综合单价(元)	合价(元)
1	3-53	双面清水毛石墙	m^3	30	184.26	5527.80

7) 人工、材料、机械台班单价以及管理费率不同的调整

【例 3-9】 某建筑工程，工程类别为二类，其中水泥砂浆贴地砖计价表工程量为 450 m^2，地砖规格(400×400) mm，每块 3.5 元，人工每工日 70 元。请计算该分部分项工程费用。

解：(1) 子目换算。见表 3-17。

表 3-17 计价表项目综合单价组成计算表(子目换算) 单位：元

序号	计价表编号	计价表项目名称	计量单位	综合单价	其中				
					人工费	材料费	机械费	管理费	利润
	12-92 换	水泥砂浆贴地砖	10 ㎡	612.88	233.80	282.38	2.27	66.10	28.33
12-92 换 人工费：3.34 × 70 = 233.80 材料费：259.98−201.6 + 64 × 3.5 = 282.38 管理费：(233.80 + 2.27) × 28% = 66.10 利润：(233.80 + 2.27) × 12% = 28.33 综合单价：233.80 + 282.39 + 2.27 + 66.10 + 28.33 = 612.88									

(2) 套计价表，计算分部分项工程费用，见表 3-18。

表 3-18 分部分项工程费计算表

序号	计价表编号	分部分项工程名称	计量单位	工程量	综合单价(元)	合价(元)
1	12-92 换	地砖	10 m^2	45	612.88	27579.60

二、应用二：工、料、机的分析和汇总及价差的计算

(一) 工、料、机消耗量分析的作用

(1) 工、料、机消耗量分析是编制施工组织及人工、材料、机械计划的依据。在施工前可以根据施工图预算中的工料机消耗量来计划人工、机械的配置，可以编制出切合实际的施工进度计划；根据材料消耗量可以编制建筑工程材料需用量计划，以便在施工中合理采购和供应各种材料。

(2) 工、料、机消耗量分析是计算各项技术经济指标的依据。人工消耗指标、材料量消耗指标、机械台班量消耗指标是衡量技术经济的依据。他们的计算公式为

$$人工消耗指标=\frac{单位工程用工量}{建筑面积}$$

$$材料消耗量指标=\frac{单位工程某种材料用量}{建筑面积}$$

$$机械台班消耗量指标=\frac{单位工程某种机械台班用量}{建筑面积}$$

(3) 工、料、机消耗量分析是实物量法中计算直接费的依据。工程量计算完成后，根据预算定额分析人、料、机消耗量，然后以单位工程为对象分别汇总工、料、机用量，最后再分别乘以工、料、机单价，求出单位工程直接费。因此，工、料、机消耗量是实物量法计算直接费的依据。

(4) 工、料、机消耗量分析为调整材料价差作准备。建设工程具有施工周期长的特点，施工期间的材料价格相对于编制施工图预算时的价格有所涨跌。施工企业在投标报价时，应预先对材料价格涨跌的风险有所评估。

对单位工程施工图预算进行工、料、机消耗量分析的主要目的是通过分析得出单位工程的全部工、料、机的用量。作为施工企业进行施工管理的限额，同时也为调整材料价差作准备。

(二) 工、料、机分析，工、料、机汇总及价差的计算

1. 工、料、机分析，工、料、机汇总及价差的计算常见格式

工、料、机分析，工、料、机汇总及价差的计算常见格式见表 3-19、3-20、3-21。

表 3-19　工、料、机用量分析表

<table>
<tr><td colspan="2">定 额 编 号</td><td colspan="2"></td><td colspan="2"></td><td colspan="2"></td><td colspan="2"></td><td rowspan="4">合计</td></tr>
<tr><td colspan="2">分部分项项工程名称</td><td colspan="2"></td><td colspan="2"></td><td colspan="2"></td><td colspan="2"></td></tr>
<tr><td colspan="2">计量单位</td><td colspan="2"></td><td colspan="2"></td><td colspan="2"></td><td colspan="2"></td></tr>
<tr><td colspan="2">工程量</td><td colspan="2"></td><td colspan="2"></td><td colspan="2"></td><td colspan="2"></td></tr>
<tr><td>名称、规格</td><td>单位</td><td>含量</td><td>数量</td><td>含量</td><td>数量</td><td>含量</td><td>数量</td><td>含量</td><td>数量</td><td></td></tr>
<tr><td></td><td></td><td></td><td></td><td></td><td></td><td></td><td></td><td></td><td></td><td></td></tr>
<tr><td></td><td></td><td></td><td></td><td></td><td></td><td></td><td></td><td></td><td></td><td></td></tr>
</table>

表 3-20　工、料、机汇总表

序号	名称	规格	单位	数量	序号	名称	规格	单位	数量

表 3-21　材料价差表

序号	材料名称	规格	单位	数量	市场价	预算价	单价差	合价	备注

2．工、料、机用量的分析方法

我们通过计算某工程毛石基础的例子来介绍人工、材料、机械台班用量的计算方法。

1) 工、料、机用量的分析

【例 3-10】　某招待所现浇 C20 毛石混凝土带型基础 500 m^3，试计算完成该分部分项工程所需的人工、材料、机械消耗量。

解：第一步：将工程量名称(毛石砼基础)、单位(m^3)、工程量(500)分别填入工料机用量分析表(即①)，见表 3-22。

第二步：查《××省建筑与装饰计价表》，将该项目的定额编号填入分析表内(即②)。

第三步：根据确定的定额编号，将定额中人工，毛石、现浇 C20 砼等材料、砼搅拌机、砼震动器等机械的名称、单位、定额用量分别填入分析表中定额含量栏的对应位置(即③)。

第四步：用工程量 500 m^3 乘以人工栏内的定额工日含量 0.69 工日，将计算结果填入数量栏对应位置上(即④)。

表 3-22　工、料、机分析表

定额编号		②5-1						合计
分项工程名称		①毛石砼基础						
计量单位		①m^3						
工程量		①500						
名称、规格	单位	定额含量	数量	定额含量	数量	定额含量	数量	
③二类工	③工日	③0.69	④345.00					345.00
③毛石	③t	③0.449	⑤224.50					224.50
③塑料薄膜	③m^2	③0.92	⑤460.00					460.00
③水	③m^3	③0.82	⑤410.00					410.00
③现浇 C20 砼	③m^3	③0.863	⑤431.50					⑦431.50
③砼搅拌机	③台班	③0.03	⑥15.00					15.00
③砼振动器 ③(插入式)	③台班	③0.059	⑥29.50					29.50
③机动翻斗车 1T	③台班	③0.111	⑥55.50					55.50

用工程量 500 m^3 分别乘以各材料栏内的定额含量，然后将计算结果分别填入数量栏对应位置(即⑤)。

用工程量 500 m^3 分别乘以机械台班栏内定额含量，然后将计算结果填入数量栏对应位置(即⑥)。

上述步骤完成了一个分部分项工程的人工、材料、机械台班用量的分析，其他各分部分项工程的工、料、机分析照此步骤循环进行。

第五步：上述材料中的现浇 C20 砼，作为现场制作的半成品，仍需要进行二次分析。首先将所有半成品进行汇总(即⑦)，得出单位工程所有半成品的总数量，再进行二次分析。

二次分析的过程与上述相近，需要在定额的附录中查出现浇 C20 砼的配合比，将相关的原材料含量填入定额含量栏对应的位置，其他相同(即⑧～⑪)。见表 3-23。

表 3-23　工、料、机用量分析表(二次分析)

定额编号		⑨001039						合计
分项工程名称		⑧现浇 C20 砼						
计量单位		⑧m^3						
工程量		⑧431.5						
名称、规格	单位	定额含量	数量	定额含量	数量	定额含量	数量	
⑩水泥 32.5 级	⑩kg	⑩337.00	⑪145 415.5					145 415.5
⑩中砂	⑩t	⑩0.682	⑪294.28					294.28
⑩碎石 5 mm～40 mm	⑩t	⑩1.347	⑪581.23					581.23
⑩水	⑩m^3	⑩0.18	⑪77.67					77.67

2) 工、材、机消耗量汇总

当各分项工程的工、料、机用量分析完成后汇总，包括二次分析后的材料，将汇总结果填入工、料、机汇总表。

【例 3-11】 将上式分析的结果汇总，见表 3-24。

表 3-24　工、料、机汇总表

序号	名称	规格	计量单位	数量	序号	名称	规格	计量单位	数量
	一、人工								
1	二类工		工日	345.00					
	二、材料								
1	毛石		t	224.50	2	水泥	32.5 级	t	145.416
3	中砂		t	294.28	4	碎石	5 mm～20 mm	t	581.23
5	塑料薄膜		m^2	460.00	6	水		m^3	487.67
	三、机械								
1	砼搅拌机 400 L		台班	15．00	2	砼振动器(插入式)		台班	29.50
3	机动翻斗车 1 t		台班	55.50					

注：水是两部分水之和。

当以一个单位工程为对象进行工料机用量汇总，就可以得出这个单位工程的全部工料机消耗量。

在汇总工、料、机数量时，既可以将它们分别汇总，也可以汇总在一张表格中，具体情况根据需要而定。

3) 工、料、机价差计算

本表根据工、料、机汇总表得到的各种材料数量，计算现行某种材料与定额中该材料的价格之差，最后汇总出单位工程材料价差。

在定额计价模式下，需要计算出工、料、机的价差，才能准确反映出单位工程的实际造价。具体计算方法各地虽有差别，但基本原理大致相同。

(1) 人工价差的计算有两种计算方法：

① 调整工日单价。计算公式：

$$\sum 各类工日数量\times(实际工日单价-预算工日单价)$$

② 系数调整。计算公式：

$$人工费合计\times系数$$

其实，第二种方法的原理与第一种方法相同，只是为了计算简便，测算出一个系数，从而使调差变得更加方便。

(2) 材料价差的计算。材料的调整办法各地具体方法不尽相同，但是归纳起来，大体有如下两种方式：

① 所有材料均按实际购入价调整。具体调整过程在按实调整材料价差表中进行，见表3-24。

② 实行辅材系数调整和主材按实调整相结合的办法。具体做法将材料分成辅材和主材，两种材料同时调整，但为了计算简便，可将辅助材料的调整按照系数调整，具体公式为

$$辅材价差=定额材料费合计\times系数$$

$$主要材料价差=\Sigma 各种主材数量\times(材料市场单价-材料预算单价)$$

主材价差的计算在上述按实调整材料价差计算表中进行。

(3) 机械台班价差的计算。与人工价差计算相同，机械台班的计算有两种计算方法：

① 调整台班单价计算公式：

$$\Sigma 各类机械台班数量\times(实际台班单价-预算台班单价)$$

② 系数调整计算公式：

$$机械费合计\times系数$$

【例3-12】 在例3-11中，若人工、材料按实调差，机械按系数调差。其中，人工每工日67元。市场价毛石每吨45元、32.5级水泥每吨330元、中砂每吨56元、碎石每吨47元、塑料薄膜每平方米1.2元、水每立方3.5元；机械按预算价上调20%。请计算价差。

解：计算过程见表3-25。

表 3-25　价差计算表　　单位：元

序号	名　称	计量单位	价差	计 算 过 程
	一、人工			
1	二类工	工日	67 − 26 = 41	41 × 345.00 = 14 145
	二、材料			
1	毛石	t	45 − 31.5 = 13.5	13.5 × 224.5 = 3030.75
2	32.5 级水泥	t	330 − 280 = 50	50 × 145.416 = 7270.8
3	中砂	t	56 − 38 = 18	18 × 294.28 = 5297.04
4	5 mm～20 mm 碎石	t	47 − 35.1 = 11.9	11.9 × 581.23 = 6916.64
5	塑料薄膜	m^2	1.2 − 0.86 = 0.34	0.34 × 460 = 156.4
6	水	m^3	3.5 − 2.8 = 0.7	0.7 × 487.67 = 341.37
	三、机械		20%	12.68 × 1.2 × 500 = 7608

将结果填表，见表 3-26。

表 3-26　价　差　表　　单位：元

序号	名 称	规　格	计量单位	数量	市场价	预算价	单价差	合价	备注
	一、人工							14 145	
1	人工	二类工	工日	345.00	63	26	41	14 145	
	二、材料							23 013.00	
1	毛石		t	224.50	45	31.5	13.50	3030.75	
2	水泥	32.5 级	t	145.416	330	280	50.00	7270.80	
3	中砂		t	294.28	56	38	18.00	5297.04	
4	碎石	5 mm～20 mm	t	581.23	47	35.1	11.90	6916.64	
5	塑料薄膜		m^2	460.00	1.2	0.86	0.34	156.4	
6	水		m^3	487.67	3.5	2.8	0.70	341.37	
	小计							23 013.00	
1	三、机械		台班	500		12.68	20%	7608	

上述工、料、机价差的调整，由于计算过程中用到的数据来自几个方面，计算过程中容易出错，因此在计算过程中需要注意检查。

现阶段使用计算机操作及造价软件已经普及。在这种新形势下，编制预算时价差的调整已经成为多余的步骤，依靠计算机及造价软件，我们只要将实际的工、料、机的单价导入或输入，在套价时计算机就可以直接将分项工程的综合单价按实际换算出来了，如此，就无需有计算价差这一步骤了。

三、主要分部(章)内容及应用要点

以《××省建筑与装饰工程计价表》为例进行说明。

第一章：土石方工程

1. 内容

土石方工程内容包括人工土石方工程、机械土石方共 2 节 345 个子目。其中，人工土石方工程 136 个子目，机械土石方 209 个子目。

2. 术语释解

(1) 平整场地，是指为便于进行建筑物的定位放线，在基础土方开挖之前，对施工现场高低不平的部位进行平整的工作。

(2) 沟槽：凡沟槽底宽在 3 m 以内，沟槽底长大于 3 倍槽底宽的为沟槽。

(3) 基坑：凡土方基坑底面积在 20 m^2 以内的为基坑。

(4) 挖土方：凡沟槽底宽在 3 m 以上，基坑底面积在 20 m^2 以上，平整场地挖填方厚度在± 300 mm 以上，均按挖土方计算。

3. 主要应用要点

(1) 土、石方的体积除定额中另有规定外，均按天然实体积计算(自然方)，填土按夯实后的体积计算。

(2) 挖土深度一律以设计室外标高为起点，如实际自然地面标高与设计地面标高不同时，其工程量在竣工结算时调整。

(3) 运余松土或挖堆积期在一年以内的堆积土，除按运土方定额执行外，另增加挖一类土的定额项目(工程量按实方计算，若为虚方按工程量计算规则的折算方法折算成实方)。取自然土回填时，按土壤类别执行挖土定额。

(4) 原土打夯时应注意：散水、坡道、台阶、平台、底层地面等部位，垫层底的底部夯实均未包括在相应的定额内，应列项计算，与坑槽底打夯工程量合并，套用原土打夯子目。

(5) 机械土方定额是按三类土计算的，如实际土壤类别不同，定额中机械台班数量应乘以系数，该系数见表 3-27。

表 3-27　机械台班系数表

项　目	三类土	一、二类土	四类土
推土机推土方	1.00	0.84	1.18
铲运机铲运土方	1.00	0.84	1.26
自行式铲运机铲运土方	1.00	0.86	1.09
挖掘机挖土方	1.00	0.84	1.14

(6) 土、石方体积均按天然密实体积计算；推土机、铲运机推、铲未经压实的堆积土时，按三类土定额项目乘以系数 0.73。

(7) 机械挖土方工程量，按机械实际完成工程量计算。机械确实挖不到的地方，用人工修边坡、整平的土方工程量套用人工挖土方(最多不得超过挖方量的 10%)相应定额项目人工乘以系数 2；机械挖土、石方单位工程量小于 2000 m^3 或在桩间挖土、石方，按相应定额乘以系数 1.10。

(8) 自卸汽车运土，按正铲挖掘机挖土考虑。如系反铲挖掘机装车，则自卸汽车运土台班量乘以系数 1.10；若为拉铲挖掘机装车，则自卸汽车运土台班量乘以系数 1.20。

(9) 挖掘机在垫板上作业时，其人工、机械乘以系数 1.25；垫板铺设所需的人工、材料、机械消耗，另行计算。

第二章：打桩及基础垫层

1. 内容

打桩及基础垫层内容包括打桩工程、基础垫层共 2 节 122 个子目。其中，打桩工程 103 个子目，基础垫层 19 个子目。适用于一般工业与民用建筑工程的桩基础。

2. 术语释解

(1) 送桩：在打桩时，由于打桩架底盘离地面有一定距离，而桩锤又无法打到桩架底盘以下，通常桩顶标高在地面以下，因此，需借助打桩机和送桩器将预制桩打入土中，这一过程称为送桩。

(2) 接桩：当设计桩长超过一根预制桩段的长度时，就应进行桩的连接。接桩的方式有焊接和硫磺胶泥连接。

3. 主要应用要点

(1) 预制钢筋砼方桩的制作费，另按相关章节有关规定计算。

(2) 打桩已包括 300 m 内的场内运输，若实际超过 300 m，应按构件运输相应定额执行，并扣除定额内的场内运输费。

(3) 打桩机的类别、规格执行中不换算。打桩机及为打桩机配套的施工机械进(退)场费和组装、拆卸费用，另按实际进场机械的类别、规格计算。

(4) 打试桩按相应定额项目的人工、机械乘以系数 2 计算。试桩期间的停置台班结算时应按实调整。

(5) 每个单位工程的打(灌注)桩工程量小于表 3-28 规定数量时，其人工、机械(包括送桩)按相应定额项目乘以系数 1.25。见表 3-28。

表 3-28 单位工程的打(灌注)桩工程量

项　目	工 程 量
预制钢筋砼方桩	150 m^3
预制钢筋砼离心管桩	50 m^3
打孔灌注砼桩	60 m^3
打孔灌注砂桩、碎石桩、砂石桩	100 m^3
钻孔灌注砼桩	60 m^3

(6) 砼垫层厚度以 15 cm 内为准，厚度在 15 cm 以上的应按第五章的砼基础相应项目执行。

第三章：砌筑工程

1. 内容

砌筑工程内容包括砌砖、砌石、构筑物共 3 节 83 个子目。其中，砌砖 48 个子目，砌石 16 个子目，构筑物 19 个子目。

2. 术语释解

(1) 标准砖：指规格是(240×115×53) mm 的砖，见图 3-2。原多用黏土烧结砖，该砖禁止使用后，常用的是水泥标准砖。

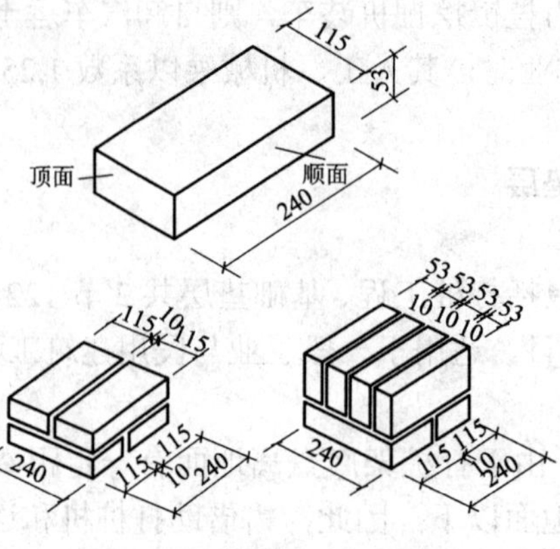

图 3-2　普通砖的尺寸关系

(2) 毛石：指无规则的乱毛石，一般有两个平行面。

(3) 方整石：指已加工好有面、有线的商品方整石。

(4) 小型砌体：指砖砌门墩、房上烟囱、地垅墙、水槽、水池脚、垃圾箱、台阶面上矮墙、花台、煤箱、垃圾箱、容积在 $3m^3$ 内的水池、大小便槽(包括踏步)等砌体。

3. 主要应用要点

1) 砌砖、砌块墙

(1) 各种砖砌体的砖、砌块是按表 3-29 所示规格(单位：mm)编制的。当实际规格不同时，可以换算。

表 3-29　砖、砌块规格　　单位：mm

砖　名　称	长×宽×高
普通黏土(标准)砖	240×115×53
KP1 黏土多孔砖	240×115×90
黏土多孔砖	240×240×115　240×115×115
KM1 黏土多孔砖	190×190×90
黏土三孔砖	190×190×90
黏土六孔砖	190×190×140
黏土九孔砖	190×190×190
页岩模数多空砖	240 × 190 × 90　240 × 140 × 90 240 × 90 × 90　190 × 120 × 90
硅酸盐空心砌块(双孔)	390 × 190 × 190
硅酸盐空心砌块(单孔)	190 × 190 × 190
硅酸盐空心砌块(单孔)	190 × 190 × 90
硅酸盐砌块	880 × 430 × 240　580 × 430 × 240(长 × 高 × 厚) 430 × 430 × 240　280 × 430 × 240
加气砼块	600 × 240 × 150

(2) 砖、砌块定额中已包括了门、窗框与砌体的原浆勾缝在内，砌筑砂浆强度等级按设计规定应分别套用。

(3) 除标准砖墙外，其他品种砖弧形墙其弧形部分每立方米砌体按相应项目人工增加15%，砖增加5%，其他不变。

(4) 标准砖墙砖过梁、砖圈梁、腰线、砖垛、砖挑沿、附墙烟囱等因素已综合在定额内，不得另立项目计算。

(5) 砖砌挡土墙以顶面宽度按相应墙厚内墙定额执行，顶面宽度超过1砖按砖基础定额执行。柱基、柱身不分断面均以设计体积计算，柱身、砖柱基工程量合并套“砖柱”定额。柱基与柱身砌体品种不同时，应分开计算并分别套用相应定额。

(6) 砖砌地下室墙身及基础，内、外墙身工程量合并计算按相应内墙定额执行。

(7) 砖砌体内的钢筋加固及转角、内外墙的搭接钢筋以“吨”计算，按第四章的“砌体、板缝内加固钢筋”定额执行。

(8) 加气砼、硅酸盐砌块、小型空心砌块墙，砌块本身空心体积不予扣除。砌体中设计钢筋砖过梁时，应另行计算，套“小型砌体”定额。

(9) 砌块墙、多孔砖墙中，窗台虎头砖、腰线、门窗洞边接茬用标准砖已包括在定额内。

2) 砌石

(1) 砌筑圆弧形基础、墙(含砖、石混合砌体)，人工按相应项目乘以系数 1.10，其他不变。

(2) 方整石墙单面出垛并入墙身工程量内，双面出墙垛按柱计算。标准砖镶砌门、窗口立边、窗台虎头砖、钢筋砖过梁等按实砌砖体积另列项目计算，套“小型砌体”定额。

(3) 毛石、方整石零星砌体按窗台下墙相应定额执行，人工乘以系数1.10。

(4) 毛石台阶按毛石基础定额执行。

(5) 毛石地沟、水池按窗台下石墙定额执行。

第四章：钢筋工程

1. 内容

钢筋工程内容包括现浇构件、预制构件、预应力构件、其他共4节32个子目。其中，现浇构件8个子目，预制构件6个子目，预应力构件10个子目，其他8个子目。

2. 主要应用要点

(1) 钢筋工程以钢筋的不同规格、不分品种按现浇构件钢筋、现场预制构件钢筋、加工厂预制构件钢筋、预应力构件钢筋、点焊网片分别列项目。

(2) 钢筋搭接所耗用的电焊条、电焊机、铅丝和钢筋余头损耗已包括在定额内。设计图纸注明的钢筋接头长度以及未注明的钢筋接头按规范的搭接长度应计入设计钢筋用量中。

(3) 先张法预应力构件中的预应力、非预应力钢筋工程量应合并计算，按预应力钢筋相应项目执行(梁、大型屋面板、F板执行ϕ5外的定额，其余均执行ϕ5内定额)；后张法预应力构件中的预应力钢筋、非预应力钢筋应分别套用定额。

(4) 粗钢筋接头采用电渣压力焊、套管接头、锥螺纹等接头者，应分别执行钢筋接头定额。注意：已计算钢筋接头不能再计算钢筋搭接长度。

(5) 非预应力钢筋不包括冷加工，设计要求冷加工时，应另行处理。预应力钢筋设计要求人工时效处理时，应另行计算。

(6) 钢筋制作、绑扎需拆分者，制作按 45%、绑扎按 55%拆算。

(7) 钢筋、铁件在加工厂制作时，由加工厂至现场的运输费应另列项目计算。在现场制作的不计算此项费用。

(8) 基础中，多层钢筋的型钢支架、垫铁、撑筋、马凳等按金属结构的钢托架制、安定额执行(并扣除定额中的油漆材料费 51.49 元)。现浇楼板中设置的撑筋与现浇构件钢筋用量合并计算。

(9) 预埋铁件、螺栓执行铁件制安定额。

第五章：混凝土工程

1. 内容

混凝土工程内容包括自拌砼构件、商品砼泵送构件、商品砼非泵送构件共 3 节 423 个子目。其中，自拌砼构件 169 个子目，商品砼泵送构件 114 个子目，商品砼非泵送构件 140 个子目。

2. 术语释解

(1) 有梁式带形基础：梁高与梁宽之比在 4∶1 以内的带形基础。

(2) 高颈杯形基础：杯口外壁高度大于杯口外长边的杯形基础。

(3) 板式雨棚：仅为平板。

(4) 复式雨棚：三个檐边上翻的雨棚。

(5) 小型混凝土构件，系指单体体积在 0.05 m^3 以内的未列出子目的构件。

(6) 独立柱、梁、板：轴线未形成封闭框架的柱、梁、板。

3. 主要应用要点

(1) 本章混凝土构件分为自拌砼构件、商品砼泵送构件、商品砼非泵送构件 3 部分，各部分又包括了现浇构件、现场预制构件、加工厂预制构件等。对现浇构件、现场预制构件、加工厂预制构件的砼石子粒径设计有要求时，按设计规定；无设计规定时，按定额粒径计算。定额项目取定的石子粒径见表 3-30 所示。

表 3-30　砼石子粒径取定表

石子粒径/mm	构 件 名 称
5～16	预制板类构件、预制小型构件
5～31.5	现浇构件、矩形柱(构造柱除外)、圆柱、多边形柱(L 形、T 形、十字形柱除外)、框架梁、单梁、连续梁、地下室防水砼墙
5～20	除以上构件外均用此粒径
5～40	基础垫层、各种基础、道路、挡土墙、地下室墙、大体积砼

(2) 毛石砼中的毛石掺量是按 15%计算的，如设计要求不同时，可按比例换算毛石、砼数量，其余不变。

(3) 有梁式带形混凝土基础，其梁高与梁宽之比在 4∶1 以内的，按有梁式带形基础计算(带形基础梁高是指梁底部到上部的高度)。超过 4∶1 时，其基础底按无梁式带形基础计算，上部按墙计算。

(4) 满堂(板式)基础有梁式(包括反梁)、无梁式应分别计算，仅带有边肋者，按无梁式满堂基础套用子目。

(5) 设备基础除块体以外，其他类型设备基础分别按基础、梁、柱、板、墙等有关规定计算，套相应的项目。

(6) 杯形基础套用独立柱基项目。

(7) 室内净高超过 8 m 的现浇柱、梁、墙、板(各种板)的人工工日分别乘以系数：净高在 12 m 以内系数为 1.18；净高在 18 m 以内系数为 1.25。

(8) 雨棚挑出超过 1.5 m 的柱式雨棚，不执行雨棚子目，另按相应有梁板和柱子子目执行。

(9) 阳台挑出超过 1.8 m，不执行阳台子目，另按相应有梁板子目执行。

(10) 楼梯、雨棚、阳台按设计用量加 1.5%损耗按相应子目进行调整。

第六章：金属结构工程

1. 内容

金属结构工程内容包括钢柱制作，钢屋架、钢托架、钢桁架制作，钢梁、钢吊车梁制作，钢制动梁、支撑、檩条、墙架、挡风架制作，钢平台、钢梯子、钢栏杆制作，钢拉杆制作、钢漏斗制安、型钢制作，钢屋架、钢桁架、钢托架现场制作平台摊销，其他共 8 节 45 个子目。

2. 术语释解

(1) 栏杆：指平台、阳台、走廊和楼梯的单独栏杆。

(2) 铁件：指埋入在砼内的预埋铁件。

3. 主要应用要点

(1) 金属构件不论在附属企业加工厂或现场制作均执行本定额(现场制作需搭设操作平台，其平台摊销费按本章相应项目执行)。

(2) 本定额中各种钢材数量均以型钢表示。实际上不论使用何种型材，计价表中的钢材总数量和其他工料均不变。

(3) 本定额除注明者外，均包括现场内(工厂内)的材料运输、下料、加工、组装及成品堆放等全部工序。加工点至安装点的构件运输，应另按计价表第七章构件运输定额相应项目计算。

(4) 本定额构件制作项目中，均已包括刷一遍防锈漆工料。

(5) 晒衣架和钢盖板项目中已包括安装费，但未包括场外运输。

第七章：构件运输及安装工程

1. 内容

构件运输及安装工程内容包括构件运输、构件安装共 2 节 154 个子目。其中，构件运输 48 个子目，构件安装 106 个子目。

2. 术语释解：

(1) 预制钢筋砼构件接头灌缝，是指构件的坐浆、灌缝、堵板孔、塞板、灌梁缝等内容。

(2) 轻钢屋架指钢屋架单榀重量在 0.5t 以下者。

(3) 小型构件安装是指沟盖板、通气道、垃圾道、楼梯踏步板、隔断板以及单体体积小于 0.1 m^3 的构件安装。

3. 主要应用要点

1) 构件运输

(1) 构件运输类别划分详见表 3-31 和表 3-32。

表 3-31 砼 构 件

类 别	项 目
Ⅰ类	各类屋架、桁架、托架、梁、柱、桩、薄腹梁、风道梁
Ⅱ类	大型屋面板、槽形板、肋形板、天沟板、空心板、平板、楼梯、檩条、阳台、门窗过梁、小型构件
Ⅲ类	天窗架、端壁架、挡风架、侧板、上下挡、各种支撑
Ⅳ类	全装配式内外墙板、楼顶板、大型墙板

表 3-32 金 属 构 件

类 别	项 目
Ⅰ类	钢柱、钢梁、屋架、托架梁、防风桁架
Ⅱ类	吊车梁、制动梁、型(轻)钢檩条、钢拉杆、钢栏杆、盖板、垃圾出灰门、篦子、爬梯、平台、扶梯、烟囱紧固箍
Ⅲ类	墙架、挡风架、天窗架、组合檩条、钢支撑、上下挡、轻型屋架、滚动支架、悬挂支架、管道支架、零星金属构件

(2) 砼构件、金属构件及门窗运输，运输距离应由构件堆放地(或构件加工厂)至施工现场的实际距离来确定。

2) 构件安装

(1) 定额子目内既列有“履带式起重机”又列有“塔式起重机”的，可根据不同的垂直运输机械选用：

① 选用卷扬机(带塔)施工的，套“履带式起重机”定额子目；

② 选用塔式起重机施工的，套“塔式起重机”定额子目。

(2) 加工厂预制构件安装，定额中已考虑运距在 500 m 内的场内运输。

(3) 金属构件安装未包括场内运输费。如发生场内运输，单件重量在 0.5 t 以内、运距在 150 m 以内的，每吨构件另加场内运输费 10.97 元；单件重量在 0.5 t 以上的金属构件按定额的相应项目执行。

第九章：屋平、立面防水及保温隔热工程

1. 内容

屋平、立面防水及保温隔热工程内容包括屋面防水，平面、立面及其他防水，伸缩缝、止水带，屋面排水，保温、隔热共 5 节 242 个子目。其中，屋面防水 87 个子目，平面、立面及其他防水 67 个子目，伸缩缝、止水带 32 个子目，屋面排水 23 个子目，保温、隔热 33 个子目。

2. 术语释解

(1) 卷材屋面：系指在平屋面结构层上用卷材(油毡、玻璃布)和沥青、油膏等粘结材料铺贴而成的屋面。

(2) 冷胶“两布三涂”：“三涂”是指涂膜构成的防水层数，并非指涂刷遍数。每一涂层的厚度必须符合规范要求(每一涂层刷两至三遍)。

3. 主要应用要点

(1) 屋面防水分为瓦、卷材、刚性、涂膜4部分。

① 瓦材规格与定额不同时，瓦的数量可以换算，其他不变。换算公式：

$$瓦的数量=10\ m^2/(瓦有效长度\times有效宽度)\times1.025(操作损耗)$$

② 油毡卷材屋面包括刷冷底子油一遍，但不包括天沟、泛水、屋脊、檐口等处的附加层在内，其附加层应另行计算。其他卷材屋面均包括附加层。

③ 本章以石油沥青、石油沥青马蹄脂为准，设计使用煤沥青、煤沥青马蹄脂，按实调整。

④ 高聚物、高分子防水卷材粘贴，实际使用的黏接剂与本定额不同，单价可以换算，其他不变。

(2) 平、立面及其他防水分为涂刷、砂浆、粘贴卷材3部分。各种卷材的防水层均已包括刷冷底子油一遍和平、立面交界处的附加层工料在内。

(3) 刚性屋面、屋面砂浆找平层、水泥砂浆或细石砼保护层均按楼地面工程相应定额项目计算。

(4) 在粘结层上单撒绿豆砂者(定额中已包括绿豆砂的项目除外)，每10 m^2铺洒面积增加人工0.066工日。绿豆砂0.078 t，合计6.62元。

(5) 在伸缩缝项目中，除已注明规格可调整外，其余项目均不调整。

第十二章：楼地面工程

1. 内容

楼地面工程内容包括垫层，找平层，整体面层，块料面层，木地板、栏杆、扶手，散水、斜坡、明沟6节，共计177个子目。

2. 主要应用要点

(1) 本章中各种砼、砂浆强度等级、抹灰厚度，设计与定额规定不同时，可以换算。

(2) 本章整体面层、块料面层子目中均包括找平层与装饰面层。找平层砂浆设计厚度不同，按每增、减5 mm找平层调整。当粘结层砂浆厚度与定额不符时，按设计厚度调整。

(3) 踢脚线高度按 150 mm 编制，如设计高度与定额高度不同时，按比例调整，其他不变。

(4) 水磨石面层定额项目已包括酸洗打蜡工料，设计不做酸洗打蜡，应扣除定额中的酸洗打蜡材料费及人工0.51工日/10 m^2，其余项目均不包括酸洗打蜡，应另列项目计算。

(5) 水泥砂浆、水磨石楼梯包括踏步、踢脚板、踢脚线、平台、堵头，不包括楼梯底抹灰(楼梯底抹灰另按第十四章的相应项目执行)；螺旋形、圆弧形楼梯贴块料面层按相应项目的人工乘以系数1.20，块料面层材料乘以系数1.10，其他不变。

(6) 扶手、栏杆、栏板适用于楼梯、走廊及其他装饰性栏杆、栏板、扶手。栏杆定额项目中包括了弯头的制作、安装。设计栏杆、栏板的材料、规格、用量与定额不同，可以调整。定额中栏杆、栏板与楼梯踏步的连接是按预埋件焊接考虑的，设计用膨胀螺栓连接时，每10 m另增人工0.35工日，M10×100膨胀螺栓10只，铁件1.25 kg，合金钢钻头0.13只，电锤0.13台班。

(7) 地面防潮层按第十七章的相应项目执行。

(8) 斜坡、散水、明沟按苏 J9508 图编制的，均包括挖(填)土、垫层、砌筑、抹面。采用其他图集时，材料含量可以调整，其他不变。

(9) 通往地下室车道的土方、垫层、砼、钢筋砼按相应章节项目执行。

第十三章：墙柱面工程

1. 内容

墙柱面工程内容包括一般抹灰，装饰抹灰，镶贴块料面层、木装修及其他 4 节，共计 244 个子目。

2. 主要应用要点

1) 一般规定

本章按中级抹灰考虑，设计砂浆品种、饰面材料规格如与定额取定不同时，应按设计调整，但人工数量不变。

2) 柱墙面装饰

(1) 墙、柱的抹灰及镶贴块料面层所取定的砂浆品种、厚度详见附录七(《××省建筑与装饰工程计价表》)。设计砂浆品种、厚度与定额不同均应调整(纸筋石灰砂浆厚度不同不调整)，砂浆用量按比例调整。

(2) 圆弧形墙面、梁面抹灰或镶贴块料面层(包括挂贴、干挂大理石、花岗岩板)，按相应定额项目人工乘以系数 1.18(工程量按其弧形面积计算)。块料面层中带有弧边的石材损耗，应按实调整，每 10 m 弧形部分，切贴人工增加 0.6 工日，合金钢切割片 0.14 片，石料切割机 0.6 台班。

(3) 外墙面窗间墙、窗下墙同时抹灰，按外墙抹灰相应子目执行，单独圈梁抹灰(包括门、窗洞口顶部)按腰线子目执行，附着在砼梁上的砼线条抹灰按砼装饰线条抹灰子目执行。但窗间墙单独抹灰或镶贴块料面层，按相应人工乘以系数 1.15。

(4) 当内、外墙贴面砖的规格与定额取定规格不符时，实际数量为

$$实际数量=\frac{10\ m^2\times(1+相应损耗率)}{(砖长+灰缝宽)\times(砖宽+灰缝厚)}$$

(5) 本章砼墙、柱、梁面的抹灰底层已包括刷一道素水泥浆在内，若设计刷两道，则每增一道按本章 13-71、13-72 相应项目执行。

(6) 外墙内表面的抹灰按内墙面抹灰子目执行，砌块墙面的抹灰按砼墙面相应抹灰子目执行。

第十四章：天棚工程

1. 内容

天棚工程内容包括天棚龙骨，天棚面层及饰面，扣板雨棚、采光天棚，天棚检修道，天棚抹灰 5 节，共计 123 个子目。

2. 术语释解

(1) 简单型天棚骨架：是指每间面层在同一标高的平面上，不满足复杂型天棚骨架条件的天棚骨架。

(2) 复杂型天棚骨架：是指每一间面层不在同一标高平面上，其高差在 100 mm 以上(含 100 mm)，但必须满足不同标高的少数面积占该间面积的 15%以上。

(3) 天棚抹灰装饰线：是指在天棚底面四周墙面交叉处所做的抹灰突出线条。

3. 主要应用要点

1) 抹灰

(1) 天棚面的抹灰按中级抹灰考虑，所取定的砂浆品种、厚度详见附录七(《××省建筑与装饰工程计价表》)。设计砂浆品种(纸筋石灰浆除外)厚度与定额不同均应按比例调整，但人工数量不变。

(2) 天棚抹面如抹小圆角者，人工已包括在定额中，材料、机械按附注增加。

2) 吊顶

(1) 本定额金属吊筋是按膨胀螺栓连接在楼板上考虑的，每副吊筋的规格、长度、配件及换整办法详见天棚吊筋子目，设计吊筋与楼板底面预埋铁件焊接时也执行本定额。

当设计小房间(厨房、厕所)内不用吊筋时，不能计算吊筋项目，并应扣除相应定额中人工含量 0.67 工日/10 m^2。

(2) 本定额轻钢、铝合金龙骨是按双层编制的，设计为单层龙骨(大、中龙骨均在同一平面上)在套用定额时，应扣除定额中的小(付)龙骨及配件，人工乘以系数 0.87，其他不变，设计小(付)龙骨用中龙骨代替时，其单价应换整。

(3) 定额中的木龙骨、金属龙骨按面层龙骨的方格尺寸取定，其龙骨断面的取定如表 3-33。

若设计与定额不符，应按设计的长度用量加下列损耗换整定额中的含量：木龙骨 6%，轻钢龙骨 6%，铝合金龙骨 7%。

(4) 圆弧形、拱形的天棚龙骨应按其弧形或拱形部分的水平投影面积计算套用复杂型子目，龙骨用量按设计进行换整，人工和机械按复杂型天棚子目乘以系数 1.8。

(5) 本定额天棚每间以在同一平面上为准，设计有圆弧形、拱形时，按其圆弧形、拱形部分的面积计算：圆弧形面层人工按其相应定额乘以系数 1.15 计算，拱形面层的人工按相应定额乘以系数 1.5 计算。

表 3-33　龙骨断面的取定　　单位：mm

种　类	位置、形式	规　　格
木龙骨	搁在墙上	大龙骨 50×70，中龙骨 50×50
	吊在混凝土板下	大、中龙骨 50×40。
U 形轻钢龙骨	上人型	大龙骨 60×27×1.5(高×宽×厚) 中龙骨 50×20×0.5(高×宽×厚) 小龙骨 25×20×0.5(高×宽×厚)
	不上人型	大龙骨 45×15×1.2(高×宽×厚) 中龙骨 50×20×0.5(高×宽×厚) 小龙骨 25×20×0.5(高×宽×厚)
T 形铝合金龙骨	上人型	大龙骨 60×27×1.5(高×宽×厚) 铝合金 T 形主龙骨 20×35×0.8(高×宽×厚) 铝合金 T 形副龙骨 20×22×0.6(高×宽×厚)
	不上人型	大龙骨 45×15×1.2(高×宽×厚) 铝合金 T 形主龙骨 20×35×0.8(高×宽×厚) 铝合金 T 形副龙骨 20×22×0.6(高×宽×厚)

第十五章：门窗工程

1. 内容

门窗工程内容包括购入构件成品安装，铝合金门窗制作、安装，木门、窗框扇制作、安装，装饰木门扇，门、窗五金配件安装5节，共计384个子目。

2. 术语释解

(1) 腰窗(亮子)：是指在门框顶部安装的有一定大小的玻璃窗。腰窗可做不同方式的开启。

(2) 无腰(无亮)：指门框上部没有小玻璃窗。

(3) 有腰(带亮)：指门框上部的小玻璃窗。

(4) 无纱：指没有纱门扇。

(5) 镶板门：由冒头及门肚板组成的门。

(6) 胶合板板：中间是木框，两面订胶合板的门。

3. 主要应用要点

(1) 购入构件成品安装门窗单价中，除地弹簧、门夹、管子、拉手等特殊五金外，玻璃及一般五金已包括在相应的成品单价中，一般五金的安装人工已包括在定额内，特殊五金和安装人工应按“门、窗配件安装”的相应子目执行。

(2) 铝合金门窗的制作、安装。

① 铝合金门窗制作、安装是按在现场制作编制的，如在构件厂制作，也按本定额执行，但构件厂至现场的运输费用应按当地交通部门的规定运费执行(运费不计入取费基价)。

② 铝合金门窗的五金应按“门、窗五金配件安装”另列项目计算。

③ 门窗框与墙或柱的连接是按镀锌铁脚、膨胀螺栓连接考虑的，设计不同，定额中的铁脚、螺栓应扣除，其他连接件另外增加。

(3) 木门、窗的制作、安装。

① 本章编制了一般木门窗制作、安装及成品木门框扇的安装，制作是按机械和手工操作综合编制的。

② 本章均以一、二类木种为准，如采用三、四类木种，则应分别乘以以下系数：木门、窗制作人工和机械费乘以系数1.30，木门、窗安装人工乘以系数1.15。

③ 本章木材木种分类见表3-34。

表3-34　木材木种分类表

一类	红松、水桐木、樟子松
二类	白松、杉木(方杉、冷杉)、杨木、铁杉、柳木、花旗松、椴木
三类	青松、黄花松、秋子松、马尾松、东北榆木、柏木、苦楝木、梓木、黄菠萝、椿木、楠木(桢楠、润楠)、柚木、樟木、山毛榉、栓木、白木、云香木、枫木
四类	栎木(柞木)、檀木、色木、槐木、荔木、麻栗木(麻栎、青刚)、桦木、荷木、水曲柳、柳桉、华北榆木、核桃楸、克隆、门格里斯

④ 本章中注明的木材断面或厚度均以毛料为准，如设计图纸注明的断面或厚度为净料时，应增加断面刨光损耗：一面刨光加3 mm，两面刨光加5 mm，圆木按直径增加5 mm。

⑤ 本章中门、窗框扇断面除注明者外均是按苏 J73-2 常用项目的Ⅲ级断面编制的，其具体取定尺寸见表 3-35。

表 3-35 门窗具体取定尺寸

门窗	门窗类型	边框断面(含刨光损耗)		扇立梃断(含刨光损耗)	
		定额取定断面(mm)	截面积(cm^2)	定额取定断面(mm)	截面积(cm^2)
门	半截玻璃门	55×100	55	50×100	50
	冒头板门	55×100	55	45×100	45
	双面胶合板门	55×100	55	38×60	22.80
	纱门			35×100	35
	全玻自由门	70×140(Ⅰ级)	98	50×120	60
	拼板门	55×100	55	50×100	50
	平开、推拉木门			60×120	72
窗	平开窗	55×100	55	45×65	29.25
	纱窗			35×65	22.75
	工业木窗	55×120(Ⅱ极)	66		

设计框、扇断面与定额不同时，应按比例换算。框料以边立框断面为准(框裁口处如为钉条者，应加贴条断面)，扇料以立梃断面为准。换算公式为

设计断面(净料加刨光损耗)/定额断面积×相应项目定额材积

或

(设计断面积 – 定额断面积)×相应项目框、扇每增减 10 cm^2 的材积

上式断面积均以 10 m^2 为计量单位。

⑥ 门窗制作、安装的五金、铁件配件按“门窗五金配件安装”相应项目执行，安装人工费已包括在相应定额内。设计门、窗玻璃品种、厚度与定额不符时，单价应调整，数量不变。

⑦ “门窗五金配件安装”的子目中，当五金规格、品种与设计不符时，应作调整。

第十六章：油漆、涂料、裱糊工程

1. 内容

本章内容包括油漆、涂料，裱糊、饰面 2 节，共计 375 个子目。

2. 主要应用要点

(1) 《××省建筑与装饰工程计价表》中涂料、油漆工程均采用手工操作，喷塑、喷涂、喷油采用机械喷枪操作，当实际施工操作方法不同时，均按本定额执行。

(2) 油漆项目中，已包括钉眼刷防锈漆的工、料，并综合了各种油漆的颜色，若设计油漆颜色与定额不符，人工、材料均不作调整。

(3) 计价表中已综合考虑分色及门窗内外分色的因素，如果需做美术图案者，可按实际计算。

(4) 计价表中规定的喷、涂刷的遍数，如与设计不同，可按每增减一遍相应定额子目执行。

(5) 涂料定额是按常规品种编制的，设计用的品种与定额不符，单价可以换算，其余不变。

第十七章：其他零星工程

1. 内容

其他零星工程的内容包括：(1) 招牌、灯箱基层；(2) 招牌、灯箱面层；(3) 美术字安装；(4) 压条、装饰线条；(5) 镜面玻璃；(6) 卫生间配件；(7) 窗帘盒、窗帘轨、窗台板、门窗套的制作、安装；(8) 木盖板、木搁板、固定式玻璃黑板；(9) 暖气罩；(10) 天棚面零星项目；(11) 窗帘装饰布的制作、安装；(12) 墙、地面成品保护；(13) 隔断；(14) 柜类、货架等。

2. 术语释解

(1) 幕墙式暖气罩：制作立面板，用铁件挂与暖气片或暖气管上。

(2) 明式暖气罩：是罩在突出墙面的暖气片上，由立面板、侧面板和顶板组成。

3. 主要应用要点

(1) 装饰线条安装为线条成品安装，定额均以安装在墙面上为准。设计安装在天棚面层时，按以下规定执行(但墙、顶交界处的角线除外)：钉在木龙骨基层上，其人工按相应定额乘以系数 1.34；钉在钢龙骨基层上，乘以系数 1.68；钉木装饰线条图案者，人工乘以系数 1.50(木龙骨基层上)及 1.80(钢龙骨基层上)。当设计装饰线条成品规格与定额不同时，应作换算，但含量不变。

(2) 石材磨边是按在现场制作加工编制的，若实际是由外单位加工时，应另行计算。

石材装饰线条均以成品安装为准。石材装饰线条磨边、磨圆边均包括在成品的单价中，不再另计。

(3) 木盖板厚度以 40 mm 为准(板材 0.44 m^2)，如设计厚度不同，材积可以换算，其他不变。

(4) 明窗帘盒的木材断面为：单轨 400 mm×20 mm，双轨 450 mm×20 mm，设计断面不同按比例调整普通成材。

在暗窗帘盒设计窗帘挂板时，每 10 m^2 窗帘挂板另增人工 3.49 工日。暗窗帘盒高度按 250 mm 计算，设计每增高 100 mm，胶合板另增 10.8 m^2，其他不变。

(5) 地面防潮层人工乘以系数 0.85，其他不变。

(6) 成品保护是指对已做好的项目面层上覆盖保护层，保护层的材料不同不得换算，实际施工中未覆盖的不得计算成品保护。

第十八章：建筑物超高增加费用

1. 内容

建筑物超高增加费用内容包括建筑物超高增加费、单独建筑工程超高部分人工降效分段增加系数计算表共 2 节，36 个子目。

2. 主要应用要点

(1) 超高费内容包括人工降效、高压水泵摊销、临时垃圾管道等所需费用。超高费包干使用，不论实际发生多少，均按本定额执行，不作调整。

(2) 建筑物设计室外地面至檐口的高度(不包括女儿墙、屋顶水箱、突出屋面的电梯间、楼梯间等的高度)超过 20 m 时，应计算超高费。

(3) 高度和层高，只要其中一个指标达到规定，即可套用该项目。

(4) 当同一个楼层中的楼面和天棚不在同一计算段内时，应按天棚面标高段为准计算。

第十九章：脚手架

1. 内容

脚手架内容包括脚手架、建筑物檐高超过 20 m 脚手材料增加费共 2 节，47 个子目。

2. 术语释解

(1) 脚手架又称架子，是建筑施工活动中工人进行操作、运送及堆积材料的一种临时性设施。

3. 主要应用要点

1) 脚手架工程

(1) 本定额适用于檐高在 20 m 以内的建筑物，不包括女儿墙、屋顶水箱、突出主体建筑的楼梯间等高度。若前、后檐高不同，可按平均高度计算。檐高在 20 m 以上的建筑物脚手架除按本定额计算外，其超过部分所需增加的脚手架加固措施等费用，均按超高脚手架材料增加费子目执行。

(2) 砌体高度在 3.60 m 以内者，套用里脚手架；高度超过 3.60 m 者，套用外脚手架。

(3) 山墙自设计室外地坪至山尖 1/2 处高度超过 3.60 m 时，该整个外山墙按相应外脚手架计算，内山墙按单排外架子计算。

(4) 独立砖(石)柱高度在 3.60 m 以内者，脚手架执行砌墙脚手架里架子；柱高超过 3.60 m 者，执行砌墙脚手架外架子(单排)。

(5) 砖基础自设计室外地坪至垫层(或砼基础)上表面的深度超过 1.50 m 时，按相应砌墙脚手架执行。

(6) 高度在 3.60 m 以内的墙面、天棚、柱、梁抹灰用的脚手架费用套用 3.60 m 以内的抹灰脚手架。如室内(包括地下室)净高超过 3.60 m 时，天棚需抹灰应按满堂脚手架计算，但其内墙抹灰不再计算脚手架。高度在 3.60 m 以上的内墙面抹灰，如无满堂脚手架可以利用时，可按墙面垂直投影面积计算抹灰脚手架。

(7) 室内天棚净高超过 3.60m 的板下勾缝、刷浆、油漆，可另行计算一次脚手架费用，按满堂脚手架相应项目乘以系数 0.10 计算；墙、柱梁面刷浆、油漆的脚手架按抹灰脚手架相应项目乘以系数 0.10 计算。

2) 超高脚手架材料增加费

(1) 本定额中脚手架是按建筑物檐高在 20 m 以内编制的。若檐高超过 20 m，应计算脚手架材料增加费。

(2) 檐高超过 20 m 脚手架材料增加费内容包括脚手架使用周期延长摊销费、脚手架加固费。脚手架材料增加费包干使用，无论实际发生多少费用，均按本章执行，不作调整。

第二十章：模板工程

1. 内容

模板工程内容包括现浇构件模板、现场预制构件模板、加工厂预制构件模板、构筑物工程模板共 4 节，254 个子目。

2. 术语释解

(1) 独立柱、梁、板：轴线未形成封闭框架的柱、梁、板。

(2) 零星构件：是指洗脸盆、水槽及体积小于 0.05 m^3 的小型构件。

3. 主要应用要点

(1) 模板工作内容包括清理、场内运输、安装、刷隔离剂、浇灌混凝土时模板维护、拆模、集中堆放、场外运输。木模板包括制作(预制构件包括刨光，现浇构件不包括刨光)；组合钢模板、复合木模板包括装箱。

(2) 现浇构件模板子目按不同构件分别编制了组合钢模板配钢支撑、复合木模板配钢支撑，在使用时可任选一种套用。

(3) 现浇钢筋混凝土柱、梁、墙、板的支模高度以净高(底层无地下室者高需另加室内外高差)以 3.6 m 以内为准，净高超过 3.6 m 的构件其钢支撑、零星卡具及模板人工应分别乘以表 3-36 中的系数。支模净高的确定见表 3-37。

表 3-36　增加钢支撑、零星卡具及模板人工系数表

增加内容	层高			
	5 m 以内	8 m 以内	12 m 以内	12 m 以外
独立柱、梁、板钢支撑及零星卡具	1.10	1.30	1.50	2.00
框架柱(墙)、梁、板钢支撑及零星卡具	1.07	1.15	1.40	1.60
模板人工(不分框架和独立柱梁板)	1.05	1.15	1.30	1.40

表 3-37　支模高度净高表

<table>
<tr><th>名称</th><th>位置 1</th><th>净高取值 1</th><th>位置 2</th><th>净高取值 2</th></tr>
<tr><td>柱</td><td rowspan="3">无地下室底层</td><td rowspan="3">设计室外地面至上层板底面</td><td rowspan="3">楼层</td><td rowspan="4">板顶面至上层板底面</td></tr>
<tr><td>梁</td></tr>
<tr><td>板</td></tr>
<tr><td>整板基础</td><td></td><td>板顶面(或反梁顶面)至上层板底面</td><td></td></tr>
</table>

(4) 设计⊥形、L 形、+形柱，其单面每边宽在 1000 mm 内按⊥形、L 形、+形柱相应子目执行，每根柱两边之和超过 2000 mm，则该柱按直形墙相应定额执行。

(5) 有梁板中的弧形梁模板按弧形梁定额执行(含模量=肋形板含模量)其弧形板部分的模板按板定额执行。砖墙基上带形砼防潮层模板按圈梁定额执行。

(6) 带形基础、设备基础、栏板、地沟如遇圆弧形，除按相应定额的复合模板执行外，其人工、复合木模板应乘以系数 1.30，其他不变(其他弧形构件按相应定额执行)。

(7) 当复式雨篷挑口内侧净高超过 250 mm 时，其超过部分按天沟定额计算(超过部分的含模量按天沟含模量计算)。

(8) 竖向挑板按 100 mm 内墙定额执行。

(9) 预制构件模板子目按不同构件，分别以组合钢模板、复合木模板、木模板、定型钢模板、长线台钢拉模、加工厂预制构件配混凝土地模、现场预制构件配砖胎模、长线台配混凝土地胎模编制，使用其他模板时，不予换算。

(10) 模板项目中，仅列出周转木材而无钢支撑的项目，在周转木材中已含其支撑量，模板与支撑按 7∶3 拆分。

(11) 模板材料已包含砂浆垫块与钢筋绑扎用的 22# 镀锌铁丝在内，现浇构件和现场预制构件不用砂浆垫块，而改用塑料卡，每 10 m^2 模板另加塑料卡费用，按每只 0.2 元，计 30 只，合计 6.00 元。

(12) 砼底板面积在 1000 m^2 内，有梁式满堂基础的反梁或地下室墙侧面的模板如用砖侧模时，砖侧模的费用应另外增加，同时扣除相应的模板面积(总量不得超过总含模量)；若超过 1000 m^2，反梁用砖侧模，则砖侧模及边模的组合钢模应分别另列项目计算。

(13) 地下室后浇墙带的模板应按已审定的施工组织设计另行计算，但不扣混凝土墙体模板含量。

(14) 加工厂预制构件有此项目，而现场预制无此项目，实际在现场预制时模板按加工厂预制模板子目执行。现场预制构件有此项目，加工厂预制构件无此项目，实际在加工厂预制时，其模板按现场预制模板子目执行。

第二十二章：建筑工程垂直运输

1. 内容

建筑工程垂直运输内容包括建筑物垂直运输、单独建筑工程垂直运输、构筑物垂直运输、施工垂直运输机械基础共 4 节，57 个子目。

2. 术语释解

(1) 檐高：是指设计室外地坪至檐口的高度，突出主体建筑物顶的女儿墙、电梯间、楼梯间、水箱等不计入檐口高度。

(2) 层数：指室外地面以上自然层。注意：2.2 m设备管道层也应算层数。

3. 主要应用要点

(1) 本定额工作内容包括在×省调整后的国家工期定额内完成单位工程全部工程项目所需的垂直运输机械台班，不包括机械的场外运输、一次安装、拆卸、路基铺垫和轨道铺拆等费用。施工塔吊与电梯基础、施工塔吊和电梯与建筑物连接的费用应单独计算。

(2) 本定额项目划分是以建筑物“檐高”、“层数”两个指标界定的，只要其中一个指标达到定额规定，即可套用该定额子目。

(3) 一个工程出现两个或两个以上檐口高度(层数)，使用同一台垂直运输机械时，定额不作调整；使用不同垂直运输机械时，应依照国家工期定额规定结合施工合同的工期约定，分别计算。

(4) 当建筑物垂直运输机械数量与定额不同时，可按比例调整定额含量。本定额按卷扬机施工配两台卷扬机，塔式起重机施工配一台塔吊和一台卷扬机(施工电梯)考虑。

(5) 檐高 3.60 m 内的单层建筑物和围墙，不计算垂直运输机械台班。

(6) 预制混凝土平板、空心板、小型构件的吊装机械费用已包括在本定额中。

(7) 本定额中现浇框架系指柱、梁、板全部为现浇的钢筋混凝土框架结构。如部分现浇、部分预制，按现浇框架乘以系数 0.96。

(8) 柱、梁、墙、板构件全部现浇的钢筋混凝土框筒结构、框剪结构按现浇框架执行；筒体结构按剪力墙(滑模施工)执行。

(9) 预制或现浇钢筋混凝土柱，预制屋架的单层厂房，按预制排架定额计算。

(10) 当建筑物以合同工期日历天计算时，在同口径条件下定额乘以以下系数：

$$1+\frac{\text{国家工期定额日历天}-\text{合同工期日历天}}{\text{国家工期定额日历天}}$$

未承包施工的工程内容，如打桩、挖土等的工期，不能作为提前工期考虑。

(11) 混凝土构件，使用泵送混凝土浇注者，卷扬机施工定额台班乘以系数 0.96；塔式起重机施工定额中的塔式起重机台班含量乘以系数 0.92。

(12) 建筑物高度超过定额取定高度，每增加 20 m，人工、机械按最上两档之差递增。不足 20 m 者，按 20 m 计算。

(13) 采用履带式、轮胎式、汽车式起重机(除塔式起重机外)吊(安)装预制大型构件的工程，除按本章规定计算垂直运输费外，另按第六章有关规定计算构件吊(安)装费。

【思考及练习题】

1. 什么是定额？什么是预算定额？什么是预算定额的水平？预算定额的结构形式是什么？

2．科学管理之父是谁？简述“泰勒制”的主要内容。

3．什么是人工单价？人工单价的影响因素有哪些？

4．什么是材料预算价格？材料预算价格的组成内容有哪些？

5．什么是机械台班预算单价？机械台班预算单价的组成内容有哪些？

6．简述组成定额综合单价的各项费用之间的关系。

7．计价表换算的条件是什么？如何看是否容许换算？

8．常见的换算类型有哪些？

项目四　建筑工程定额计量与计价

学习目标

了解：建筑工程施工图预算的作用，工程量的含义。

熟悉：编制建筑工程施工图预算的依据，建筑工程施工图预算的格式，工程量计算的原则，工程量计算的依据，工程量计算的顺序。

掌握：编制建筑工程施工图预算的内容、方法、步骤，建筑面积的计算，施工图预算文件的编制。

单元一　概　　述

定额计价法以施工图预算的形式表现。施工图预算是一种传统的计价方法。

一、施工图预算的概念

施工图预算是确定建筑工程造价的经济文件。它是在建筑工程施工图设计完成后，根据施工图纸、建筑工程预算定额、施工组织设计、费用定额、省市有关文件，合同以及本地区现行的人工工资标准、材料和机械台班的单价等编制而成的，确定建筑工程造价的经济文件。

二、施工图预算的作用

(1) 施工图预算能确定单位工程预算造价。

(2) 施工图预算是建设单位和施工单位进行工程结算的依据。

(3) 施工图预算是建设单位控制投资、加强施工管理的基础。

(4) 施工图预算是施工单位编制施工进度计划的依据。

(5) 施工图预算是施工单位加强经济核算、提高企业管理水平的依据。

(6) 施工图预算是施工单位进行“两算”对比的依据。

三、编制施工图预算的依据

(1) 施工图纸、图纸会审记录、有关标准图集等。

(2) 现行的《建筑工程预算定额》(计价表)。

(3) 施工组织设计(或施工方案)。

(4) 费用定额。

(5) 省市有关造价的文件。

(6) 工程施工合同或协议。

(7) 现行的本地区人工工资、材料预算价格、机械台班单价。

(8) 预算工作手册及其他工具书。

四、编制施工图预算的内容

按综合单价法编制的一份完整的单位工程施工图预算的内容组成(按装订顺序介绍)：① 封面；② 编制说明；③ 单位工程费用汇总表；④ 分部分项工程费计价表；⑤ 措施项目费计价表；⑥ 其他项目费计价表；⑦ 子目换算表；⑧ 工程量计算表。

为了简化计算，提高编制效率，有些施工图预算还有工料分析表、工料汇总表、价差计算表。

五、编制施工图预算的方法、步骤

建筑工程施工图预算造价由分部分项工程费、措施项目费、其他项目费、规费和税金组成。在计算建筑工程造价时，按照一定顺序分别计算出相应部分费用后，再进行汇总。常用方法有单价法(综合单价法)和实物法。

(一) 综合单价法编制步骤

(1) 熟悉图纸和预算定额(计价表)，了解施工现场情况和施工组织设计资料，收集有关市场价格信息、有关文件。

(2) 列项目，计算工程量。

(3) 套预算定额(计价表)，计算分部分项工程费。

在套用预算定额或计价表时，有两种情况：一种情况是在套价时，直接将定额中的工、料、机的单价换成当时当地的单价，计算后不需另外换价。步骤如图 4-1 所示。

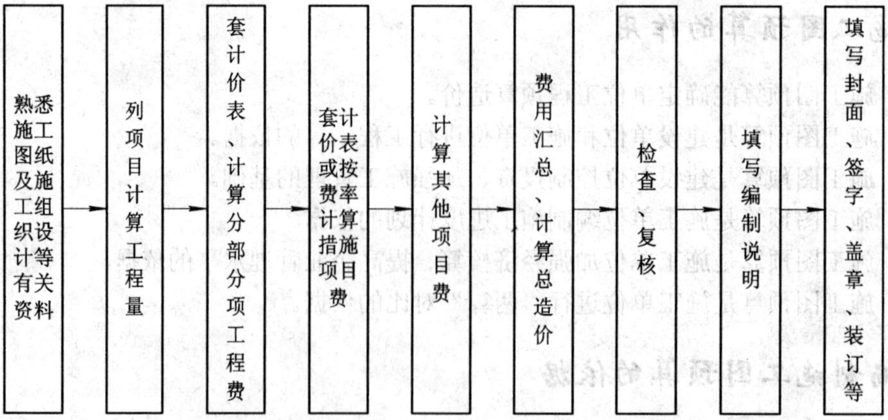

图 4-1　单价法编制施工图预算工作程序示意图

另一种情况是在套价时，定额中的工、料、机预算单价不变，这样计算出来的是定额费用，在套价后再按照当时当地的工、料、机价差进行调整。需要进行：① 工、料、机分析；② 工、料、机汇总；③ 计算价差。

分析单位工程所用的各种人工、材料、机械台班的数量，可以用于编制施工组织设计。

一般情况下，人工、机械较好处理，人工的类别少，而机械的价差也可以综合调整，但是材料的价差需要分别不同材料逐项调整。

(4) 按一定的费率或套用预算定额(计价表)，计算措施项目费。

(5) 计算其他项目费。

(6) 费用汇总，计算总造价。

(7) 检查、复核。

(8) 填写编制说明。

(9) 填写封面、装订、签字、盖章等。

(二) 实物法编制步骤

(1)、(2)步同综合单价法。

(3) 套用预算定额(计价表)的工、料、机的消耗量。

(4) 工、料、机汇总。

(5) 按照汇总后的工、料、机的数量，乘以当时当地的实际单价，计算直接费及相关费用。

其他步骤同单价法。

实物法计价步骤如图 4-2 所示。

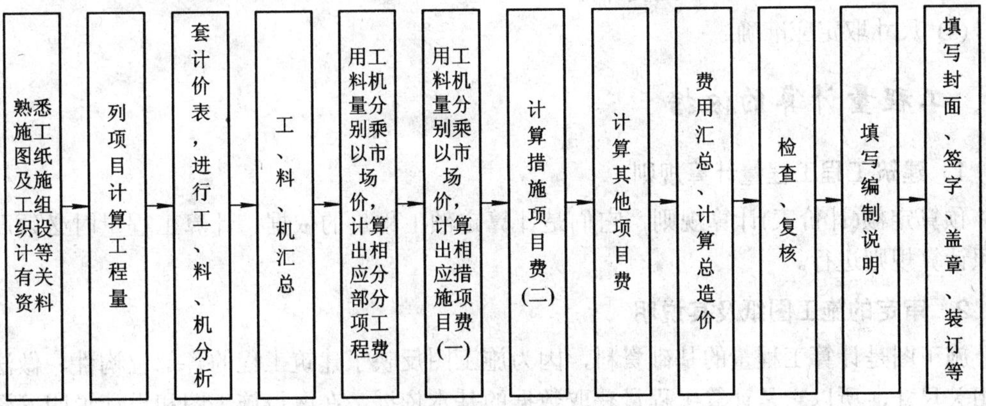

图 4-2　实物法编制施工图预算工作程序示意图

单元二　工程量计算

计算工程量是编制施工图预算的基础工作。工程造价主要取决于两个基础因素，一是工程量，二是综合单价。两者计算的准确与否，将直接影响建筑工程的造价。同时工程量是施工企业编制施工组织计划，确定工程工作量，组织劳动力，合理安排施工进度和供应建筑材料、施工机具的重要依据。工程量也是建设项目各个管理职能部门，像计划部门和统计部门工作的内容之一，例如，某段时间一定范围内所完成的实物工程量指标就是以工程量为计算基准的。工程量的计算是一项比较复杂而细致的工作，其工作量在整个计价中所占比重较大，任何粗心大意都会造成计算上的错误，致使工程造价偏离实际，造成资金或建筑材料的浪费与积压。因此，正确计算工程量，对建设单位、施工企业和工程项目管理部门，对正确确定建筑工程造价都有重要的现实意义。

一、工程量的含义

工程量，就是以物理计量单位或自然单位所表示的各个具体工程分项和结构配件的数量。

物理计量单位是以物体的某种物理属性为计量单位，均以国家标准计量单位表示工程数量。以长度(米)、面积(平方米)、体积 (立方米)、重量(吨)等或它们的倍数为单位。

自然计量单位是指以物体本身的自然属性为计量单位表示完成工程的数量。一般以件、块、个(或只)、台、座、套、组等或它们的倍数作为计量单位。例如柜台、衣柜以台为单位。

二、工程量计算的原则

分项工程的工程量是编制工程造价最重要的基础性数据，工程量计算准确与否将直接影响工程造价的准确性。为快速准确地计算工程量，计算时应遵循以下原则：

(1) 计算工程量的项目与相应的定额项目在工作内容、计量单位、计算方法、计算规则上要一致；

(2) 工程量计算精度应统一；

(3) 要避免漏算、错算和重复计算；

(4) 尺寸取定应准确。

三、工程量计算的依据

1. 建筑工程工程量计算规则

预算定额(计价表)计算规则，它们是计算定额工程量的依据，计算工程量时必须严格按照计算规则进行。

2. 审定的施工图纸及其说明

施工图是计算工程量的基础资料，因为施工图反映了建筑工程的各部位构件、做法及其相关尺寸，所以它是计算工程量获取数据的基本依据。在取得施工图和设计说明等资料后，必须全面、细致地熟悉与核对有关图纸和资料，检查图纸是否齐全、正确。如果发现设计图纸有错漏或相互间有矛盾，应及时向设计人员提出修正意见，及时更正。经审核、修正后的施工图才能作为计算工程量的依据。

3. 施工组织设计与施工方案

施工组织设计(或施工方案)是确定施工方法和主要施工技术措施等内容的基本技术文件。

四、工程量计算的顺序

一个单位的建筑工程分项繁多，少则几十个分项，多则几百个，甚至更多，而且很多分项类同，相互交叉。如果不按科学的顺序进行计算，就有可能出现漏算或重复计算工程量的情形，少计或多算了工程造价，将会给造价带来虚假性，同时给审核、校对带来诸多不便。因此计算工程量必须按一定顺序进行，以免产生差错。常用的计算顺序有以下几种：

(一) 按《预算定额》(《计价表》)分部分项顺序计算

按当地定额中的分部分项编排顺序计算工程量，即从建筑定额的第一分部第一项开始，对照施工图纸，凡遇定额所列项目，在施工图中有的，就按该分部工程量计算规则算出工程量。凡遇定额所列项目在施工图中没有的，就可以忽略，继续看下一个项目；若遇到有的项目计算数据与其他分部的项目数据有关，则先将项目列出，其工程量待有关项目工程量计算完成后，再进行计算。

对于不同的分部工程，应按施工图列出其所包含的分项工程的项目名称，以方便工程量的计算。列表计算工程量分部分项工程的计算顺序，是为了避免漏算和防止重算，在同一分项工程内部各个组成部分之间，宜采用以下工程量计算顺序：

1．按顺时针方向计算

按顺时针方向计算，即从施工图纸左上角开始，按顺时针方向从左向右进行，当计算路线绕图一周后，再重新回到施工图纸左上角的计算方法。如图 4-3 所示。

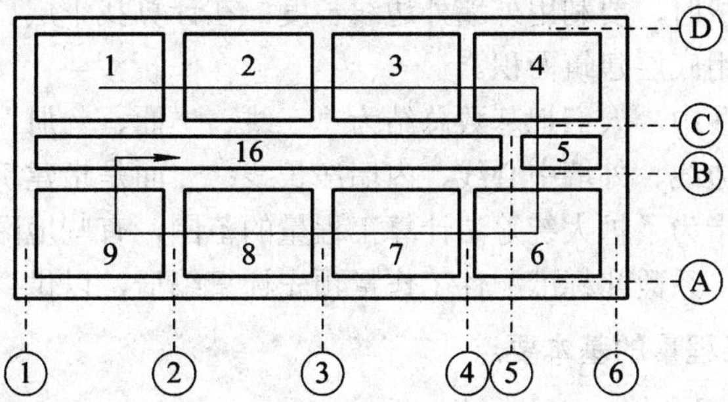

图 4-3　按顺时针方向计算工程量

2．按照横竖分割计算

按照横竖分割计算，即采用“先左后右、先横后竖、从上至下”的计算顺序。在同一张图纸上，先计算横项工程量，后计算竖向工程量。在横向采用“先左后右，从上至下”；在竖向采用“先上后下，从左至右”。如图 4-4 所示。

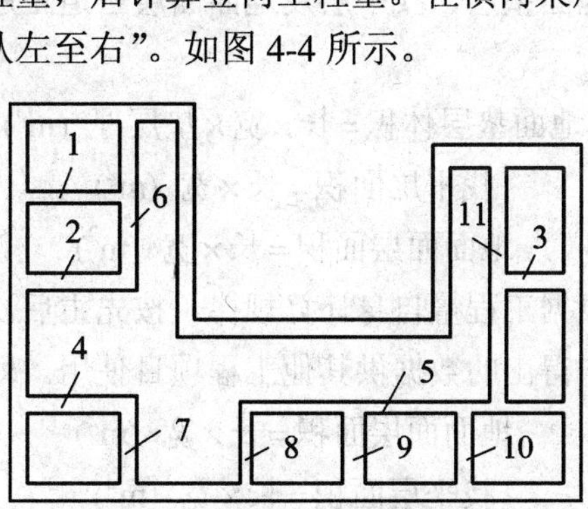

图 4-4　按横竖分割计算工程量

(二) 按施工顺序计算

按施工顺序确定各分项工程计算顺序，如在土石方工程中，各分项工程的施工顺序为平整场地、挖土方、回填土、土方运输，则其计算顺序也应如此；在楼地面工程中，各分项工程的施工顺序为垫层、找平层、面层。

最后套价时按预算定额(计价表)的分部顺序进行调整。

(三) 采用统筹法计算

统筹法是一种科学的计划和管理方法。它是在吸收和总结运筹学的基础上，综合了国内外的大量文献资料，经过广泛地调查研究，由著名数学家华罗庚教授于 20 世纪 50 年代中期首创和命名的。

1．统筹法计算工程量的基本原理

统筹法计算工程量，就是分析工程量计算过程中各分项工程量计算之间固有的规律和相互依赖关系，运用统筹法原理和统筹图合理安排分项工程量的计算程序，明确工作中心，以提高工作质量和效率，达到及时准确地编制建筑工程计价的目的。

在工程量计算过程中，被多次重复使用的数据称为基数。在计算外墙抹灰、散水、明沟、外脚手架等工程量时，要利用外墙外边线长度；在计算找平层、楼地面面层、天棚抹灰等工程量时，要利用底层建筑面积。

在长期的工作实践中，人们把基数总结为“三线、一面、一册”。三线是指建筑施工图上所表示的外墙外边线、外墙中心线、内墙净长线；一面是指建筑施工图上所表示的底层建筑面积；一册是指为了扩大统筹法计算工程量的范围，有些地区或单位将在工程量计算中经常使用的数据、系数和标准配件工作量预先计算编册，以供查找。

2．统筹法计算工程量的基本要点

1) 统筹程序，合理安排

工程量计算程序的安排是否合理，关系着预算工作的效率高低和进度快慢。按施工顺序或定额顺序进行计算工程量，往往不能充分利用数据间的内在联系而形成重复计算，浪费时间和精力，有时还易出现计算差错。

例如：某室内地面有地面垫层、找平层及地面面层三道工序，如按施工顺序或定额顺序计算，则为

$$地面垫层体积=长\times宽\times垫层厚\ (m^3)$$

$$找平层面积=长\times宽\ (m^2)$$

$$地面面层面积=长\times宽\ (m^2)$$

若按照统筹法原理，根据工程量自身计算规律，按先主后次统筹安排，把地面面层放在其他两项的前面，利用它得出的数据供其他工程项目使用。即

$$地面面层面积=长\times宽\ (m^2)$$

$$找平层面积=长\times宽\ (m^2)$$

$$地面垫层体积=长\times宽\times垫层厚\ (m^3)$$

按这种程序计算，抓住地面面层这道工序，长×宽只计算一次，还把后两道工序的工程量带算出来，且计算的数字结果相同，减少了重复计算。这个简单的实例，说明了统筹程序的意义。

2) 利用基数，连续计算

就是以“线”或“面”为基数，利用连乘或加减，算出与它有关的分项工程量。基数就是“线”和“面”的长度和面积。基数“三线”、“一面”的概念与计算：

外墙外边线：用 $L_{外}$表示，$L_{外}$=建筑物平面图的外围周长之和。

外墙中心线：用 $L_{中}$表示，$L_{中}=L_{外}-$外墙厚×4。

内墙净长线：用用 $L_{内}$表示，$L_{内}$=建筑物平面图中所有的内墙长度之和。

$S_{底}$=建筑物底层平面图勒脚以上外围水平投影面积。

(1) 与线有关的项目有：

$L_{外}$：平整场地、勒脚、外墙勾缝、外墙抹灰、散水等分项工程。

$L_{中}$：外墙的垫层、基础、砌体等分项工程。

$L_{内}$：内墙抹灰等分项工程。

(2) 与“面”有关的计算项目有天棚抹灰、楼地面等分项工程。

3) 一次算出，多次使用

在工程量计算过程中，往往有一些不能用“线”、“面”基数进行连续计算的项目，如门窗等，事先将常用数据一次算出，汇编成建筑工程量计算手册(即“册”)，当需计算有关的工程量时，只要查手册就可很快算出所需要的工程量。这样可以减少那种按图逐项地进行繁琐而重复的计算，亦能保证计算的及时性与准确性。

4) 结合实际，灵活机动

用“线”、“面”、“册”计算工程量，是一般常用的工程量基本计算方法。实践证明，在一般工程上完全可以利用。但在特殊工程上，若各楼层的面积不同，就不能完全用“线”或“面”的一个数作为基数，而必须结合实际灵活地计算。一般常遇到的几种情况及采用的方法如下：

(1) 分段计算法。

(2) 分层计算法。

(3) 补加计算法：即在同一分项工程中，遇到局部外形尺寸或结构不同时，为便于利用基数进行计算，可先将其看做相同条件计算，然后再加上多出部分的工程量。

(4) 补减计算法：与补加计算法相似，只是在原计算结果上减去局部不同部分工程量。如在楼地面工程中，各层楼面除每层盥厕间为水磨石面层外，其余均为水泥砂浆面层，则可先按各楼层均为水泥砂浆面层计算，然后补减盥厕间的水磨石地面工程量。

最后套价时按预算定额的分部顺序进行调整。

五、计算工程量的技巧

(1) 采用表格法计算，其顺序与所列子项一致，这样既可避免错漏项，也便于检查复核。

将计算规则用数学语言表达成计算式，然后再按计算公式的要求从图纸上获取数据代入计算。

(2) 采用图形算量软件计算工程量，应结合工程大小、复杂程度，以及个人经验，灵活掌握综合运用，以使计算全面、快速、准确。

六、工程量计算注意事项

(1) 分项工程各项目应标明子目名称，以便于检查审核。

(2) 严格按计算规则的规定进行计算。工程量计算必须与工程量计算规则(或计算方法)一致，才符合要求。定额每章中对各分项工程的工程量计算规则和计算方法都作了具体规定，计算时必须严格按规定执行。

(3) 工程量计算所用原始数据(尺寸)的取定必须以施工图纸(尺寸)为准。工程量是按每一分项工程、根据设计图纸进行计算的，计算时所采用的原始数据都必须以施工图纸所表示的尺寸或施工图纸能读出的尺寸为准进行计算，不得任意加大或缩小各部位尺寸。在建筑工程工程量计算中，较多地使用净尺寸。在使用净尺寸时，不得直接按图纸轴线尺寸，更不得按外包尺寸取代之，以免增大工程量。一般来说，净尺寸要按图纸尺寸经简单计算取定。

(4) 计算工程量时，所算各工程分项的工程量单位必须与相应项目的单位相一致。例如，《江苏省建筑与建筑工程计价表》中“墙面抹灰”分项的计量单位以“10 m^2”作单位，所计算的工程量也务必以“10 m^2”作单位。

(5) 工程量计算数字要准确，有效位数应遵守下列规定：一般应保留小数点后两位数字，第三位按四舍五入；以“个”、“根(套)”等为单位，应取整数。

(6) 看图时应注意：

① 熟悉房屋的开间、进深、跨度、层高、总高等；

② 弄清建筑物各层平面和层高是否有变化，室内外高差；

③ 图纸上有门窗表，应抽样校核；

④ 大致了解内墙面、楼地面、天棚和外墙面的建筑作法。

单元三　建筑面积的计算

(《建筑工程建筑面积计算规范》GB/T50353—2005)

一、术语释解

(1) 层高：上、下两层楼面或楼面与地面之间的垂直距离。

(2) 自然层：按楼板、地板结构分层的楼层。

(3) 架空层：建筑物深基础或坡地建筑吊脚架空部位不回填土石方形成的建筑空间。

(4) 走廊：建筑物的水平交通空间。

(5) 挑廊：挑出建筑物外墙的水平交通空间。

(6) 檐廊：设置在建筑物底层出檐下的水平交通空间。

(7) 回廊：在建筑物门厅、大厅内设置在二层或二层以上的回形走廊。

(8) 门斗：在建筑物出入口设置的起分隔、挡风、御寒等作用的建筑过渡空间。

(9) 建筑物通道：为道路穿过建筑物而设置的建筑空间。

(10) 架空走廊：建筑物与建筑物之间，在二层或二层以上专门为水平交通设置的走廊。

(11) 勒脚：建筑物的外墙与室外地面或散水接触部位墙体的加厚部分。

(12) 围护结构：围合建筑空间四周的墙体、门、窗等。

(13) 围护性幕墙：直接作为外墙起围护作用的幕墙。

(14) 建筑性幕墙：设置在建筑物墙体外起建筑作用的幕墙。

(15) 落地橱窗：突出外墙面根基落地的橱窗。

(16) 阳台：供使用者进行活动和晾晒衣物的建筑空间。

(17) 眺望间：设置在建筑物顶层或挑出房间的供人们远眺或观察周围情况的建筑空间。

(18) 雨棚：设置在建筑物进出口上部的遮雨、遮阳棚。

(19) 地下室：房间地平面低于室外地平面的高度超过该房间净高的 1/2 者为地下室。

(20) 半地下室：房间地平面低于室外地平面的高度超过该房间净高的 1/3，且不超过 1/2 者为半地下室。

(21) 变形缝：伸缩缝(温度缝)、沉降缝和抗震缝的总称。

(22) 永久性顶盖：经规划批准设计的永久使用的顶盖。

(23) 飘窗：为房间采光和美化造型而设置的突出外墙的窗。

(24) 骑楼：楼层部分跨在人行道上的临街楼房。

(25) 过街楼：有道路穿过建筑空间的楼房。

二、建筑面积的概念及组成

1. 建筑面积的概念

建筑面积是指建筑物各层水平面积的总和。

各层水平面积指的是结构外围水平面积，不包括外墙建筑抹灰层的厚度。因此，建筑面积应按施工图纸尺寸计算，而不能在现场量取。

2. 建筑面积的组成

建筑面积是由使用面积、辅助面积和结构面积三部分组成。使用面积和辅助面积之和称为有效面积。

建筑面积＝使用面积＋辅助面积＋结构面积

(1) 使用面积：建筑物各层为生产或生活使用的净面积总和。如办公室、卧室、客厅等。

(2) 辅助面积：建筑物各层为生产或生活起辅助作用的净面积总和。如电梯间、楼梯间等。

(3) 结构面积：各层平面布置中的墙体、柱等结构所占的面积总和。

三、建筑面积的作用

(1) 建筑面积是重要的管理指标，是物资管理部门宏观调配材料分配以及统计部门统计完成基本建设任务量的重要指标。

(2) 建筑面积是重要的技术指标。使用面积占建筑面积的比例是评价设计方案的重要技术指标。

(3) 建筑面积是重要的经济指标。每平方米建筑面积的造价是国家计划部门计算和控制建设规模的重要经济指标。

(4) 建筑面积是重要的计价依据，是计算有关分项工程量的依据，是确定每平方米建筑面积的造价和工程用量的基础性指标，是选择概算指标和编制概算的主要依据。

因此建筑面积是作为重要的经济技术指标，对全面控制建设工程造价有重要的意义。

四、建筑面积计算的规定

(一) 常用建筑面积的计算规则

(1) 单层建筑物：按建筑物外墙勒脚以上结构外围水平面积计算，并应符合下列规定：

① 高度层高在 2.20 m 及以上者应计算全面积；高度层高不足 2.20 m 者应计算 1/2 面积。

② 利用坡屋顶内空间时净高超过 2.10 m 的部位应计算全面积；净高在 1.20 m～2.10 m 的部位应计算 1/2 面积；净高不足 1.20 m 的部位不应计算面积。

③ 高低联跨的单层建筑物，需分别计算建筑面积时，应按“高跨算足”的原则进行计算。

④ 单层建筑物内设有局部楼层者，局部楼层的二层及以上楼层(见图 4-5)，有围护结构的应按其围护结构外围水平面积计算，无围护结构的应按其结构底板水平面积计算。层高在 2.20 m 及以上者应计算全面积；层高不足 2.20 m 者应计算 1/2 面积。

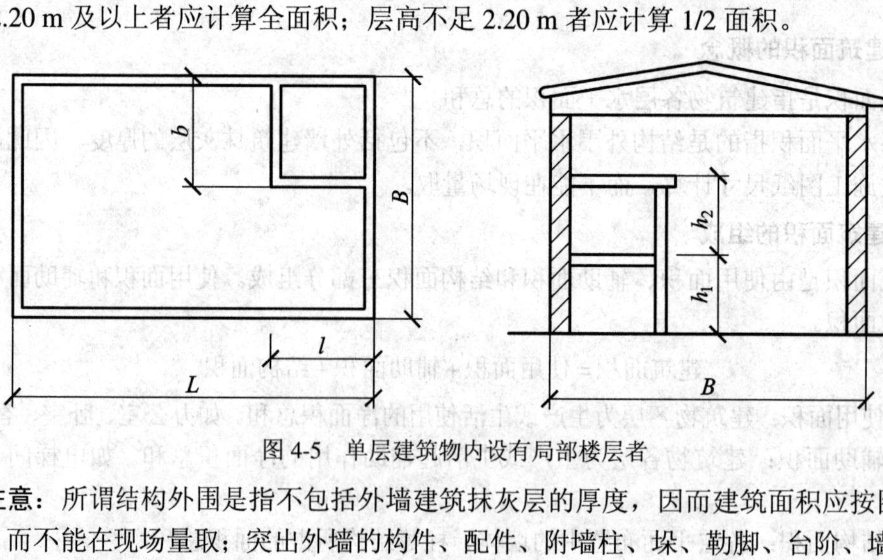

图 4-5 单层建筑物内设有局部楼层者

注意：所谓结构外围是指不包括外墙建筑抹灰层的厚度，因而建筑面积应按图纸尺寸计算，而不能在现场量取；突出外墙的构件、配件、附墙柱、垛、勒脚、台阶、墙面抹灰、镶贴块料面不计算建筑面积。

(2) 多层建筑物：

① 按各层建筑面积之和计算，其首层建筑面积按外墙勒脚以上结构的外围水平面积计算，二层及二层以上按外墙结构的外围水平面积计算。层高在 2.2 m 及以上应计算全面积；层高不足 2.2 m 应计算 1/2 面积。

② 多层建筑坡屋顶内和场馆看台下，当设计加以利用时，净高超过 2.10 m 的部分计算全面积；净高在 1.20 m～2.10 m 的部位计算 1/2 面积；不足 1.2 m 时，不计算面积。

注意：以幕墙作为围护结构的建筑物，按幕墙外边线计算建筑面积；建筑物外墙外侧有保温隔热层的，按保温隔热层外边线计算建筑面积，设有围护结构不垂直水平面而超出底板外沿的建筑物，按其底板面的外围水平面积计算；同一建筑物当结构、层数不同时，应分别计算建筑面积。

【例 4-1】 某五层建筑物外墙轴线尺寸如图 4-6 所示，墙厚均为 240 mm，轴线居中，试计算建筑面积。(保留 2 位小数)

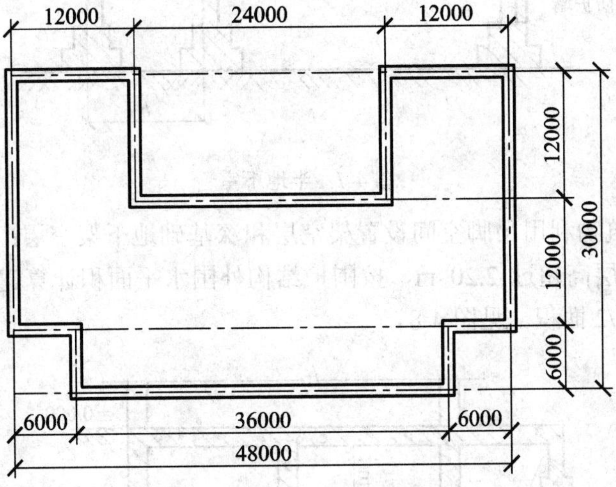

图 4-6 1-5 层平面图

解：本题计算方法很多，读者可根据自己的计算习惯选取一种方法。见表 4-1。

表 4-1 工程量计算表

序号	项目名称	计 算 过 程
	建筑面积	
1	1 层	$(48+0.24)\times(30+0.24)=1458.78\ m^2$
2	扣	$-(24-0.24)\times 12=-285.12\ m^2$
3	扣	$-6\times 6\times 2=-72\ m^2$
		小计：$1458.78-285.12-72=1101.66\ m^2$
	5 层	$1101.66\times 5=5508.30\ m^2$

(3) 地下室、半地下室(车间、商店、车站、车库、仓库等)、包括相应的有永久性顶盖的出入口：应按其外墙上口(不包括采光井、外墙防潮层及其保护墙)外边线所围水平面积计算。层高在 2.20 m 及以上者应计算全面积；层高不足 2.20 m 者应计算 1/2 面积。见图 4-7。

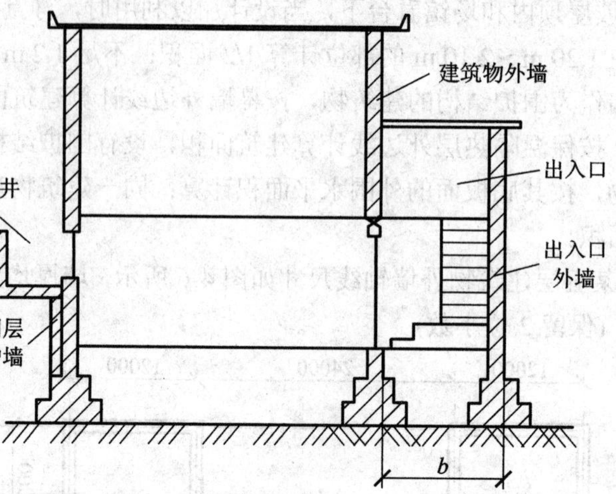

图 4-7 半地下室

(4) 坡地的建筑物利用吊脚空间设置架空层和深基础地下架空层：设计加以利用时，有围护结构的，其层高超过 2.20 m，按围护结构外围水平面积计算建筑面积；层高不足 2.2 m 的部位计算 1/2 面积。见图 4-8。

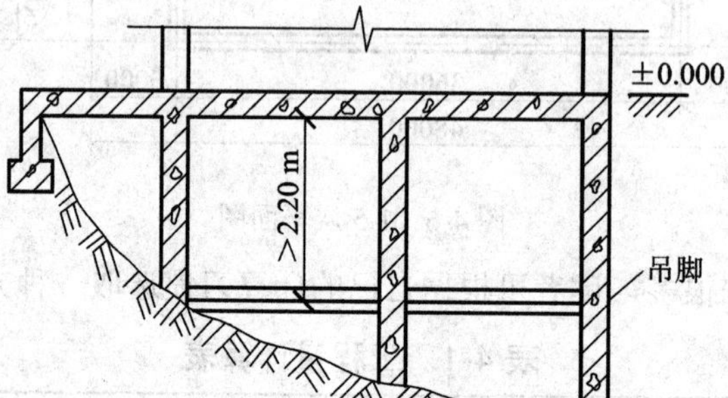

图 4-8 吊脚空间

注意：设计加以利用、无围护结构的建筑吊脚架空层，按其利用部位水平面积的 1/2 计算。设计不利用的深基础架空层、坡地吊脚架空层、多层建筑坡屋顶内和场馆看台下的空间不计算面积。

(5) 穿过建筑物的通道，建筑物内的门厅、大厅：不论其高度如何均按一层建筑面积计算。门厅、大厅内设有回廊时，按其自然层的底板水平投影面积计算建筑面积。层高 2.20 m 及以上者计算全面积；层高不足 2.20 m 者计算 1/2 面积。见图 4-9。

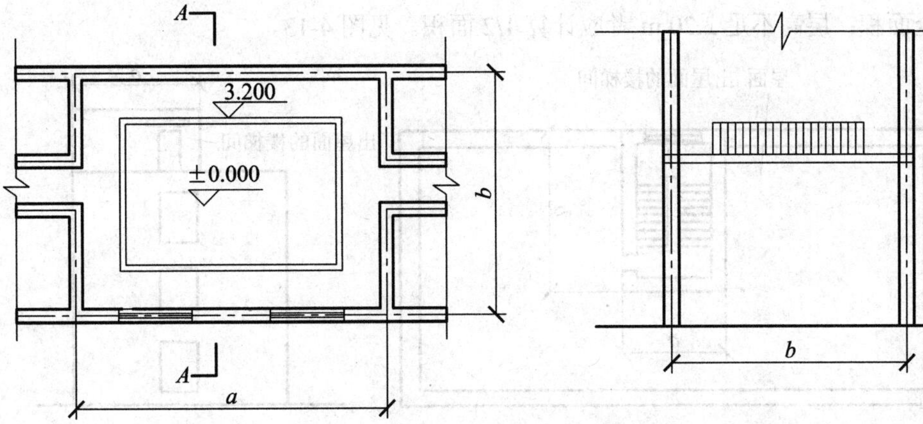

图 4-9　回廊大厅图

(6) 建筑物间有围护结构的架空走廊：应按其围护结构外围水平面积计算。层高在 2.20 m 及以上者应计算全面积；层高不足 2.20 m 者应计算 1/2 面积。有永久性顶盖无围护结构的应按其结构底板水平面积的 1/2 计算。

(7) 建筑物外有围护结构的落地橱窗、门斗、挑廊、走廊、檐廊：应按其围护结构外围水平面积计算。层高在 2.20m 及以上者应计算全面积；层高不足 2.20 m 者应计算 1/2 面积。有永久性顶盖无围护结构的应按其结构底板水平面积的 1/2 计算。见图 4-10、4-11、4-12。

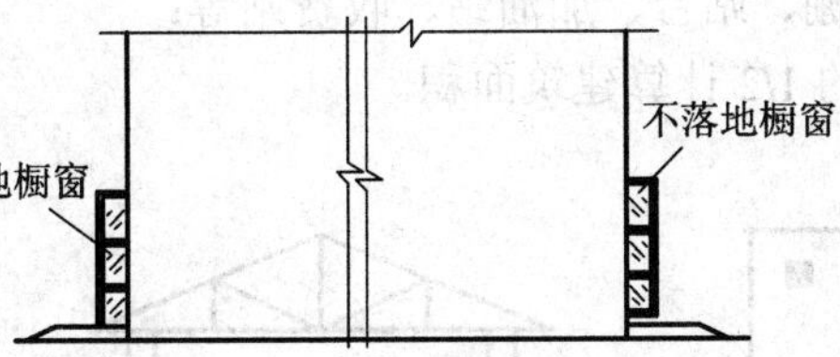

图 4-10　落地橱窗

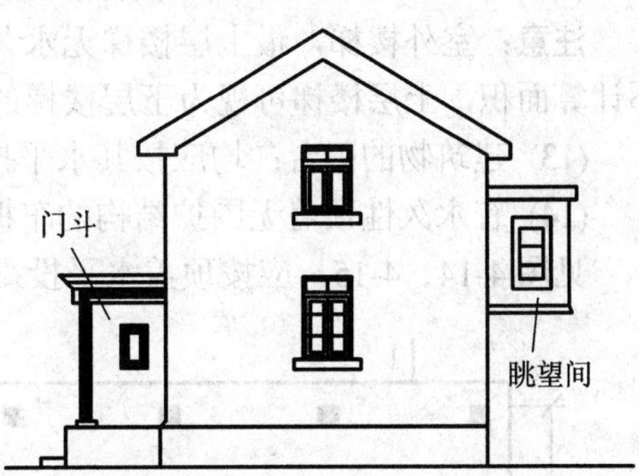

图 4-11　门斗

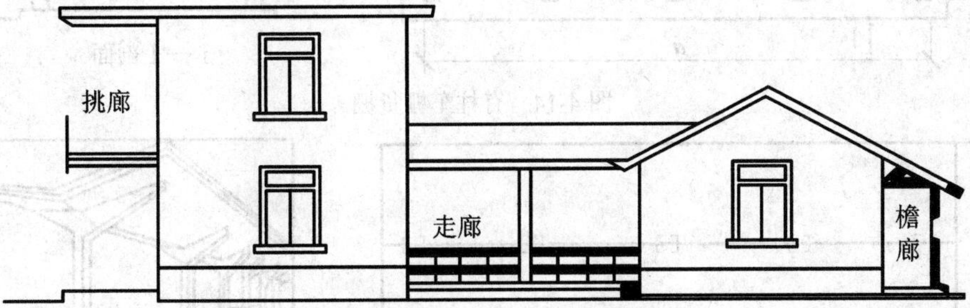

图 4-12　挑廊、走廊、檐廊

(8) 建筑物顶部有围护结构的楼梯间、水箱间、电梯机房等：层高在 2.20 m 及以上者应计算全面积；层高不足 2.20 m 者应计算 1/2 面积。见图 4-13。

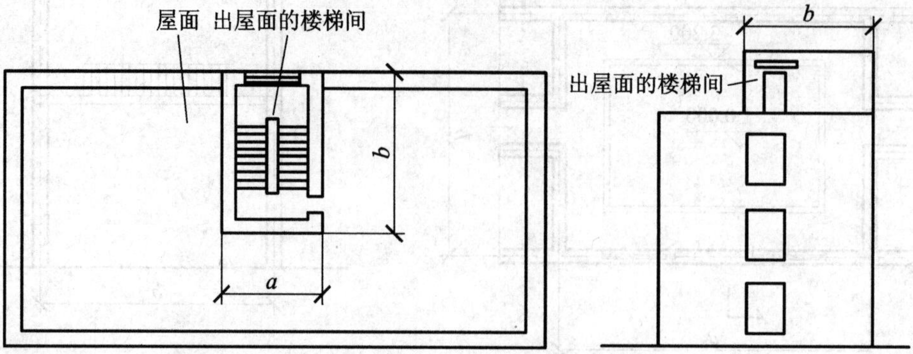

图 4-13　屋面楼梯间图

(9) 有围护结构不垂直于水平面而超出底板外沿的建筑物：应按其底板面的外围水平面积计算。层高在 2.20 m 及以上者应计算全面积；层高不足 2.20 m 者应计算 1/2 面积。

(10) 建筑物内的室内楼梯间、电梯井、观光电梯井、提物井、管道井、通风排气竖井、垃圾道、附墙烟囱：应按建筑物的自然层计算。

(11) 雨棚：结构的外边线至外墙结构外边线的宽度超过 2.10 m 时，按雨棚结构板的水平投影面积的 1/2 计算。

(12) 有永久性顶盖的室外楼梯：应按建筑物自然层的水平投影面积的 1/2 计算。

注意：室外楼梯，最上层楼梯无永久性顶盖，或不能安全遮盖楼梯的雨棚，上层楼梯不计算面积，上层楼梯可视为下层楼梯的永久性顶盖，下层楼梯应计算面积。

(13) 建筑物的阳台：均应按其水平投影面积的 1/2 计算。

(14) 有永久性顶盖无围护结构的车棚、货棚、站台、加油站、收费站等：

见图 4-14、4-15。应按顶盖水平投影面积的 1/2 计算建筑面积。

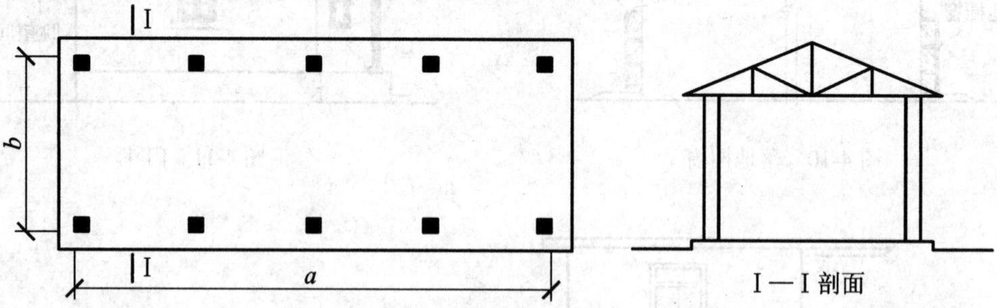

图 4-14　有柱车棚货棚

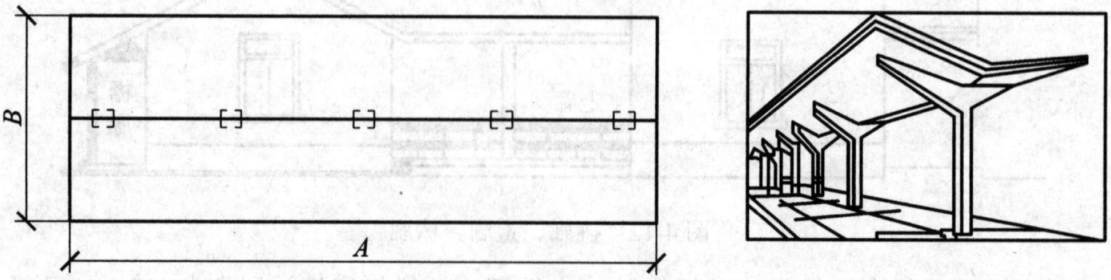

图 4-15 独立柱车棚货棚

(15) 其他。

① 高低联跨的建筑物，应以高跨结构外边线为界分别计算建筑面积；其高低跨内部连通时，其变形缝应计算在低跨面积内。

② 以幕墙作为围护结构的建筑物，应按幕墙外边线计算建筑面积。

③ 建筑物外墙外侧有保温隔热层的，应按保温隔热层外边线计算建筑面积。

④ 建筑物内的变形缝，应按其自然层合并在建筑物面积内计算。见图 4-16。

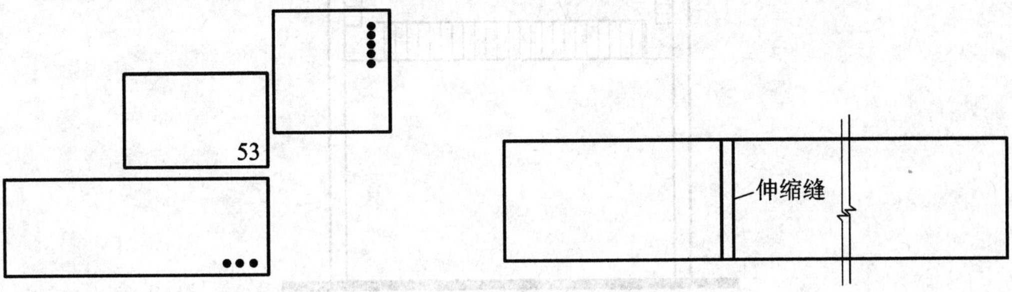

图 4-16　伸缩缝

(二) 不计算建筑面积的范围

(1) 建筑物通道(骑楼、过街楼的底层)。

(2) 建筑物内的设备管道夹层。见图 4-17。

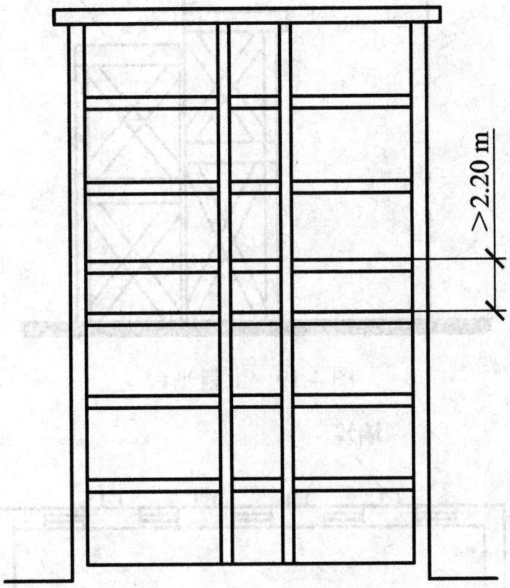

图 4-17　设备管道夹层图

(3) 建筑物内分隔的单层房间，舞台及后台悬挂幕布、布景的天桥、挑台等。见图 4-18。

(4) 屋顶水箱、花架、凉棚、露台、露天游泳池。

(5) 建筑物内的操作平台、上料平台、安装箱和罐体的平台。见图 4-19。

(6) 勒脚、附墙柱、垛、台阶、墙面抹灰、建筑面、镶贴块料面层、建筑性幕墙、空调机外机搁板(箱)、飘窗、构件、配件、宽度在 2.10 m 及以内的雨棚以及与建筑物内不相连通的建筑性阳台、挑廊。见图 4-20。

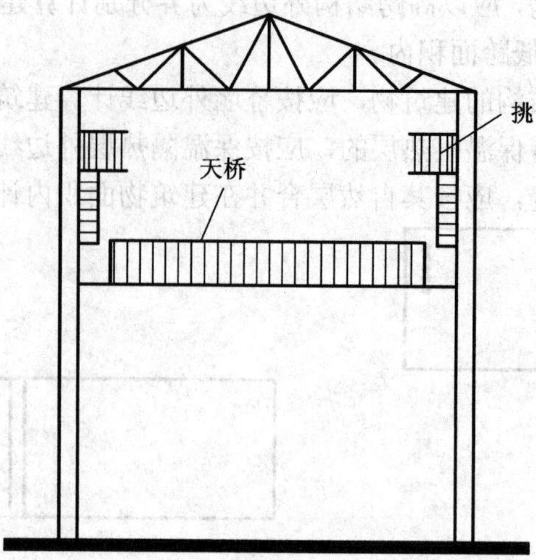

图 4-18　天桥图

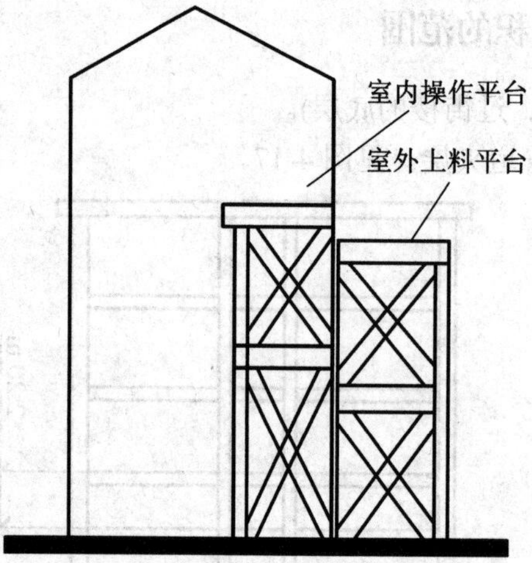

图 4-19　上料平台

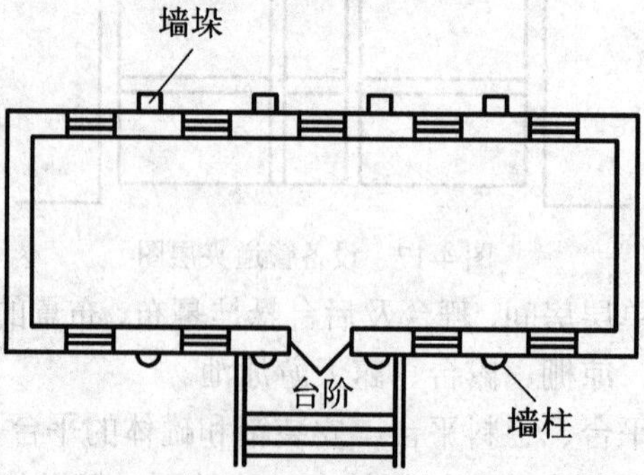

图 4-20　附墙柱、垛、台阶

(7) 无永久性顶盖的架空走廊、室外楼梯和用于检修、消防等的室外钢楼梯、爬梯。

(8) 自动扶梯、自动人行道。

(9) 独立烟囱、烟道、地沟、油(水)罐、气柜、水塔、贮油(水)池、贮仓、栈桥、地下人防通道、地铁隧道。

【例 4-2】 如图 4-21、图 4-22 所示，某多层住宅变形缝宽度为 0.20 m，阳台水平投影尺寸为 1.80 m×3.60 m (共 18 个)，雨棚水平投影尺寸为(2.60×4.00) m，坡屋面阁楼室内净高最高点为 3.65 m，坡屋面坡度为 1∶2；平屋面女儿墙顶面标高为 11.60 m。请按建筑工程建筑面积计算规范(GB / T50353－2005)计算该住宅的建筑面积。

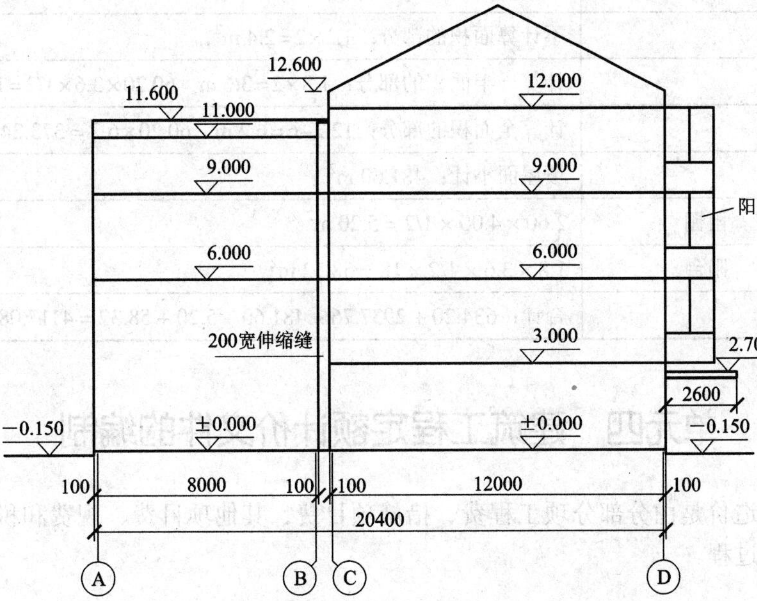

图 4-21 多层住宅立面图

图 4-22 多层住宅平面图

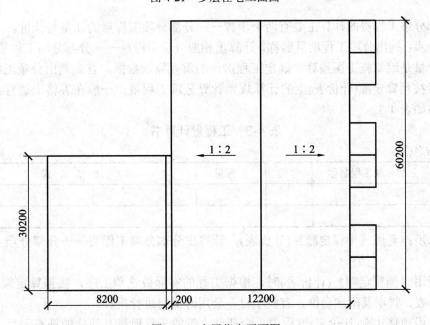

解：该住宅建筑面积的计算见表 4-2。

表 4-2 工程量计算表

序号	项目名称	计 算 过 程
	建筑面积	
1	A-B 轴	$30.20\times8.40\times2+30.20\times8.4\times1/2=634.20\ m^2$
2	C-D 轴	$60.20\times12.20\times4=2937.76\ m^2$
3	坡屋面	因坡度比是 1∶2，根据比例可得出：
		不计算面积的部分：$1.2\times2=2.4\ m^2$
		计算一半面积的部分：$1.8\times2=3.6\ m$　$60.20\times3.6\times1/2=108.36\ m^2$
		计算全面积的部分：$12.2-6=6.2\ m$　$60.20\times6.2=373.24\ m^2$
		坡屋面小计：$481.60\ m^2$
4	雨棚	$2.60\times4.00\times1/2=5.20\ m^2$
5	阳台	$1.8\times3.6\times1/2\times18=58.32\ m^2$
		合计：$634.20+2937.76+481.60+5.20+58.32=4117.08\ m^2$

单元四　建筑工程定额计价文件的编制

建筑工程造价是由分部分项工程费、措施项目费、其他项目费、规费和税金组成。下面详述其编制过程。

一、分部分项工程费的计算

分部分项工程费的计算主要有两个步骤——分部分项工程量的计量与计价。

第一步：列出分项工程项目名称，计算出相应分项工程量——分部分项工程量的计量。

工程量是编制施工图预算、确定工程造价的重要原始数据。首先列出分项工程项目名称，然后按预算定额(计价表)上的计算规则计算分项工程量。一般在表格上进行。工程量计算表格如表 4-3。

表 4-3　工程量计算书

工程名称：　　　　　　　　　　　　　　　　　　　　　　　　共　页　第　页

序号	分部分项工程名称	单位	工程量	计 算 公 式

第二步：套用《预算定额》(计价表)，计算出分部分项工程费——分部分项工程量的计价。

在套用《预算定额》(计价表)时，根据工程的实际做法和工序，按预算定额(计价表)上的项目表、说明及附注套价。有些子目在套用时需要进行换算。

在套用预算定额(计价表)过程中，会遇到大量的子目换算及部分的补充子目，对于较复杂子目的换算过程，或特殊项目需要编制补充子目，应该写明过程，以供使用者参考，见表4-4。套用计价表的过程可以在表4-5中进行。

表4-4　计价表项目综合单价组成计算表(子目换算)

工程名称：　　　　　　　　　　　　　　　　　　　　　　　　　　　　共　页第　页

序号	计价表编号	计价表项目名称	计量单位	综合单价	其　中				
					人工费	材料费	机械费	管理费	利润

表4-5　分部分项工程费计算表

工程名称：　　　　　　　　　　　　　　　　　　　　　　　　　　　　共　页　第　页

序号	计价表编号	分部分项工程名称	计量单位	工程量	综合单价	合价(元)

先讲述第一步：分部分项工程量的计量(列项目，计算工程量)。

下面按《××省建筑与装饰工程计价表》分别予以介绍。

《××省建筑与装饰工程计价表》分部分项工程包括土石方工程、打桩及基础垫层、砌筑工程、混凝土工程、钢筋工程、金属结构工程等。下面分别叙述。

(一) 土石方工程

1. 计算土方工程量前应确定的资料

1) 土壤类别

土壤类别：普通土——一、二类土；坚土——三类土；砂砾坚土——四类土。土壤类别鉴定见表4-6。

表4-6　土壤类别鉴定

土壤划分	土 壤 名 称	工具鉴别方法	紧固系数(f)
一类土	1. 砂；2. 略有黏性的砂土；3. 腐植物及种植物土；4. 泥炭	用锹或锄挖掘	0.5～0.6
二类土	1. 潮湿的黏土和黄土；2. 软的碱土或盐土；3. 含有碎石、卵石或建筑材料碎屑的堆积土和种植土	主要用锹或锄挖掘，部分用镐刨	0.61～0.8
三类土	1. 中等密实的黏性土或黄土；2. 含有卵石、碎石或建筑材料碎屑的潮湿的黏性土或黄土	主要用镐刨，少许用锹、锄挖掘	0.81～1.0
四类土	1. 坚硬的密实黏性土或黄土；2. 硬化的重盐土；3. 含有10%～30%的重量在25kg以下的石块的中等密实的黏性土或黄土	全部用镐刨，少许用撬棍挖掘	1.01～1.5

2) 干土与湿土的划分

应以地质勘察资料为准，如无资料时，则应以地下常水位为准，常水位以上为干土，常水位以下为湿土。采用人工降低地下水位时，干、湿土的划分仍以常水位为准。

3) 放坡

放坡是防止槽壁坍塌而采取的构造措施。

在挖沟槽、基坑、土方需放坡时，以施工组织设计规定计算，施工组织设计无明确规定时，放坡高度、比例按表 4-7 计算。

表 4-7 放坡高度、比例确定表

土壤类别	放坡深度规定(m)	高与宽之比		
		人工挖土	机械挖土	
			坑内作业	坑上作业
一、二类土	超过 1.20	1∶0.5	1∶0.33	1∶0.75
三类土	超过 1.50	1∶0.33	1∶0.25	1∶0.67
四类土	超过 2.00	1∶0.25	1∶0.10	1∶0.33

4) 工作面

为方便基础施工而留设的操作空间，称为工作面。见图 4-23。

基础施工所需工作面宽度按表 4-8 规定计算。

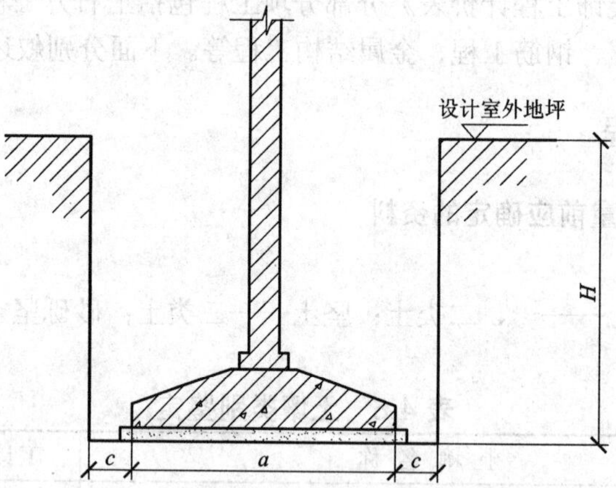

图 4-23 工作面图

表 4-8 基础施工所需工作面宽度表

基 础 材 料	每边各增加工作面宽度(mm)
砖基础	以最底下一层大放脚边至地槽(坑)边 200
浆砌毛石、条石基础	以基础边至地槽(坑)边 150
砼基础支模板	以基础边至地槽(坑)边 300
基础垂直面做防水层	以防水层面的外表面至地槽(坑)边 800

5) 土方施工方法，运输工具及运距

施工方法是指人工挖土方或机械挖土方。根据现场地勘报告及施工组织设计，确定土石方工程量、挖运方式及运距。

2. 工程量计量的要点

1) 平整场地——按面积计算

(1) 工作内容包括坊厚度在 ± 300 mm 以内的就地挖、填、找平。见图 4-24。

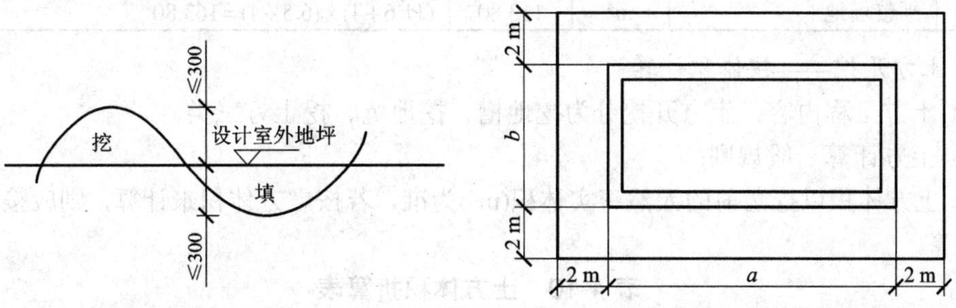

(a) 平整场地剖面图　　(b) 平整场地计算范围示意图

图 4-24　平面场地示意图

(2) 工程量计算方法——按建筑物外墙外边线每边各加 2 m，以平方米计算。

围墙、地沟按单面放宽 2 m，以“m^2”计算；管道支架、下水道、化粪池、窨井等零星工程不能计算场地平整工程量。场地竖向布置挖填土方时，不再计算平整场地的工程量。

公式：

$$S_{平}=(a+4)\times(b+4)=S_{底}+2\times L_{外}+16\ m^2$$

式中，$S_{平}$为平整场地面积；a 为外墙外边线长；b 为外墙外边线宽；$L_{外}$为外墙外边线周长。

【例 4-3】　某单位一层平面图见图 4-25，计算平整场地工程量(图上标示尺寸以 mm 为单位，标高以 m 为单位，工程量保留 2 位小数)。

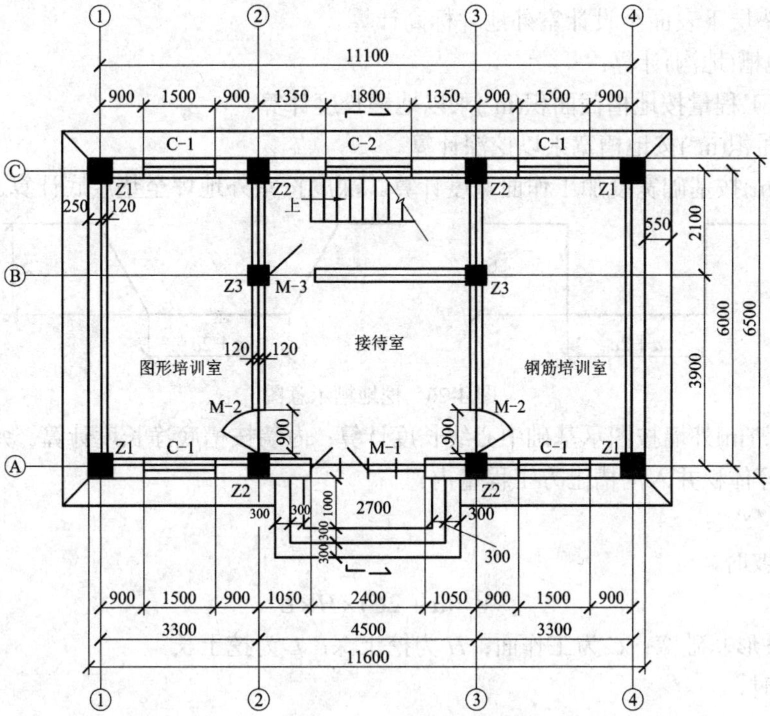

图 4-25　一层平面图

解：见表 4-9。

表 4-9　工程量计算书

序号	分部分项工程名称	单位	工程量	计算过程
1	平整场地	m^2	163.80	(11.6+4)×(6.5+4)=163.80

2) 土方开挖——按体积计算

(1) 土方工程内容：土方开挖分为挖地槽、挖地坑、挖土方三类。

(2) 土方计算一般规则：

① 土方体积以挖凿前的天然密实体积(m^3)为准，若按虚方体积来计算，则应按表 4-10 进行折算。

表 4-10　土方体积折算表

虚方体积	天然密实体积	夯实后体积	松填体积
1.00	0.77	0.67	0.83
1.30	1.00	0.87	1.08
1.50	1.15	1.00	1.25
1.20	0.92	0.80	1.00

② 挖土一律以设计室外地坪标高为起点，深度按图示尺寸计算。

③ 按不同的土壤类别、挖土深度、干湿土分别计算工程量。

④ 在同一槽、坑内或沟内有干、湿土时应分别计算，但使用定额时，则按槽、坑或沟的全深计算。

⑤ 计算放坡工程量时交接处的重复工程量不扣除，符合放坡深度规定时才能放坡，放坡高度应自垫层下表面至设计室外地坪标高计算。

(3) 挖地槽(地沟)计算：

① 地槽工程量按地槽截面积(m^2)乘以地槽长度计算。

地槽截面积(m^2)按地槽宽乘以挖深计算。

地槽宽(m)按基础宽度加工作面宽度计算。深度按室外地坪至垫层底计算。见图 4-26。

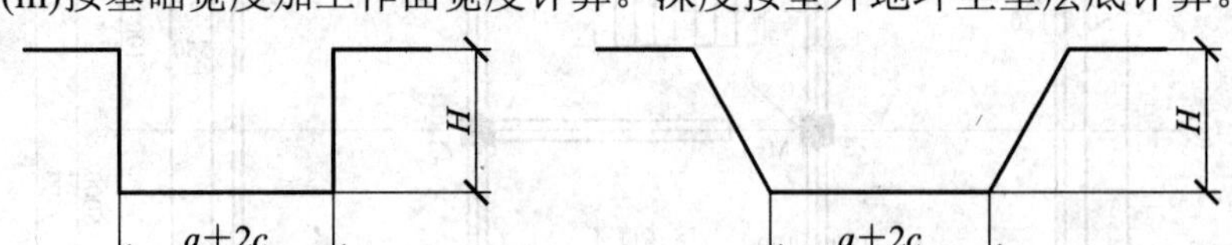

图 4-26　挖地槽示意图

地槽长度(m)外墙按图示基础中心线长度计算；内墙按槽底净长度计算。突出墙面的附墙烟囱、垛等体积并入沟槽土方工程量内。

② 计算公式：

a. 不放坡时，

$$V=(a+2C)\times H\times L$$

式中，a 为条形基础宽；C 为工作面；H 为挖土深；L 为挖土长。

b. 放坡时，

$$V=(a+2C+KH)HL$$

式中，a 为条形基础宽；C 为工作面；H 为挖土深；L 为挖土长；K 为放坡系数。

【例 4-4】 某单位传达室基础平面图及基础详图见图 4-27 及图 4-28。已知室内设计地坪标高 0.00 m，室外设计地坪标高 −0.3 m；土壤类别为四类干土。试计算该传达室地槽工程量(保留 2 位小数)。

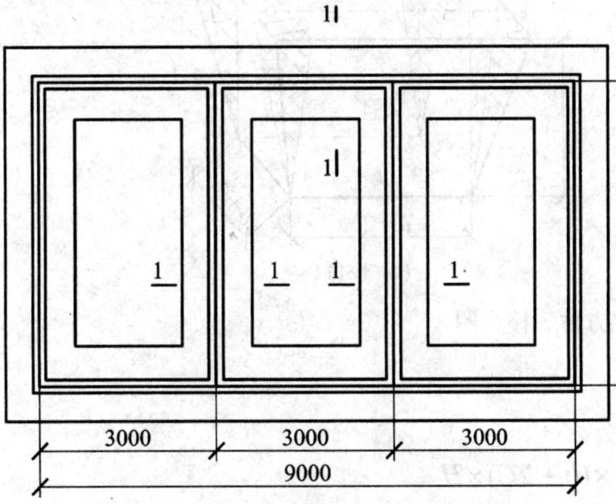

图 4-27 传达室基础平面图

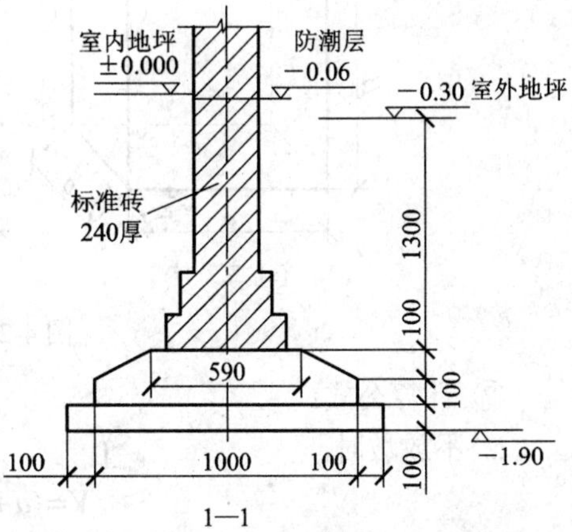

图 4-28 内、外墙基础剖面图

注意：① 平面图中标注尺寸均为墙中心线尺寸；② 内、外墙基础剖面图相同。

解：见表 4-11。

表 4-11 工程量计算书

序号	分部分项工程名称	单位	工程量	计 算 过 程
	地槽宽	m		1.0+0.3×2=1.6
	地槽深	m		1.9 − 0.3=1.6
	地槽长	m		28+6.8=34.8
				外：(9+5)×2=28
				内：(5 − 1.6)×2=6.8
1	挖地槽	m^3	89.09	1.6×1.6×34.8=89.09

若将土壤类别调整为三类土，需要放坡，查得放坡系数为 0.33。其挖地槽工程量见表 4-12。

表 4-12 工程量计算书

序号	分部分项工程名称	单位	工程量	计 算 过 程
	地槽宽	m		1.0+0.3×2=1.6
	地槽深	m		1.9 − 0.3=1.6
	地槽长	m		28+6.8=34.8
				外：(9+5)×2=28
				内：(5 − 1.6)×2=6.8
1	挖地槽	m^3	118.49	(1.0+0.3×2+0.33×1.6)×1.6×34.8=118.49

(4) 挖基坑计算——按体积计算：

① 基坑形状：立方体或倒棱台。见图 4-29。

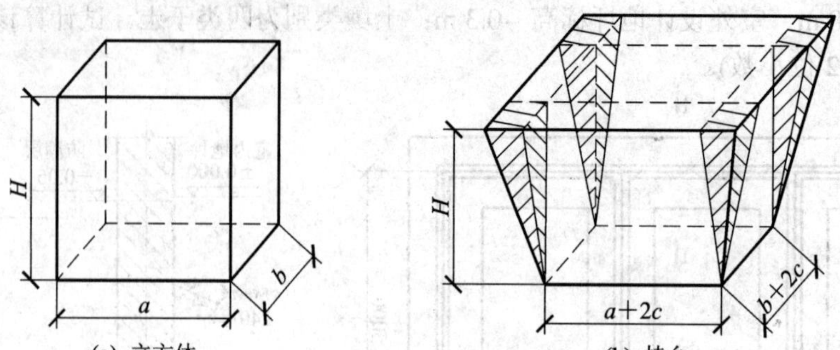

图 4-29 立方体、棱台图

② 计算公式：

a. 不放坡时，

$$V=(a+2C)\times(b+2C)\times H$$

式中，a 为独立基础长；b 为独立基础宽；C 为工作面；H 为挖土深。

b. 放坡时，

$$V=(a+2C)\times(b+2C)\times H+\frac{1}{3}\times K^2H^3$$

式中，a 为独立基础长；b 为独立基础宽；C 为工作面；H 为挖土深；K 为放坡系数。

【例 4-5】 某框架结构办公楼，采用柱下独立基础，其平面图、剖面图见图 4-30 及图 4-31 所示，共 24 个独立基础。计算基坑挖方工程量。

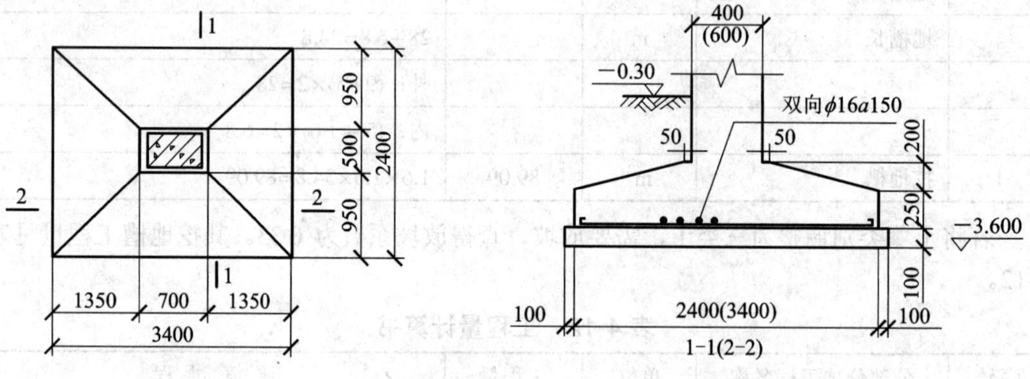

图 4-30 独立基础平面图　　图 4-31 独立基础剖面图

已知工程的做法及相关的工程资料如下：

(1) 室内设计地坪标高 0.00 m，室外设计地坪标高 −0.3 m；

(2) 土壤类别为三类干土；人工挖土方；土方挖、填计算均按天然密实体积；

(3) 混凝土为现场自拌，混凝土强度等级为基础垫层 C10，独立柱及独立基础基础均为 C25。

解：见表 4-13。

表 4-13　工程量计算书

序号	分部分项工程名称	单位	数量	计 算 过 程
	基坑长	m	4	3.4+0.3×2=4
	基坑宽	m	3	2.4+0.3×2=33
	基坑深	m	3.3	3.6 − 0.3=3.3
1	挖基坑	m^3	1679.28	[(4+0.33×3.3)×(3+0.33×3.3)×3.3+1/3×0.33×0.33×3.3×3.3×3.3]×24=69.97×24=1679.28

(5) 挖土方计算——按体积计算。凡沟槽底宽在 3 m 以上，基坑底面积在 20 m^2 以上，平整场地挖填方厚度在 ±300 mm 以上，均按挖土方计算。

【例 4-6】　某建筑物地下室见图 4-32，设计室外地坪标高为−0.45m，地下室的室内地坪标高为 −1.20 m。地下室墙外壁做防水层。土壤为三类土，机械挖土用人工找平部分按总挖方量的 10%计算。计算挖基础土方工程量。

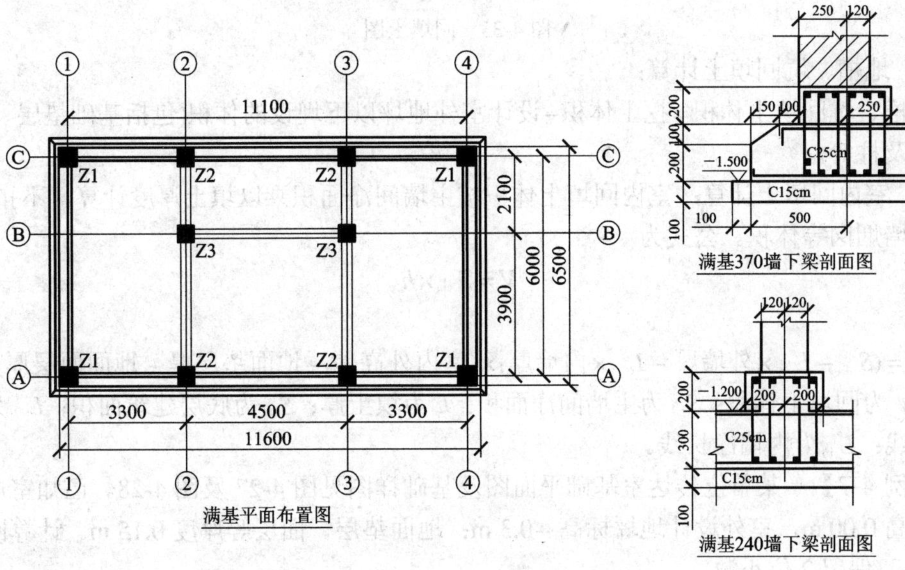

图 4-32　满堂基础平面及剖面图

解：见表 4-14。

表 4-14　工程量计算书

序号	分部分项工程名称	单位	数量	计 算 过 程
	基坑长	m	13.2	11.6+0.8×2=13.2
	基坑宽	m	8.1	6.5+0.8×2=8.1
	基坑深	m	1.15	1.5+0.1 − 0.45=1.15
1	挖土工程量	m^3	122.96	13.2×8.1×1.15=122.96
①	挖掘机挖土	m^3	110.66	122.96×90%=110.66
②	人工挖土	m^3	12.30	122.96×10%=12.30

说明：根据题意，在取定工作面宽度时有两个条件，两者间取大值：① 地下室外壁做防水层，工作面为从地下室外壁开始 800 mm；② 从满堂基础边开始 300 mm。

3) 回填土——按体积计算

回填土示意图见图 4-33 所示。

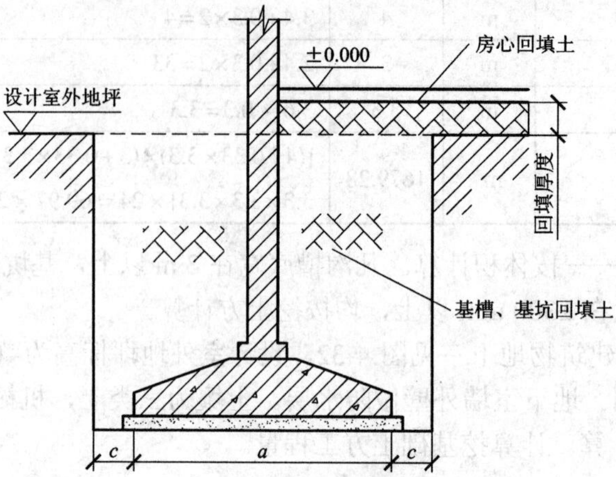

图 4-33 回填土图

(1) 地槽、坑回填土计算：

地槽、坑回填土体积=挖土体积−设计室外地坪以下埋设的体积(包括基础垫层、柱、墙基础及柱等)。

(2) 室内回填土计算：室内回填土体积按主墙间净面积乘以填土厚度计算，不扣除附垛及附墙烟囱等体积。公式为

$$V=S_{主}\times h$$

或

$$V=(S_{底}-L_{中}\times 外墙厚-L_{内}\times 内墙厚)\times(室内外高差-地面垫层厚-地面面层厚)$$

式中，V 为回填土体积；$S_{主}$为主墙间净面积；h 为填土厚；$S_{底}$为底层建筑面积；$L_{中}$为中外墙中心线；$L_{内}$为内墙净长线。

【例 4-7】 某单位传达室基础平面图及基础详图见图 4-27 及图 4-28。已知室内设计地坪标高 0.00 m，室外设计地坪标高 −0.3 m；地面垫层、面层等厚度 0.15 m。计算回填土工程量。(保留 2 位小数)

解：回填土工程量计算见表 4-15。

表 4-15 工程量计算书

序号	分部分项工程名称	单位	工程量	计 算 过 程
	扣垫层体积	m^3	−4.27	
	扣砼条形基础体积	m^3	−6.49	
	扣砖基础体积	m^3	−13.48	
1	基础回填土	m^3	64.85	89.09 − 4.27 − 6.49 − 13.48 = 64.85
2	室内回填土	m^3	5.91	(3 − 0.24) × (5 − 0.24) × (0.3 − 0.15) × 3 = 5.91

【例 4-8】 某建筑物地下室见图 4-32，设计室外地坪标高为−0.45 m，地下室的室内地坪标高为−1.20 m。计算回填土工程量(保留 2 位小数)。

解：回填土工程量计算见表 4-16。

表 4-16　工程量计算书

序号	分部分项工程名称	单位	工程量	计算过程
	扣垫层体积	m^3	8.19	
	扣砼基础底板体积	m^3	33.60	
	扣地下室体积	m^3	56.55	11.6×6.5×(1.2－0.45)＝56.55
	基础回填土	m^3	24.62	122.96－8.19－33.60－56.55＝24.62

4) 余土外运、缺土内运工程量——按体积计算

运土工程量＝挖土工程量－回填土工程量

计算结果若为正值，则为余土外运；若为负值，则为缺土内运。

【例 4-9】　某单位传达室基础平面图及基础详图见图 4-27 及图 4-28。挖出土方双轮车外运 300 m 堆放，回填时运回。计算土方运输工程量。(保留 2 位小数)

解：土方运输工程量计算见表 4-17。

表 4-17　工程量计算书

序号	分部分项工程名称	单位	工程量	计算过程
1	土方运输	m^3	159.85	89.09＋70.76＝159.85
2	挖一类土	m^3	70.76	64.85＋5.91＝70.76

5) 原土打夯——按夯实面积计算

根据设计要求，在建筑物或构筑物工程施工时，对原状土进行夯实的工作。主要适用于槽底、坑底和地面垫层下要求打夯的。

(二) 打桩及基础垫层

1．打桩工程量计量要点

1) 预制桩

预制桩常见形式有实心方桩和预应力管桩。成桩方法主要有锤击、静压、振动几种方式。见图 4-34。

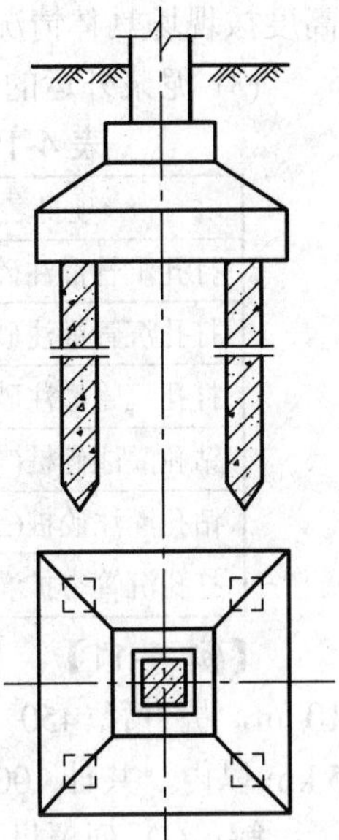

图 4-34　预制桩图

(1) 打预制钢筋砼桩工程量按设计桩长(包括桩尖)乘以桩截面积，以立方米计算。应扣除管桩的空心体积，管桩的空心部分设计要求灌注砼或其他填充材料时，应另行计算。

(2) 送桩工程量按桩截面面积乘以送桩长度计算。送桩长度为设计桩顶至设计室外地面另加 0.5 m 计算。

$$V = S(h + 0.5)$$

(3) 接桩工程量按设计桩头以个计算。

(4) 预制方、管桩凿桩头的工程量均以桩根数计算。

【例 4-10】　某工程基础采用静压管桩。管桩成品每节 10 m，外直径 600 mm，内直径 440 mm。已知：自然地坪标高 −0.6 m，设计桩顶标高 −2.2 m，每根桩设计桩长 20 m，共 30 根桩，采用电焊接桩。计算桩的有关工程量。

解：桩的有关工程量计算见表 4-18。

表 4-18　工程量计算书

序号	分部分项工程名称	单位	工程量	计算过程
1	打桩	m^3	78.37	$\pi\times(0.3\times0.3-0.22\times0.22)\times20.0\times30=78.37$
2	送桩	m^3	17.80	$\pi\times0.3\times0.3\times(2.2-0.6+0.5)\times30=17.80$
3	接桩	个	30	30

2) 灌注桩

灌注桩有沉管灌注桩、钻孔灌注桩、夯扩桩、粉喷桩等几种方式。见图 4-35。

灌注桩打桩工程量按体积计算。灌注砼、砂、碎石桩使用活瓣桩尖时，单打、复打桩体积均按设计桩长(包括桩尖)另加 250 mm(设计有规定的，按设计要求)乘以标准管外径以立方米计算。使用预制钢筋砼桩尖时，单打、复打桩体积均按设计桩长(不包括预制桩尖)另加 250 mm 乘以标准管外径以立方米计算。

各种灌注桩中的材料用量预算时暂按表 4-19 内的充盈系数和操作损耗率计算，结算时充盈系数按打桩记录灌入量进行调整，操作损耗不变。

(1) 计算时注意钻土孔与钻岩孔工程量应分别计算。钻土孔自自然地面至岩石表面的深度乘以设计桩截面积，以立方米计算；钻岩石以入岩深度乘以桩截面积，以立方米计算。

(2) 混凝土的灌入量以设计桩长(含桩尖)另加一个直径(设计有规定的，按设计要求)乘以桩截面积以立方米计算；地下室超灌高度按现场具体情况另行计算。

(3) 泥浆外运的体积等于钻孔的体积以立方米计算。

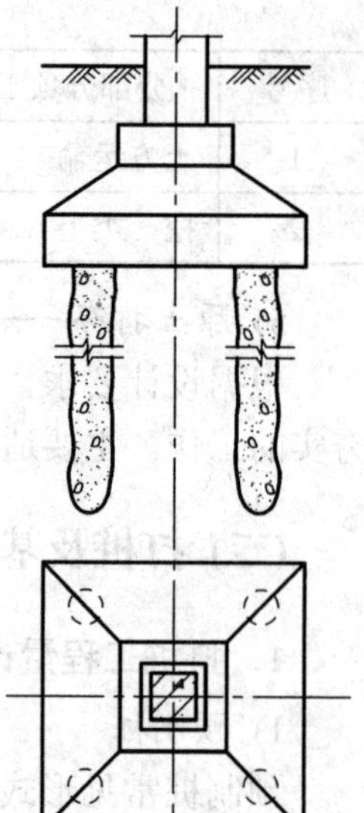

图 4-35　灌注桩图

表 4-19　桩充盈系数及操作损耗率表

项目名称	充盈系数	操作损耗率(%)
打孔沉管灌注砼桩	1.20	1.50
打孔沉管灌注砂(碎石)桩	1.20	2.00
打孔沉管灌注砂石桩	1.20	2.00
钻孔灌注砼桩(土孔)	1.20	1.50
钻孔灌注砼桩(土孔)	1.10	1.50
打孔沉管夯扩灌注砼桩	1.15	2.00

【例 4-11】　某工程现场搅拌钢筋砼钻孔灌注桩，土壤类别三类土，单根设计长度 10 m，桩直径 450 mm,，设计桩顶距自然地面高度 2 m，砼强度等级 C30，泥浆外运在 5 km 以内，共计 100 根桩。计算钻孔灌注桩工程量。

解：(1) 列项目，计算工程量。见表 4-20。

表 4-20　工程量计算书

序号	分部分项工程名称	单位	工程量	计算过程
1	钢筋砼钻孔灌注桩			
2	钻土孔	m^3	190.88	$0.225\times0.225\times3.142\times(10+2)\times100=190.88$
3	桩身砼	m^3	166.22	$0.225\times0.225\times3.142\times(10+0.45)\times100=166.22$
4	泥浆外运	m^3	190.88	$0.225\times0.225\times3.142\times(10+2)\times100=190.88$

(2) 垫层工程量计量要点。

基础垫层——是指砖、石、砼、钢筋砼等基础下的垫层，按图示尺寸以立方米计算。

① 条形基础垫层=断面积×长

外墙基础垫层长度按外墙中心线长度计算，内墙基础垫层长度按内墙净长计算。公式：

$$V=S\times L$$

式中，V 为垫层体积；S 为垫层断面积；L 为垫层长。

② 独立基础垫层=垫层底面积×厚。公式：

$$V=S\times \Delta H$$

式中，V 为垫层体积；S 为垫层底面积；ΔH 为垫层厚。

【例 4-12】 某单位传达室基础平面图及基础详图见图 4-27 及图 4-28。计算垫层工程量。(保留 2 位小数)

解：见表 4-21。

表 4-21 工程量计算书

序号	分部分项工程名称	单位	工程量	计 算 过 程
1	垫层	m^3	4.27	$1.2\times0.1\times[(9+5)\times2+(5-1.2)\times2]=4.27$

【例 4-13】 某建筑物地下室见图 4-32，计算垫层工程量。(保留 2 位小数)

解：垫层工程量计算见表 4-22。

表 4-22 工程量计算书

序号	分部分项工程名称	单位	工程量	计算 过 程
1	垫层	m^3	8.19	$(11.6+0.1+0.15+0.1)\times(6.5+0.1+0.15+0.1))\times0.1=8.19$

(三) 砌筑工程

砌筑工程主要包括砖石基础、砖墙、砌块墙等。

1．基础与墙身的划分

1) *砖墙*

(1) 基础与墙身使用同一种材料时，以设计室内地坪(有地下室者以地下室设计室内地坪)为界，以下为基础，以上为墙身。

(2) 基础、墙身使用不同材料时，位于设计室内地坪 ±300 mm 以内；以不同材料为分界线，超过 ±300 mm，以设计室内地坪分界。

2) *石墙*

外墙以设计室外地坪，内墙以设计室内地坪为界，以下为基础，以上为墙身。

3) *砖石围墙*

砖石围墙以设计室外地坪为分界线，以下为基础，以上为墙身。

2．工程量计量要点

1) *砖石基础*

砖石基础不分墙厚和高度，按图示尺寸以立方米计算。

(1) 条形基础公式：

$$V=S_{断}\times L$$

式中，$S_{断}$为条形基础断面积；L为条形基础长。

基础长度：外墙墙基按外墙的中心线$L_{中}$计算；内墙墙基按基础最上一步台之间的净长度计算。

(2) 独立基础公式：

$$V=\sum V_1+V_2+\sim+V_n$$

式中，V为独立基础体积；V_1为第一步台体积；V_2为第二步台体积；V_n为第n步台体积。

若是标准砖墙条形基础，用折加高度的方法计算。公式：

$$V=(H+H_1)\times B\times L$$

式中，H为砖基高；H_1为折加高度(可通过查表方法找到)；B为墙体宽；L为墙体长度。

若是标准砖柱基，用折加断面积的方法计算。公式：

$$V=(S+S_1)\times H$$

式中，S为砖柱断面积；S_1为折加面积(可通过查表方法找到)；H为砖柱基高度。

(3) 墙基防潮层按墙基顶面水平宽度乘以长度以平方米计算，有附垛时将附垛面积并入墙基内。

(4) 注意事项：

① 不扣除基础大放脚T形接头处的重叠部分，嵌入基础内的钢筋、铁件、管道、基础防潮层、单个面积在0.3 m^{2}以内孔洞所占的体积。

② 附墙垛基础宽出部分体积应并入基础工程量内。

③ 应扣除嵌入基础内的钢筋砼柱和地圈梁的体积。

【例 4-14】 条形基础平面图见图4-27，详图见4-36。外墙基见图4-36中的1—1剖面图、内墙基见图4-36中的2—2剖面图。计算毛石条形基础工程量。(保留2位小数)

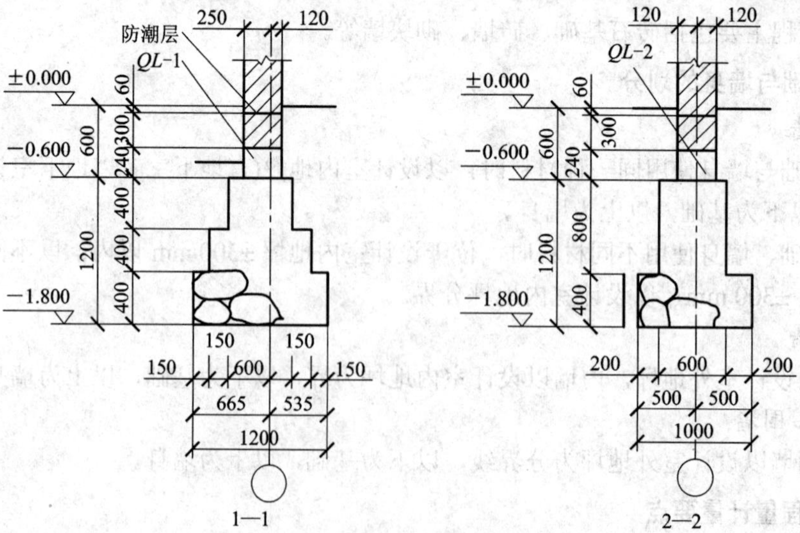

图4-36 条形基础详图

解：列项目，计算工程量。见表4-23。

表 4-23　工程量计算书

序号	分部分项工程名称	单位	工程量	计 算 过 程
	毛石基础(外墙)	m^3		$(1.2\times0.4+0.9\times0.4+0.6\times0.4)\times[(9+5)\times2]=30.24$
	毛石基础(内墙)	m^3		$(1\times0.4+0.6\times0.8)\times(5-0.6)\times2=7.74$
	小计	m^3	37.98	$30.24+7.74=37.98$

【例 4-15】 某单位传达室基础平面图及基础详图见图 4-27 及图 4-28。计算砖基础及墙基防潮层工程量。(保留 2 位小数)

(1) ±0.00 以下砖基础采用 MU10 标准砖、M7.5 水泥砂浆砌筑；

(2) 经查《预算手册》，标准砖基础大放脚的折加高度及折加面积见表 4-24。

表 4-24　等高式砖墙基础大放脚折加高度及折加面积换算表

砖墙厚度 / 放脚层数	折加高度(m)			折加面积(m^2)
	1/2 砖	1 砖	1 砖半	
一	0.137	0.066	0.043	0.01575
二	0.411	0.197	0.129	0.04725

解：列项目，计算工程量。见表 4-25。

表 4-25　工程量计算书

序号	分部分项工程名称	单位	工程量	计 算 过 程
1	标准砖砖基础	m^3	16.18	$(1.6+0.197)\times0.24\times[(9+5)\times2+(5-0.24)\times2]=16.18$
2	墙基防潮层	m^2	9.00	$[(9+5)\times2+(5-0.24)\times2]\times0.24=9.00$

2) *砖墙*

砖墙应区分不同的墙厚和砌筑砂浆种类，以立方米计算。

(1) 计算砌筑工程量的一般规则：

① 计算墙体工程量时，应扣除门窗洞口、过人洞、空圈、嵌入墙身的钢筋砼柱、梁、过梁、圈梁、挑梁、砼墙基防潮层和暖气包、壁龛的体积，不扣除梁头、梁垫、外墙预制板头、檩条头、垫木、木楞头、沿椽木、木砖、门窗走头、砖砌体内的加固钢筋、木筋、铁件、钢管及每个面积在 0.3 m^2 以下的孔洞等所占的体积。突出墙面的窗台虎头砖、压顶线、山墙泛水、烟囱根、门窗套及三皮砖以内的腰线、挑檐等体积亦不增加。

② 附墙砖垛、三皮砖以上的腰线、挑檐等体积，并入墙身体积内计算。

③ 附墙烟囱、通风道、垃圾道按其外型体积并入所依附的墙体积内合并计算，不扣除每个横截面在 0.1 m^2 以内的孔洞体积。

④ 弧形墙按其弧形墙中心线部分的体积计算。

(2) 砖墙的体积计算公式：

$$V=(L\times H-S_{洞})\times\Delta H-梁柱等体积+垛及附墙烟囱等体积$$

式中，L 为墙长；H 为墙高；S 为门窗洞口面积；ΔH 为墙厚。

墙身长度的确定——外墙按外墙中心线，内墙按内墙净长线计算。

墙身高度的确定——设计有明确高度时以设计高度计算，未明确高度时可按表 4-26、4-27 规定进行计算。

① 外墙高的确定见表 4-26。

表 4-26 外墙高的确定表

类型		计算高度	备注
坡(斜)屋面	无檐口天棚者	至墙中心线屋面板底	
	无屋面板	至椽子顶面	
有屋架	室内外均有天棚	至屋架下弦底面另加 200 mm	
	无天棚	至屋架下弦另加 300 mm	
现浇钢筋砼平板楼层		算至平板底面	计算时灵活应用
女儿墙	无砼压顶	自外墙梁(板)顶面至图示女儿墙顶面	
	有砼压顶	至压顶底面	

② 内墙高的确定见表 4-27。

表 4-27 内墙高的确定表

类型		计算高度	备注
屋架	有	算至屋架底	
	无	算至天棚底另加 120 mm	
现浇钢筋砼平板楼层		算至平板底面	同一墙上板厚不同时，按平均高度计算。计算时灵活应用
有框架梁		算至梁底面	

③ 墙厚的确定：标准砖(240 mm×115 mm×53 mm)按表 4-28 计算厚度。

表 4-28 砖墙砌筑厚度表

砖墙计算厚度	1/4	1/2	3/4	1	3/2	2
标准砖(mm)	53	115	178	240	365	490

④ 女儿墙体积分不同墙厚，按外墙定额执行。女儿墙高度自外墙梁(板)顶面算至女儿墙顶面，有砼压顶的，算至压顶底面。

(3) 注意事项：

① 应扣除：门窗洞口、过人洞、空圈，嵌入墙身的钢筋砼柱(如 GZ)、梁(GL、QL 等)，暖气包壁龛的体积。

② 不扣除：梁头，内外墙板头，檩木，垫木，木楞头，沿椽木，木砖、门窗走头，砖墙内的加固钢筋，木筋，铁件，钢管，每个在 0.3 m^2 以下孔洞等所占体积。

③ 不增加：凸出墙面的窗台虎头砖，压顶线，山墙泛水，烟囱根，门窗套，三皮砖以内的腰线和挑檐等体积。

④ 并入：砖垛、三皮砖以上的腰线和挑檐等的体积。

3) 框架间砌体体积的计算

框架间砌体的体积分别按内外墙、不同砂浆强度以框架间净面积乘以砌体厚，以立方米计算。公式：

$$V=S_{净}\times\Delta H$$

式中，V 为框架间砌体体积；$S_{净}$ 为框架间净面积；ΔH 为砌体厚。

砌块建筑示意图及排列组合图见图 4-37、4-38。

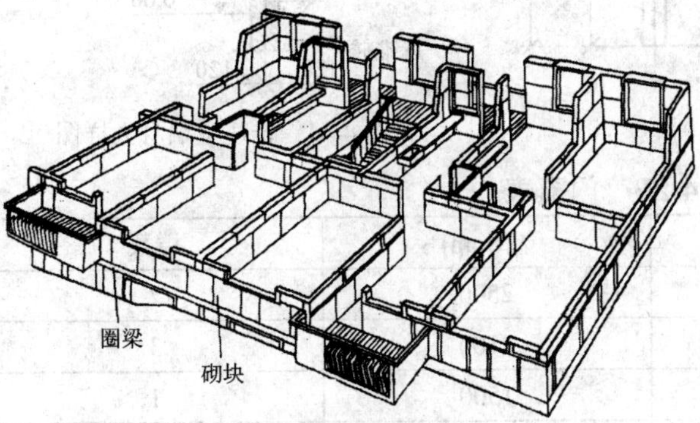

图 4-37　砌块建筑示意图

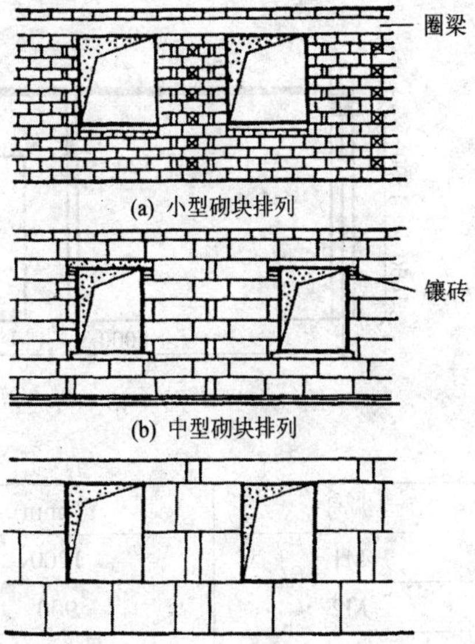

图 4-38　砌块排列组合图

【例 4-16】　某单位传达室平面图、剖面图、墙身大样图见图 4-39、4-40、4-41。构造柱 240 mm×240 mm，有马牙搓与墙嵌接，圈梁 240 mm×300 mm，屋面板厚 100 mm，门窗上口无圈梁处设置现场预制过梁厚 120 mm，过梁长度为洞口尺寸两边各加 250 mm，现场预制窗台板厚 60 mm，长度为窗洞口尺寸两边各加 60 mm，窗两侧有 60 mm 宽砖砌窗套，砌体材料为 KP1 多孔砖，M5 混合砂浆砌筑，B 轴为半砖厚，其余均为 1 砖厚。女儿墙为标准砖墙 1 砖厚，用 M5 水泥砂浆砌筑。门窗数量及洞口尺寸见表 4-29。计算砌体工程量。(在女儿墙上，每 1.5 m 增设构造柱一个，其中①、④轴上增设构造柱各两个。除注明外，均为自拌现浇砼，保留两位小数)

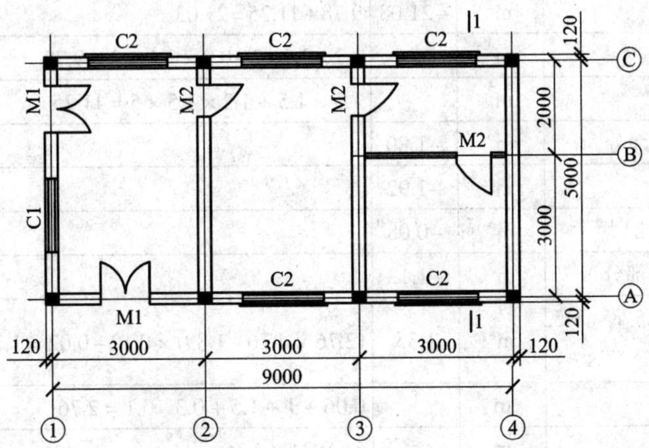

图 4-39　传达室平面图

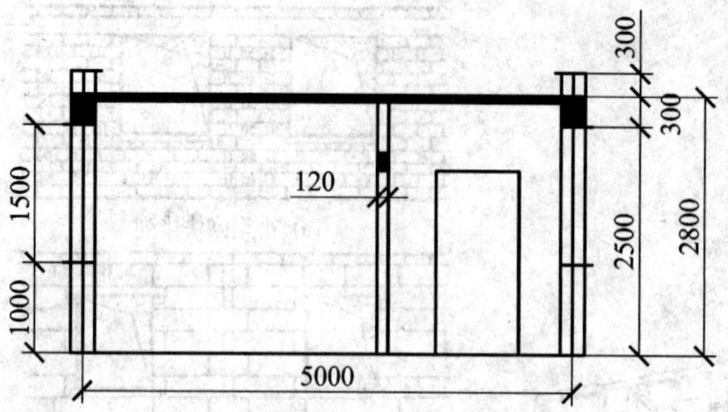

图 4-40　传达室剖面图

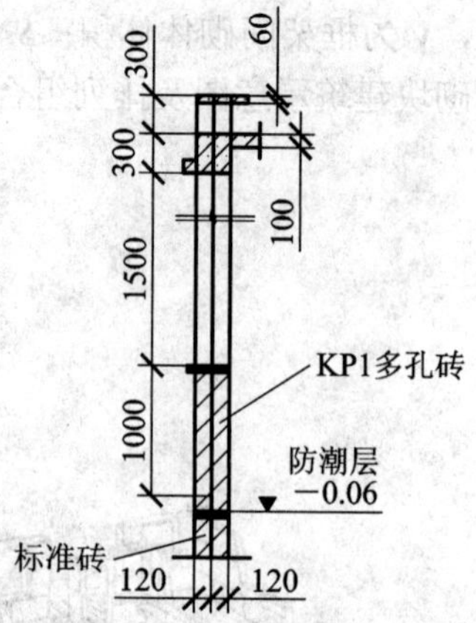

图 4-41　传达室墙身大样图

表 4-29　门窗表

编号	宽(mm)	高(mm)	樘数
M1	1200	2500	2
M2	900	2100	3
C1	1500	1500	1
C2	1200	1500	5

解：列项目，计算工程量。见表 4-30。

表 4-30　工程量计算书

序号	分部分项工程名称	单位	工程量	计 算 过 程
1	KP1 多空砖(1 砖、M5 混合砂浆)	m^3	14.89	$(2.76\times37.52-21.03)\times0.24-1.8-1.92-0.08-1.12=14.89$
	高	m		$0.06+1+1.5+0.3-0.1=2.76$
	长	m		$(9+5)\times2+(5-0.24)\times2=37.52$
	厚	m		0.24
	扣门窗	m^2	−21.03	$9.78+11.25=21.03$
	门	m^2		$1.2\times2.5\times2+0.9\times2.1\times2=9.78$
	窗	m^2		$1.5\times1.5+1.2\times1.5\times5=11.25$
	扣砼 QL 墙内部分	m^3	−1.80	
	扣砼 GZ	m^3	−1.92	
	扣预制砼 GL-24 墙上	m^3	−0.08	
	扣窗台板墙内部分	m^3	−1.12	
2	KP1 多空砖(0.5 砖、M5 混合砂浆)	m^3	1.35	$(2.76\times4.76-1.89)\times0.12-0.02=1.33$
	高	m		$0.06+1+1.5+0.3-0.1=2.76$
	长	m		$5-0.24=4.76$
	厚	m		0.24

续表

序号	分部分项工程名称	单位	工程量	计 算 过 程
	扣 M2	m^2		$0.9 \times 2.1 = 1.89$
	扣砼 GL-12 墙上	m^3	−0.02	
3	女儿墙(标准砖、M5 水泥砂浆)	m^3	1.22	$0.24 \times 28 \times 0.24 - 0.39 = 1.22$
	高	m		$0.3 - 0.06 = 0.24$
	长	m		$(9 + 5) \times 2 = 28$
	厚	m		0.24
	扣砼 GZ	m^3	−0.39	

说明：因基础与墙身所用材料不同，且位于设计室内地坪±300 mm 以内，因此此题基础与墙身的划分在 −0.06 m 处。

4) 其他

(1) 毛石墙、方整石墙按图示尺寸以立方米计算。

(2) 多孔砖、空心砖墙按图示墙厚以立方米计算，不扣除砖孔空心部分体积。

(3) 填充墙按外形体积以立方米计算，其实砌部分及填充料已包括在定额内，不另计算。

(4) 砖砌台阶按水平投影面积以平方米计算。

(5) 砖砌地沟沟底与沟壁工程量合并以立方米计算。

【例 4-17】 台阶平面图如图 4-42 所示。试计算砖台阶工程量(洞口宽 1.2 m，保留两位小数)。

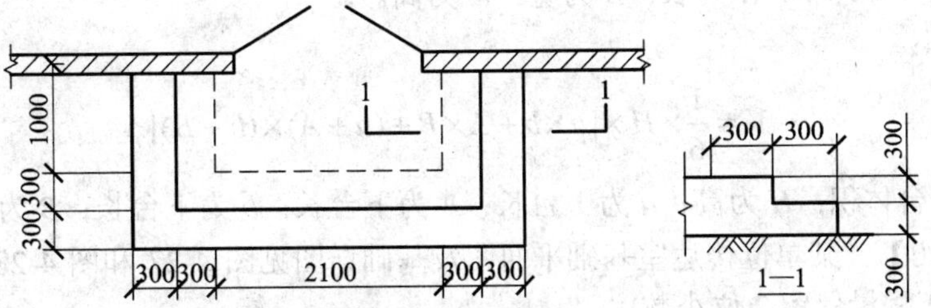

图 4-42 台阶平面图

解：列项目，计算工程量。见表 4-31。

表 4-31 工程量计算书

序号	分部分项工程名称	单位	工程量	计 算 过 程
1	砖台阶	m^2	4.32	$3\times1.8-1.2\times0.9=4.32$

(四) 混凝土工程

1. 工程量计量要点

1) 现浇混凝土工程量

(1) 一般规定：混凝土工程量除另有规定者外，均按图示尺寸实体积以立方米计算。不扣除构件内钢筋、支架、螺栓孔、螺栓、预埋铁件及墙、板中 0.3 m^2 内的孔洞所占体积。留洞所增加工、料不再另增费用。

按体积计算的有基础、柱、梁、板、墙、砼栏板、竖向挑板等。另有规定的有楼梯、阳台、雨棚、台阶等。楼梯、阳台、雨棚按投影面积计算之后，还须计算其实际体积，然后用实际体积减含量对砼量进行调整。

(2) 按体积计算的工程量有：

① 基础：条形基础、独立柱基、桩承台等，按图示尺寸实体积以立方米计算。独立基础算至基础扩大顶面。公式：

$$V=\sum S_{断}\times L$$

式中，V 为条形基础体积；$S_{断}$为条形基础断面积；L 为条形基础长。

断面积可能是长方形，也可能是梯形。

若为长方形面积：

$$S=B\times H$$

式中，S 为长方形面积；B 为宽；H 为高。

若为梯形面积：

$$S=(b+B)\times\frac{H}{2}$$

式中，S 为梯形面积；b 为梯形上底宽；B 为梯形下底宽；H 为梯形高。

长：外墙基按中心线之间的长；内墙基按净长。

独立基础体积：V=各台之和(台可能是立方体，也可能是棱台)。

立方体体积：

$$V=A\times B\times H$$

式中，V 为立方体体积；A 为长；B 为宽；H 为高。

棱台体积：

$$V=\frac{1}{6}\times H\times[a\times b+A\times B+(a+A)\times(b+B)]$$

式中，V 为棱台体积；H 为高；a 为上台长；A 为下台长；b 为下台长；B 为下台宽。

【例 4-18】 某单位传达室基础平面图及基础详图见图 4-27 和图 4-28。计算条形基础工程量。(工程量保留 2 位小数)

解：列项目，计算工程量。见表 4-32。

表 4-32 工程量计算书

序号	分部分项工程名称	单位	工程量	计算过程
1	现浇钢筋砼条形基础)	m^3	6.49	$1\times0.1\times[(9+5)\times2+(5-1)\times2]+(0.59+1)\times\frac{1}{2}\times0.1\times\left\{(9+5)\times2+\left[5-\frac{0.59+1}{2}\right]\times2\right\}=6.49$

【例 4-19】 某建筑物地下室见图 4-32，C30 钢筋砼满堂基础，计算满堂基础工程量。(工程量保留 2 位小数)

解：列项目，计算工程量。见表 4-33。

表 4-33　工程量计算书

序号	分部分项工程名称	单位	工程量	计 算 过 程
1	现浇 C20 砼满堂基础	m^3	38.23	33.60+4.63=38.23
	底板	m^3	33.60	$(3.3\times2+4.5+0.5\times2)\times(3.9+2.1+0.5\times2)\times0.3+1/6\times0.1\times(3.3\times2+4.5+0.5\times2)\times(3.9+2.1+0.5\times2)+(3.3\times2+4.5+0.35\times2)\times(3.9+2.1+0.35\times2)+(3.3\times2+4.5+0.5\times2+3.3\times2+4.5+0.35\times2)\times(3.9+2.1+0.5\times2+3.3\times2+4.5+0.35\times2)=25.41+8.19=33.60$
	反梁	m^3	4.63	$0.5\times0.2\times(11.1+6)\times2+0.4\times0.2\times[(6-0.5)\times2+4.5-0.4]=3.42+1.21=4.63$

② 柱：按图示断面尺寸乘以柱高，以立方米计算。公式：

$$V=S_{断}\times H$$

式中，V 为柱体积；$S_{断}$ 为柱断面积；H 为柱高。

柱高按下列规定确定，见表 4-34。

表 4-34　柱高度计算取定表

名　称	柱高度取值	备　注
有梁板的柱高	自柱基上表面(或楼板上表面)算至楼板下表面处	如柱的部分断面与板相交，柱高应算至板顶面，但应扣除与板重叠部分
无梁板的柱高	自柱基上表面(或楼板上表面)至柱帽下表面	
有预制板的框架柱柱高	自柱基上表面至柱顶	
构造柱柱高	按全高计算，应扣除与现浇板、梁相交部分的体积，与砖墙嵌接部分的砼体积并入柱身体积内计算	

构造柱、框架柱图见 4-43、4-44。

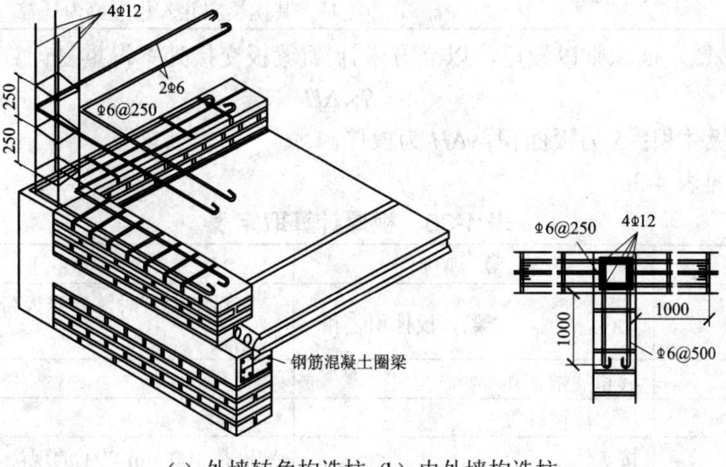

(a) 外墙转角构造柱 (b) 内外墙构造柱

图 4-43　构造柱图

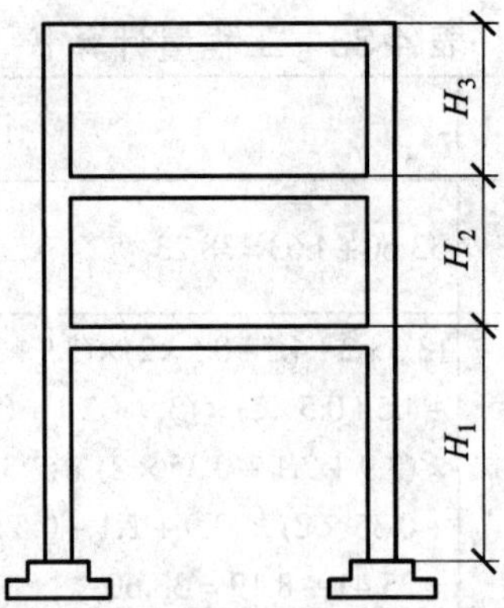

图 4-44　框架柱图

③ 梁：按图示断面尺寸乘以梁长，以立方米计算。公式：

$$V=S_{断}\times L$$

式中，V 为梁体积；$S_{断}$为梁断面积；L 为梁长。

梁长按下列规定确定，见表 4-35。

表 4-35　梁长度计算取定表

名　称		梁长度取值	备　注
柱上梁		柱间净距	
次梁		主梁间净距	
墙上梁	砖墙或砌块墙	梁实际长度	伸入砖墙内的梁头、梁垫体积并入梁体积内计算；平板与砖墙上砼圈梁相交时，圈梁高应算至板底面
	砼墙	墙间净距	
圈梁	外墙	$L_{中}$	
	内墙	$L_{内}$	
过梁		图纸计算长度；图纸无规定时，门窗洞口宽+0.5 m	
挑梁		按外挑挑梁长	挑梁压入墙身部分按圈梁计算；挑梁与单、框架梁连接时，其挑梁应并入相应梁内计算

④ 板：按图示面积乘以板厚，以立方米计算(梁板交接处不得重复计算)。

$$V=S\times\Delta H$$

式中，V 为平板体积；S 为板面积；ΔH 为板厚。

板厚规定见表 4-36。

表 4-36　板厚计算取定表

名　称	计算规则	备　注
有梁板	梁(包括主、次梁)、板体积之和	有后浇板带时，后浇板带(包括主、次梁)应扣除
无梁板	板和柱帽之和	
平板	按实体积计算	
预制板缝	按实体积计算	宽度在 100 mm 以上的现浇板缝按平板计算

有梁板、无梁板见图 4-45、4-46。

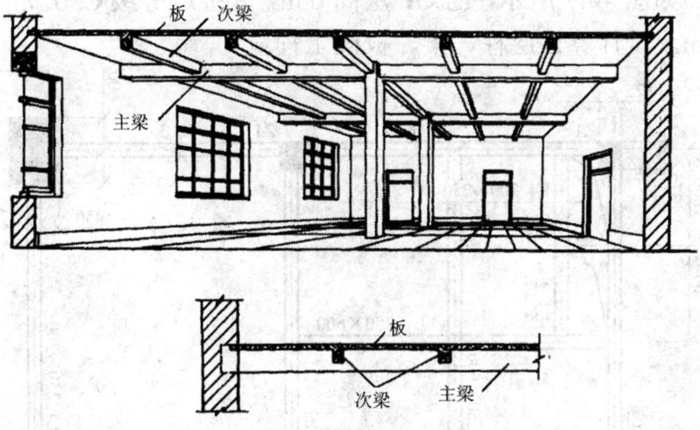

肋梁楼板

图 4-45　有梁板图

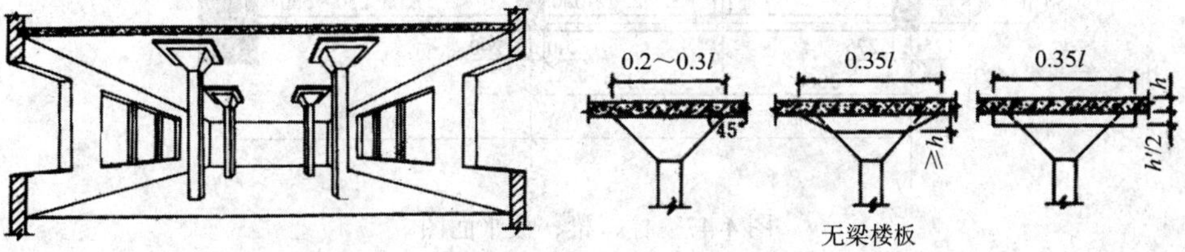

(a) 无梁楼板透视　　(b) 柱帽形式

图 4-46　无梁板图

【例 4-20】　题同例 4-16。计算相关砼工程量。

解：列项目，计算工程量。见表 4-37。

表 4-37　工程量计算书

序号	分部分项工程名称	单位	工程量	计算过程
1	现浇 GZ	m^3	2.31	1.92＋0.39＝2.31
	GZ 墙部分	m^3	1.92	1.18＋0.74＝1.92
	GZ	m^3		0.24×0.24×(0.06＋1＋1.5)×8＝1.18
	马牙槎	m^3		0.06×0.24×(0.06＋1＋1.5)×(2×4＋3×4) = 0.74
	GZ 女儿墙部分	m^3	0.39	0.25 + 0.14 = 0.39
	GZ	m^3		0.24 × 0.24 × 0.24 × 18 = 0.25
	马牙槎	m^3		0.06 × 0.24 × 0.24 × (2 × 14 + 3 × 4) = 0.14
2	现浇 QL	m^3	1.83	1.8 + 0.03 = 1.83
	QL 墙上部分	m^3	1.80	0.24 × (0.3 − 0.1) × [(9 + 5) × 2 + (5 − 0.24) × 2] = 1.80
	QL 出檐部分	m^3	0.03	0.06 × 0.06 × [(1.5 + 0.06 × 2) + (1.2 + 0.06 × 2) × 5]＝0.03
3	现浇屋面板	m^3	4.84	(9 + 0.24) × (5 + 0.24) × 0.1 = 4.84
4	现场预制 GL	m^3	0.10	0.08 + 0.02 = 0.10
	24 墙上	m^3		0.24 × 0.12 × (0.9 + 0.5) × 2 = 0.08
	12 墙上	m^3		0.12 × 0.12 × (0.9 + 0.5) = 0.02
5	现场预制窗台板	m^3	0.15	0.03 + 0.12 = 0.15
	C1	m^3		0.3 × 0.06 × (1.5 + 0.06 × 2) = 0.03
	C2	m^3		0.3 × 0.06 × (1.2 + 0.06 × 2) × 5 = 0.12

【例 4-21】 如图 4-47 所示，已知：层高 6 m，砼强度等级 C30，①-②轴板厚 10 cm，②-③轴板厚 16 cm。试计算该层柱、梁、板砼工程量。

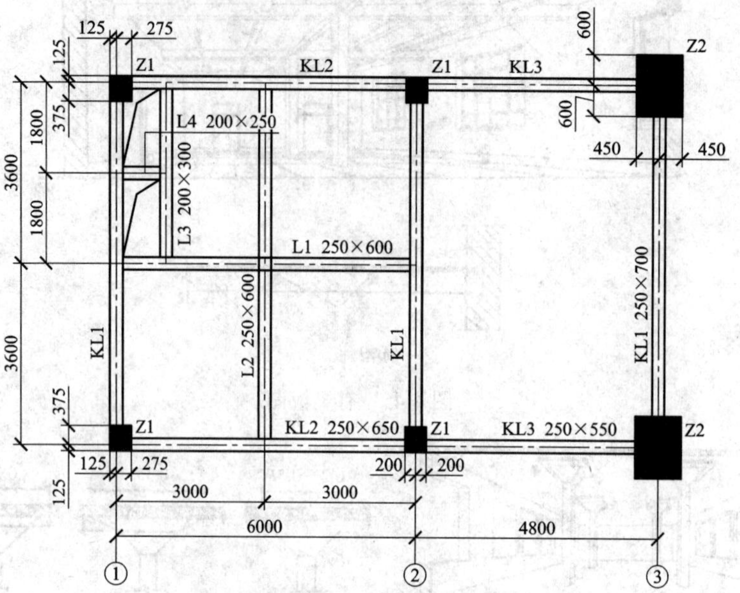

图 4-47 柱、梁、板平面图

解：列项目，计算工程量。见表 4-38。

表 4-38 工程量计算书

序号	分部分项工程名称	单位	工程量	计 算 过 程
1	柱	m^3	17.33	4.72+12.61=17.33
	Z1(周长 2.5 m 内)	m^3	4.72	0.4×0.5×(6−0.1)×4=4.72
	Z2(周长 5 m 内)	m^3	12.61	0.9×1.2×(6−0.16)×2=12.61
2	有梁板	m^3	18.56	9.93+8.63=18.56
	有梁板(厚 100 mm 内)	m^3	9.93	1.70+1.8+0.86+1.01+0.2+0.04+4.32=9.93
	KL1①②轴	m^3	1.70	0.25×0.7×(3.6×2−0.375×2)×1.5=1.70
	KL2	m^3	1.80	0.25×0.65×(6−0.275−0.2)×2=1.80
	L1	m^3	0.86	0.25×0.6×(6−0.25)=0.86
	L2	m^3	1.01	0.25×0.6×(3.6×2−0.25−0.25)=1.01
	L3	m^3	0.20	0.2×0.3×(3.6−0.25)=0.20
	L4	m^3	0.04	0.2×0.25×(1−0.125−0.1)=0.04
	厚 100 mm 板	m^3	4.32	[(6+0.125)×(3.6×2+0.125×2)−(1.8−0.25)×(1−0.125−0.1)×2]×0.1=4.32
	有梁板(厚 200 mm 内)	m^3	8.63	0.57+1.05+1.14+5.87=8.63
	梁	m^3	2.76	0.57+1.05+1.14=2.76
	KL1②轴	m^3	0.57	0.25×0.7×(3.6×2−0.375×2)×0.5=0.57
	KL1③轴	m^3	1.05	0.25×0.7×(3.6×2−0.6×2)=1.05
	KL3	m^3	1.14	0.25×0.55×(4.8−0.2−0.45)×2=1.14
	厚 160mm 板	m^3	5.87	(4.8+0.125)×(3.6×2+0.125×2)×0.16=5.87

⑤ 墙：外墙按图示中心线(内墙按净长)乘墙高、墙厚以立方米计算，应扣除门、窗洞口及 0.3 m^2 外的孔洞体积。单面墙垛其突出部分并入墙体体积内计算，双面墙垛(包括墙)按柱计算。弧形墙按弧线长度乘以墙高、墙厚计算。墙高的确定规则：

- 墙与梁平行重叠，墙高算至梁顶面；当设计梁宽超过墙宽时，梁、墙分别按相应项目计算。
- 墙与板相交，墙高算至板底面。

⑥ 砼栏板、竖向挑板以立方米计算。如果图纸无规定，栏板的斜长则按水平长度乘以系数 1.18 计算。

【例 4-22】 某工程栏板见图 4-48、4-49。计算砼栏板工程量。

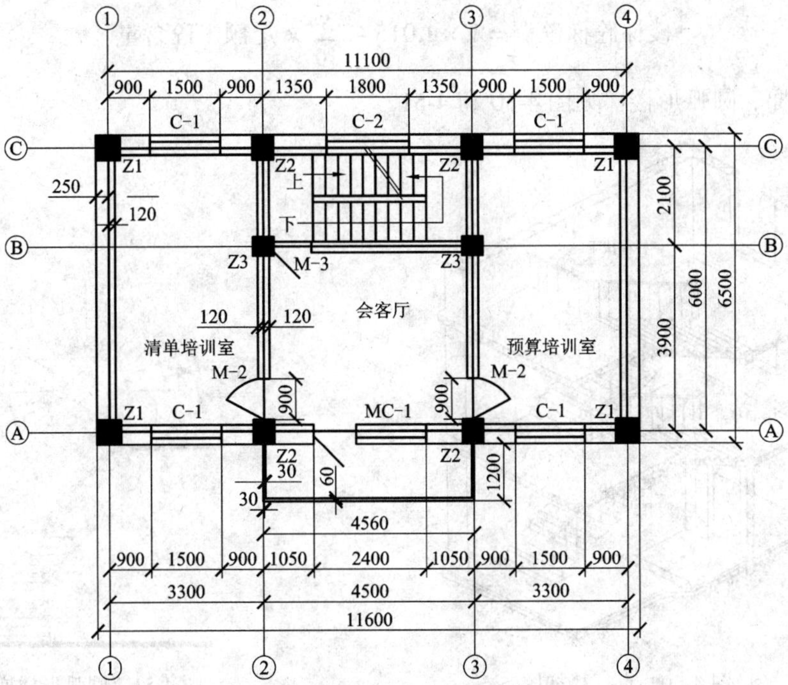

图 4-48 二层平面图

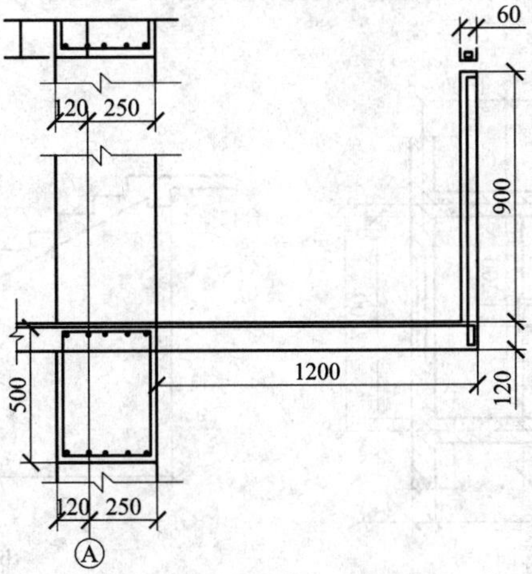

图 4-49 阳台剖面图

解：列项目，计算工程量。见表 4-39。

表 4-39　工程量计算书

序号	分部分项工程名称	单位	工程量	计 算 过 程
1	砼栏板	m^3	0.37	$0.9\times0.06\times(4.5+1.2\times2)=0.37$

(3) 另有规定的。

① 整体楼梯包括休息平台、平台梁、斜梁及楼梯梁，按水平投影面积计算，不扣除宽度小于 200 mm 的楼梯井，伸入墙内部分不另增加，楼梯与楼板连接时，楼梯算至楼梯梁外侧面。圆弧形楼梯包括圆弧形梯段、圆弧形边梁及与楼板连接的平台，按楼梯的水平投影面积计算。另外还需计算出楼梯水平投影内的砼体积和砼楼梯的调整量。

$$楼梯砼梯砼调 = V\times1.015-\frac{S}{10}\times定额中砼含量$$

直行楼梯、圆弧形楼梯见图 4-50 和 4-51。

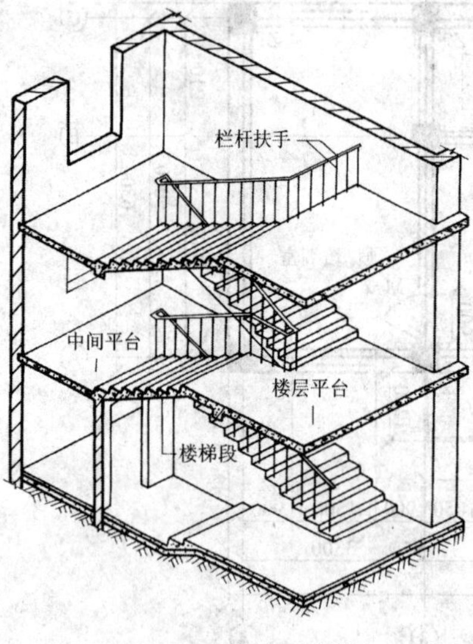

图 4-50　直行楼梯图

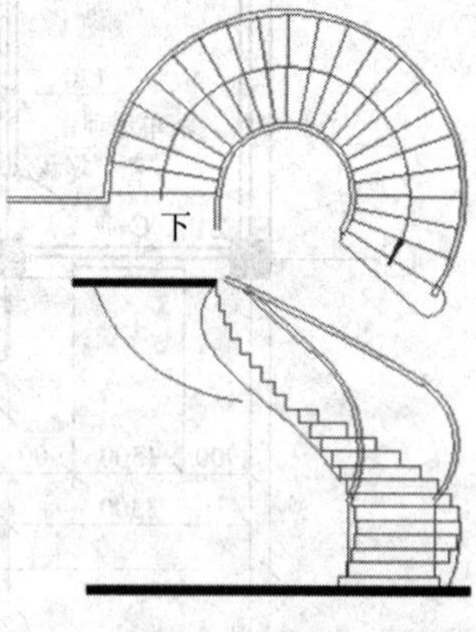

图 4-51　圆弧形楼梯图

【例 4-23】　某工程楼梯平面图、剖面图见图 4-52。计算砼楼梯工程量。(自然层为 4 层。保留两位小数)

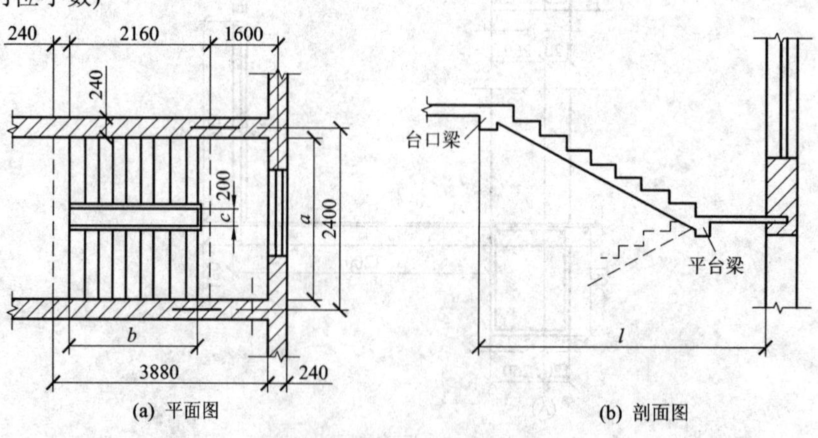

(a) 平面图　　(b) 剖面图

图 4-52　楼梯平面图、剖面图

解：列项目，计算工程量。见表 4-40。

表 4-40　工程量计算书

序号	分部分项工程名称	单位	工程量	计 算 过 程
	砼楼梯	m^2	25.15	$3.88\times(2.4-0.24)\times3=25.14$
	砼楼梯调整量	m^3		略

② 阳台按伸出墙外的板底水平投影面积计算，伸出墙外的牛腿不另计算。另外还需计算出阳台水平投影的砼体积和阳台砼调整量。

$$V=v\times1.015-S\div10\times\text{定额中砼含量}$$

式中，V 为阳台砼调整量；v 为阳台砼量；S 为水平投影面积。

阳台挑出若超过 1.8 m，按体积计算。

【例 4-24】　某工程阳台见图 4-48、4-49。计算砼阳台工程量。(保留两位小数)

解：列项目，计算工程量。见表 4-41。

表 4-41　工程量计算书

序号	分部分项工程名称	单位	工程量	计算过程
1	砼阳台	m^2	5.47	$4.56\times1.2=5.47$
2	阳台砼调整	m^3	−0.06	$4.56\times1.2\times0.1\times1.015-0.547\times1.6=-0.33$

③ 雨棚按伸出墙外的板底水平投影面积计算。另外还需计算出雨棚水平投影的砼体积和雨棚砼的调整量。雨棚挑出若超 1.5 m，按体积计算；雨棚若有超过 250 mm 的翻边，按体积计算。

【例 4-25】　某工程雨棚见图 4-53、4-54、4-55。计算砼雨棚工程量。(保留两位小数)

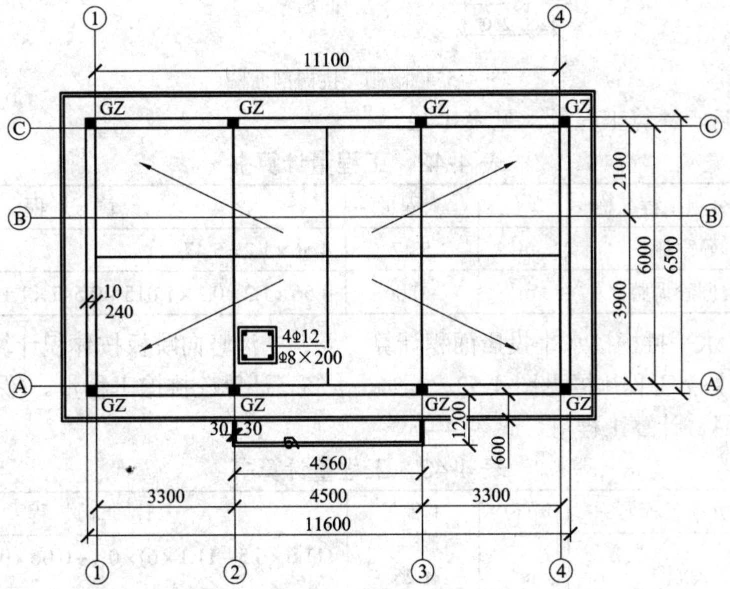

图 4-53　屋面平面图

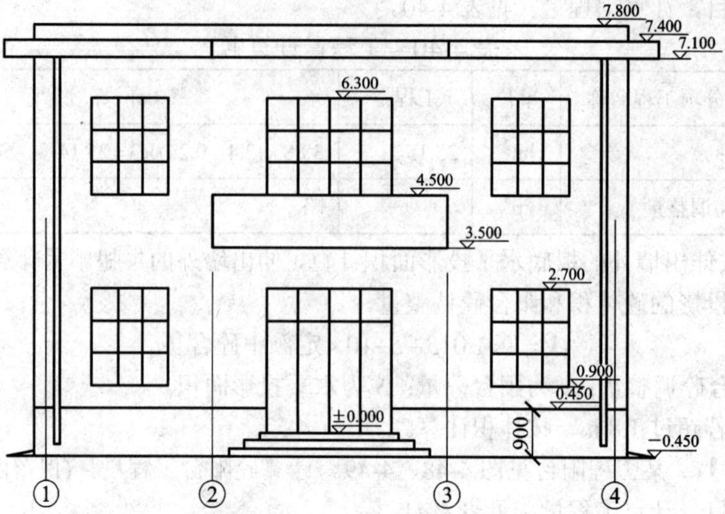

图 4-54　南立面图

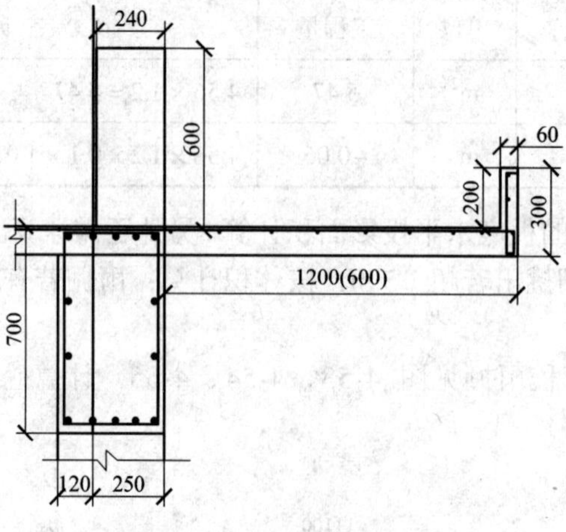

图 4-55　雨棚、挑檐剖面图

解：列项目，计算工程量。见表 4-42。

表 4-42　工程量计算书

序号	分部分项工程名称	单位	工程量	计 算 过 程
1	砼雨棚	m^2	5.47	$4.56\times1.2=5.47$
2	雨棚砼调整	m^3	−0.06	$4.56\times1.2\times0.1\times1.015-0.547\times1.11=-0.06$

④ 挑檐：水平挑檐按水平投影面积计算，天、檐沟竖向跳板按体积计算。

【例 4-26】某工程挑檐见图 4-53、4-54、4-55。计算砼挑檐工程量。(保留两位小数)

解：列项目，计算工程量。见表 4-43。

表 4-43　工程量计算书

序号	分部分项工程名称	单位	工程量	计 算 过 程
1	砼挑檐	m^3	1.25	$(11.6\times6.5-11.1\times6)\times0.1+0.06\times0.2$ $\times[(11.6-0.25+6.5-0.25)\times2-4.56]=1.25$

⑤ 台阶按水平投影面积以平方米计算，平台与台阶的分界线以最上层台阶的外口减300 mm 宽度为准，台阶宽以外部分并入地面工程量计算。

【例 4-27】 某工程台阶见图 4-42，计算砼台阶工程量。(洞口宽 1.2 m，保留两位小数)

解：列项目，计算工程量。见表 4-44。

表 4-44 工程量计算书

序号	分部分项工程名称	单位	工程量	计 算 过 程
1	砼台阶	m^2	4.32	$3\times1.8-1.2\times0.9=4.32$

(4) 其他。现浇挑檐、天沟与板(包括屋面板、楼板)连接时，以外墙面为分界线；与圈梁(包括其他梁)连接时，以梁外边线为分界线。外墙边线以外或梁外边线以外为挑檐、天沟。见图 4-55。

2) 现场、加工厂预制混凝土工程量

现场、加工厂预制混凝土工程除另有规定的以外，混凝土工程量均按图示尺寸实体积以立方米计算。按以下规定计算：

(1) 预制桩。预制钢筋砼桩工程量按设计桩长(包括桩尖)乘以桩断面积以立方米计算。管桩的空心体积应扣除。公式：

$$V=\text{桩断面积}\times\text{桩长(包括桩尖)}$$

(2) 预制过梁。公式：

$$V=\text{梁断面积}\times\text{梁长}$$

梁长按设计规定。若无规定，按洞口宽+0.5 m。

(3) 预制空心板：扣除圆孔板内圆孔体积，不扣除构件内钢筋、铁件、后张法预应力钢筋灌浆孔及板内小于 0.3 m^2 孔洞面积所占的体积。一般先按图集查出相应板每块的砼体积，再统计出块数。公式：

$$V=\text{每块的砼体积}\times\text{块数}\times\text{损耗率}$$

(4) 天窗架、端壁、桁条、支撑、楼梯、板类及厚度在 50 mm 以内的薄型构件按设计图纸加定额规定的运输、安装损耗以立方米计算。损耗率见表 4-45。公式：

$$\text{制作工程量}=\text{设计工程量}\times1.018$$

表 4-45 预制钢筋砼构件场内、外运输、安装损耗率(%)

名 称	场外运输	场内运输	安装
天窗架、端壁、桁条、支撑、楼梯、板类及厚度在 50 mm 内的薄型构件	0.8	0.5	0.5

【例 4-28】 已知某工程使用单块体积为 0.154 m^3 的 C30YKB 共 50 块，试计算此空心板制作工程量。

解：列项目，计算工程量。见表 4-46。

表 4-46 工程量计算书

序号	分部分项工程名称	单位	工程量	计 算 过 程
1	YKB 制作(C30)	m^3	7.84	$0.154\times50\times1.018=7.84$

(五) 钢筋工程

1. 术语释解

(1) 砼保护层：钢筋外边缘至砼表面的距离。

(2) 锚固长度：为满足受力需要，埋入支座的钢筋必须具有足够的长度，此长度称为钢筋的锚固长度。

2. 钢筋工程量计量要点

钢筋工程量计算有两种方法——按钢筋含量计算和按钢筋实际计算。

1) 钢筋按含量计算

按构件体积(或水平投影面积、外围面积、延长米)×钢筋含量计算，钢筋含量详见《××省建筑与装饰工程计价表》附录一(P1008—1013)。

编制造价时，钢筋工程量可暂按此规定计算，但结算时须按实际进行调整。

【例 4-29】 题同例 4-21。按含量计算法计算钢筋工程量。(保留 2 位小数)

解：列项目，计算工程量。见表 4-47。

表 4-47 工程量计算书

序号	分部分项工程名称	单位	工程量	计算过程
1	现浇柱钢筋	t	3.142	0.236+0.548+0.706+1.652=3.142
	现浇柱(周长 2.50 m 内)ϕ12 以内钢筋	t	0.236	4.72×0.050=0.236
	现浇柱(周长 2.50 m 内)ϕ12 以外钢筋	t	0.548	4.72×0.116=0.548
	现浇柱(周长 5.00 m 内)ϕ12 以内钢筋	t	0.706	12.61×0.056=0.706
	现浇柱(周长 5.00 m 内)ϕ12 以外钢筋	t	1.652	12.61×0.131=1.652
2	现浇有梁板钢筋	t	2.227	0.295+0.695+0.371+0.863=2.224
	现浇有梁板(100 mm 内)ϕ12 以内钢筋	t	0.298	9.93×0.030=0.298
	现浇有梁板(100 mm 内)ϕ12 以外钢筋	t	0.695	9.93 × 0.070 = 0.695
	现浇有梁板(100 mm 外)ϕ12 以内钢筋	t	0.371	8.63 × 0.043 = 0.371
	现浇有梁板(100 mm 外)ϕ12 以外钢筋	t	0.863	8.63 × 0.100 = 0.863
	钢筋小计	t	5.369	
	现浇构件ϕ12 以内钢筋	t	2.098	0.031 + 0.088 + 0.368 + 0.236 + 0.706 + 0.298 + 0.371 = 2.098
	现浇构件ϕ12 以外钢筋	t	4.034	0.073 + 0.203 + 0.548 + 1.652 + 0.695 + 0.863 = 4.034
	现场预制构件钢筋ϕ20 以内	t	0.017	0.009 + 0.008 = 0.017

2) 钢筋按实际计算

钢筋工程量=钢筋长×相应型号每米理论重量

一般在钢筋计算表中进行。格式如表 4-48。

表 4-48　钢筋计算表

工程名称：　　　　　　　　　　　　　　　　　　　　　　　　　　　　　共　页 第　页

编号	级别规格	简图	计算式(m)	单根长度(m)	根数	总长度(m)	重量(kg)

(1) 一般规则：

① 钢筋工程应区别现浇构件、预制构件、加工厂预制构件、预应力构件、点焊网片等，以及不同规格分别按设计展开长度(展开长度、保护层、搭接长度应符合规范规定)乘以理论重量，以吨计算。

钢筋每米长的重量可直接从《××建筑与装饰工程计价表》附录九查出，也可按下式计算：

$$钢筋每米长重量=0.006165d^2$$

式中，d 为以 mm 为单位的钢筋直径。

② 计算钢筋工程量时，搭接长度按规范规定计算。当梁、板(包括整板基础)$\phi 8$ 以上的通筋未设计搭接位置时，预算书暂按 8m 一个双面电焊接头考虑，结算时应按钢筋实际定尺长度调整搭接个数，搭接方式按已审定的施工组织设计确定。

③ 先张法预应力构件中的预应力和非预应力钢筋工程量应合并按设计长度计算。后张法预应力钢筋与非预应力钢筋分别计算。

④ 电渣压力焊、锥螺纹、套管挤压等接头以“个”计算。预算书中，底板、梁暂按 8m 长一个接头的 50%计算；柱按自然层每根钢筋 1 个接头计算。结算时应按钢筋实际接头个数计算。

⑤ 在加工厂制作的铁件(包括半成品铁件)、已弯曲成形钢筋的场外运输按吨计算。各种砌体内的钢筋加固分绑扎、不绑扎按吨计算。

⑥ 基础中钢支架、预埋铁件的计算：

- 基础中，多层钢筋的型钢支架、垫铁、撑筋、马凳等按已审定的施工组织设计合并用量计算。现浇楼板中设置的撑筋按已审定的施工组织设计用量与现浇构件钢筋用量合并计算。
- 预埋铁件、螺栓按设计图纸以吨计算。

(2) 砼保护层厚度的规定。砼保护层厚度按国家《砼结构设计规范》(GB50010—2011)确定。规范规定，纵向受力的普通钢筋、预应力钢筋、其砼保护层厚度应不小于钢筋的公称直径，且应符合表 4-49、4-50 的规定。

表 4-49　砼结构的环境类型

环境类别	条　件
一	室内干燥环境； 无侵蚀性静水浸没环境
二(a)	室内潮湿环境； 非严寒和非寒冷地区的露天环境； 非严寒和非寒冷地区与无侵蚀性的水或土壤接触的环境； 严寒和寒冷地区的冰冻线以下与无侵蚀性的水或土壤接触的环境
二(b)	干湿交替环境； 水位频繁变动环境； 严寒和寒冷地区的露天环境； 严寒和寒冷地区的冰冻线以上与无侵蚀性的水或土壤接触的环境
三(a)	严寒和寒冷地区冬季水位变动区环境； 受除冰盐影响环境； 海风环境
三(b)	盐渍土环境； 受除冰盐作用环境； 海岸环境
四	海水环境
五	受人为或自然的侵蚀性物质影响的环境

注：1. 室内潮湿环境是指构件表面经常处于结露或湿润状态的环境。

2. 严寒和寒冷地区的划分应符合现行国家标准《民用建筑热工设计规范》GB50176 的有关规定。

3. 海岸和海风环境宜根据当地环境，考虑主导风向及结构所处迎风、背风部位等因素的影响，由调查研究和工作经验确定。

4. 受除冰盐影响环境是指受到除冰盐盐雾影响的环境；受除冰盐作用环境是指被除冰盐溶液溅射的环境以及使用除冰盐地区的洗车房、停车楼等建筑。

5. 暴露的环境是指砼结构表面所处的环境。

表 4-50　砼保护层的最小厚度　mm

环境类别	板、墙	梁、柱
一	15	20
二(a)	20	25
二(b)	25	35
三(a)	30	40
三(b)	40	50

注：1. 表中砼保护层厚度指最外层钢筋外边缘至砼表面的距离，适用于设计使用年限为 50 年的砼结构。

2. 构件中受力钢筋的保护层厚度不应小于钢筋的公称直径。

3. 设计使用年限为 100 年的砼结构，一类环境中，最外层钢筋的保护层厚度不应小于表中数值的 1.4 倍；二、三类环境中，应采用专门的有效措施。

4. 砼强度等级不大于 C25 时，表中保护层厚度数值应增加 5 mm。

5. 基础底面钢筋的保护层厚度，有砼垫层时应从垫层顶面算起，且不应小于 40 mm。

(3) 箍筋的计算。箍筋形式图见图 4-56。

① 箍筋单根长度的计算。

a. 双肢箍。箍筋末端应作 135°弯钩，弯钩平直部分的长度 e，一般应不小于箍筋直径的 5 倍；对有抗震要求的结构应不小于箍筋直径的 10 倍。

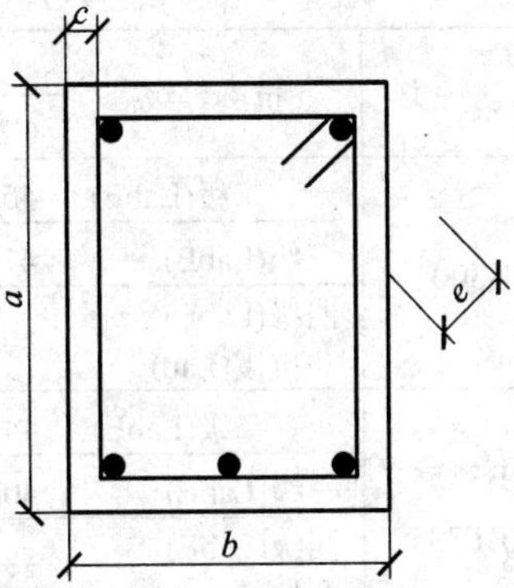

图 4-56 箍筋形式图

当平直部分为 5d 时，箍筋单根长度

$$L=(a-2c+b-2c)\times 2+24d;$$

当平直部分为 10d 时，箍筋单根长度

$$L=(a-2c+b-2c)\times 2+34d。$$

式中，a 为构件宽；b 为构件高；d 为构件直径。

b. 四肢箍。当平直部分为 5d 时，箍筋单根长度：

$$L=\left[(a-2c)\times\frac{2}{3}+(b-2c)\right]\times 2+24d$$

当平直部分为 10d 时，箍筋单根长度：

$$L=\left[(a-2c)\times\frac{2}{3}+(b-2c)\right]\times 2+34d$$

c. 箍筋的根数。

排列根数$=(L-0.1/$箍筋间距$)+1$，但在加密区箍筋的根数要按设计另增。

上式中，$L=$柱、梁、板净长。柱、梁净长计算方法同砼，其中柱不扣板厚。板净长指主(次)梁与主(次)梁之间的净长。计算中有小数时取整，向上舍入，如 4.1 取 5。

(4) 钢筋锚固长度的计算。梁的钢筋示意图如图 4-57 所示。

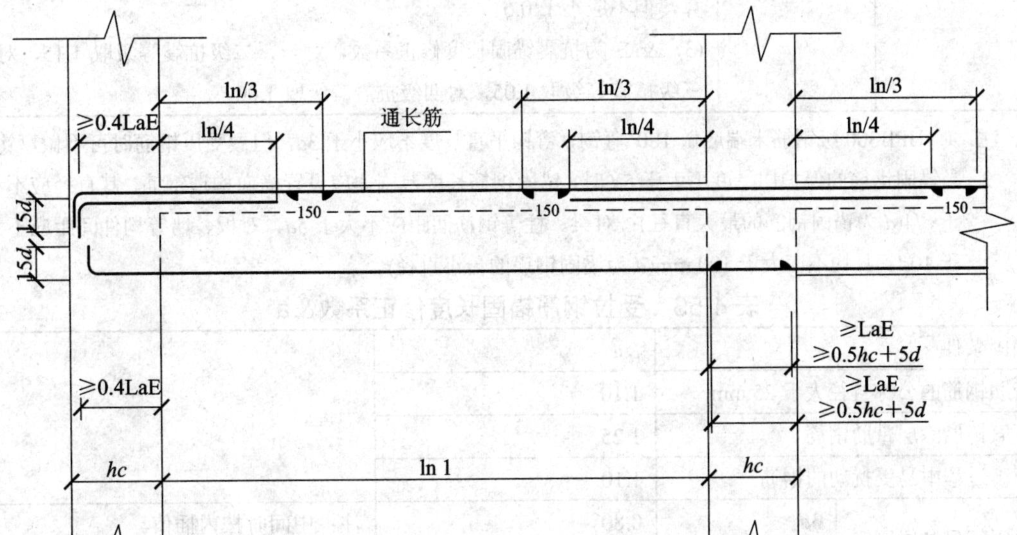

图 4-57 梁的钢筋示意图

受拉钢筋基本锚固长度见表 4-51，受拉钢筋锚固长度、抗震锚固长度见表 4-52，受拉钢筋锚固长度修正系数见表 4-53。

表 4-51　受拉钢筋基本锚固长度 Lab、LabE

钢筋种类	抗震等级	砼强度等级								
		C20	C25	C30	C35	C40	C45	C50	C55	≥C60
HPB300	一、二级(LabE)	45d	39d	35d	32d	29d	28d	26d	25d	24d
	三级(LabE)	41d	36d	32d	29d	26d	25d	24d	23d	22d
	四级(LabE) 非抗震(Lab)	39d	34d	30d	28d	25d	24d	23d	22d	21d
HRB335 HRBF335	一、二级(LabE)	44d	38d	33d	31d	29d	26d	25d	24d	24d
	三级(LabE)	40d	35d	31d	28d	26d	24d	23d	22d	22d
	四级(LabE) 非抗震(Lab)	38d	33d	29d	27d	25d	23d	22d	21d	21d
HRB400 HRBF400 RRB400	一、二级(LabE)	—	46d	40d	37d	33d	32d	31d	30d	29d
	三级(LabE)	—	42d	37d	34d	30d	29d	28d	27d	26d
	四级(LabE) 非抗震(Lab)	—	40d	35d	32d	29d	28d	27d	26d	25d
HRB500 HRBF500	一、二级(LabE)	—	55d	49d	45d	41d	39d	37d	36d	35d
	三级(LabE)	—	50d	45d	41d	38d	36d	34d	33d	32d
	四级(LabE) 非抗震(Lab)	—	48d	43d	39d	36d	34d	32d	31d	30d

表 4-52　受拉钢筋锚固长度、抗震锚固长度 La、LaE

非抗震	抗震	注：
La =&a Lab	LaE = &aEla	(1) La 应不小于 200 mm。 (2) 锚固长度修正系数&a 按表 4-54 取用。当多于一项时，可按连乘计算，但不应小于 0.6。 (3) &aE 为抗震锚固长度修正系数，对一、二级抗震等级取 1.15，对三级抗震等级取 1.05，对四级抗震等级取 1.00

注：1. HPB300 级钢筋末端应做 180°弯钩，弯钩平直长度不应小于 3*d*，但做受压钢筋时可不做弯钩。

2. 当锚固钢筋的保护层厚度不大于 5*d* 时，锚固钢筋长度范围内应设置横向构造钢筋，其直径应不小于 *d*/4(*d* 为锚固钢筋的最大直径)；对梁、柱等钢筋间距应不大于 5*d*，对板、墙等构件间距应不大于 10*d*，且均不应大于 100 mm(*d* 为锚固钢筋的最小直径)。

表 4-53　受拉钢筋锚固长度修正系数＆a

锚固条件		&a	
带肋钢筋的公称直径大于 25 mm		1.10	
环氧树脂涂层带肋钢筋		1.25	
施工过程中易受扰动的钢筋		1.10	
锚固区保护层厚度	3*d*	0.80	注：中间时按内插值。 *d* 为锚固钢筋直径
	5*d*	0.70	

梁的上部通长筋的计算公式：

钢筋长度＝净跨长＋左支座锚固＋右支座锚固

(5) 钢筋接头及搭接长度的计算。

钢筋外形分光圆钢筋、螺纹钢筋等。其中，光面圆钢筋中ϕ10 mm 以内的钢筋为盘条；ϕ10 mm 以外及螺纹钢筋为直条钢筋，长度为 6 m～12 m。当构件设计长度较长时，若小于ϕ10 mm 的圆钢筋，可以按设计长度下料，若大于等于ϕ10 mm 螺纹钢筋就需要接头了。

钢筋的接头方式有绑扎连接、焊接和机械连接。施工规范规定：受力钢筋的接头应优先采用焊接或机械连接。焊接的方法有闪光对焊、电弧焊、电渣压力焊等；机械连接的方法有钢筋套筒挤压连接、锥螺纹套筒连接。

计算钢筋工程量时，设计已规定钢筋搭接长度时，按设计搭接长度；设计未规定钢筋搭接长度时，按规范规定。见表 4-54。焊接接头，已包括在钢筋损耗之内，不另计算搭接长度；钢筋电渣压力焊、套管挤压等接头，以个计算。

表 4-54　纵向受拉钢筋绑扎搭接长度 L_l、L_{lE}

纵向受拉钢筋绑扎搭接长度 L_l、L_{lE}				注：
抗震	非抗震			(1) 当直径不同的钢筋搭接时，L_l、L_{lE} 按直径较小的钢筋计算。
L_{lE} = &$_l$ LaE	L_l = &$_l$ la			(2) 任何情况下，应不小于 300 mm
纵向受拉钢筋搭接长度修正系数				(3) 式中&$_l$为纵向受拉钢筋搭接长度修正系数。当纵向钢筋搭接接头百分率为表的中间值时，可按内插取值
纵向钢筋搭接接头面积百分率(%)	≤25	50	100	
&$_l$	1.2	1.4	1.6	

(6) 弯起钢筋的计算。弯起钢筋见图 4-58。

$$弯起钢筋净长 = L-2c + 2\times 0.414\Delta h_i (\Delta h_i = h-2c)$$

① 当θ为 30°时，公式内 $0.414\Delta h_i$ 改为 $0.268\Delta h_i$。

② 当θ为 60°时，公式内 $0.414\Delta h_i$ 改为 $0.577\Delta h_i$。

③ 当采用 I 级钢时，除按上述计算长度外，在钢筋末端应设弯钩，每只弯钩增加 6.25d。末端需作 90°、135°弯折时，其弯起部分长度按设计尺寸计算。

其中，L 为构件长；c 为保护层；Δh_i 为色件高—保护层；d 为钢筋直径。

(7) 柱钢筋的计算。柱钢筋按钢筋型号分别计算。

$$柱钢筋工程量 = 长\times 理论重量$$

【例 4-30】 图 4-58 为某三层现浇框架柱平法施工图的一部分，结构层高均为 4.20 m，工程类别为三类工程，砼框架设计抗震等级为四级。已知柱的砼砼强度等级为 C25，柱基础(基础反梁)厚度为 1000 mm，每层的框架梁高均为 700 mm。柱中纵向钢筋均采用闪光对焊接头，每层均分二批接头。

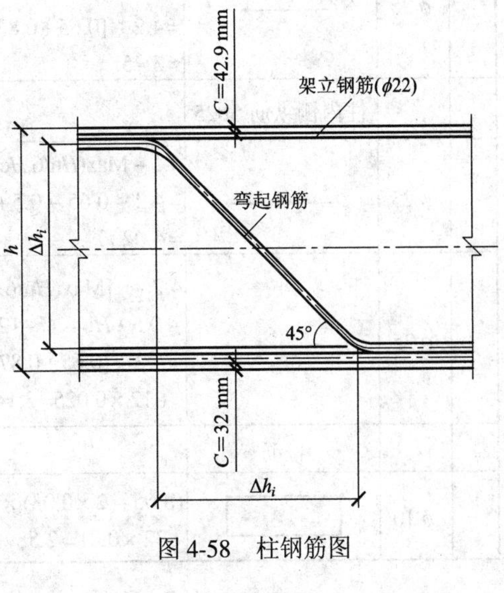

图 4-58　柱钢筋图

请根据表 4-55 及有关规定，计算一根边角柱 KZ2(如图)的钢筋用量(箍筋为 HPB235 普通钢筋，其余均为 HRB335 普通螺纹钢筋，且为满足最小设计用量)。

表 4-55　标　高　表

层号	标高(mm)	层高(m)
1	−0.03	4.2
2	−4.17	4.2
3	−8.37	4.2

解：列项目，计算工程量。见表 4-56。

查表可得：$L_a=34d=34\times25=850$ mm，保护层：$C=30$ mm。

表 4-56　钢筋计算表

编号	级别规格	简图	计算式(单位：m)	单根长度(m)	根数	总长度(m)	重量(kg)
		基础部分					
1	ϕ25	150 2067	0.15+[(1.0−0.1)+(4.2−0.7)/3]	2.217	6	13.30	51
2	ϕ25	150 2	0.15+[(1.0−0.1)+(4.2−0.7)/3 +Max(0.5,35×0.025)]	3.092	6	18.55	71
		一层				0	0
	ϕ25		4.2−(4.2−0.7)/3+Max(3.5/6，0.65，0.5)	3.683	12	44.20	170
		二层				0	0
	ϕ25		4.2−Max(Hn/6,Hc,0.5)+Max(Hn/6,Hc,0.5)	4.2	12	50.4	194
		顶层(三层)				0	0
		柱外侧纵筋 7b25				0	0
	ϕ25		4.2−Max(*H*n/6,*H*c,0.5)−0.5+1.5*L*ae =4.2−0.65−0.5+1.5×0.85=4.325	4.325	4	17.3	67
	ϕ25		4.2−[Max(*H*n/6,*H*c,0.5)+Max(35*d*,0.5)]−0.5+1.5*L*ae =4.2−[0.65+0.875]−0.5+1.5×0.85 =3.45	3.45	3	10.35	40
		柱内侧纵筋 5b25				0	0
	ϕ25		4.2−Max(*H*n/6,*H*c,0.5)−0.5+*H*b−*C*+12*d* =4.2−0.65−0.5+0.7−0.03+12×0.025 =4.02	4.02	2	8.04	31
	ϕ25		4.2−[Max(*H*n/6,*H*c,0.5)+Max(35*d*,0.5)] −0.5+*H*b−*C*+12*d* =4.2−[0.65+0.875]−0.5+0.7−0.03 +12×0.025=3.145	3.145	3	9.44	36
		箍筋				0	0
	ϕ10		(0.65−2×0.03)×2+(0.6−2×0.03)×2 +32×0.01=2.58	2.58	98	252.84	156

续表

编号	级别规格	简图	计算式(单位：m)	单根长度(m)	根数	总长度(m)	重量(kg)
	ϕ10	▭	$(0.65-2\times0.03)/3\times2+(0.6-2\times0.03)\times2+32\times0.01=1.793$	1.793	98	175.71	108
	ϕ10	▭	$(0.65-2\times0.03)\times2+(0.6-2\times0.03)/3\times2+32\times0.01=1.86$	1.86	98	182.28	112
	ϕ25		小计				376
	ϕ10		小计				660
			钢筋重量合计				1036

(8) 梁钢筋的计算。按钢筋型号分别计算：梁钢筋工程量＝长×理论重量

① 简支梁钢筋。梁、板为简支，可按下列规定计算：

a. 直钢筋不带钩：$L_{净}=L-2c$

b. 直钢筋带钩：$L_{净}=L-2c+2\times6.25d$

若为 180°钩，每个钩增加 6.25d；若为 90°钩，每个钩增加 3.5d；若为 135°钩，每个钩增加 4.9d。

c. 弯起钢筋：$L_{净}=L-2c+2\times0.414\Delta h_i+2\times$下折长度

d. 箍筋：$(a-2c+b-2c)\times2+24d$ 或 $(a-2c+b-2c)\times2+34d$

② 框架梁钢筋。纵向钢筋长计算公式：

纵向钢筋长＝构件支座间净长＋应增加钢筋长度

式中应增加钢筋长度包括锚固长度、弯钩长度、弯起钢筋增加长度及钢筋搭接长度。

【例 4-31】 某框架结构房屋，抗震等级为三级，其框架梁的配筋如图 4-59 所示。已知梁砼为 C30，柱断面尺寸为 450 mm×450 mm，板厚为 100 mm，室内干燥环境使用。试计算框架梁钢筋工程量。(以kg为单位，保留 1 位小数)

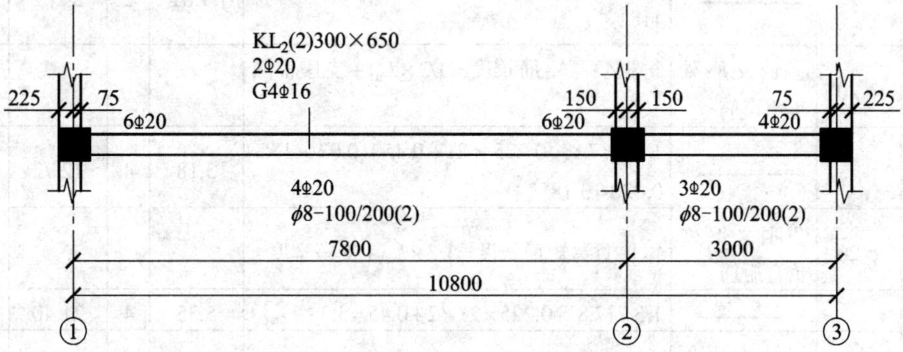

图 4-59　框架梁配筋图

解：1. 识图。图 4-59 所示是梁配筋的平面标注法。读懂它的含义，是正确计算的前提。它的含义是：

(1) ①、②轴线间的 KL2(2)表示 KL2 共有两跨，截面宽度为 300 mm，截面高度为 650 mm；2Φ20 表示梁的上部贯通筋为 2 根直径 20 mm 的二级钢筋；G4Φ16 表示按构造要求配置了 4 根直径为 16 mm 的腰筋；4Φ20 表示梁的下部贯通筋为 4 根直径为 20 mm 的二级钢筋；Φ8-100/200(2)表示箍筋直径为 8 mm，加密区间距为 100 mm，非加密区间距为 200 mm，采用双肢箍。

(2) ①轴支座处的 6Φ20，表示支座处的负弯矩筋为 6 根直径为 20 mm 的 HRB335 级钢筋，其中两根为上部贯通筋；②轴及③轴支座处的 6Φ20 和 4Φ20 与①轴表示意思相同。

(3) ②、③轴线间的标注表示的含义与①、②轴线间的标注相同。

以上各位置钢筋的放置情况如图 4-60 所示。

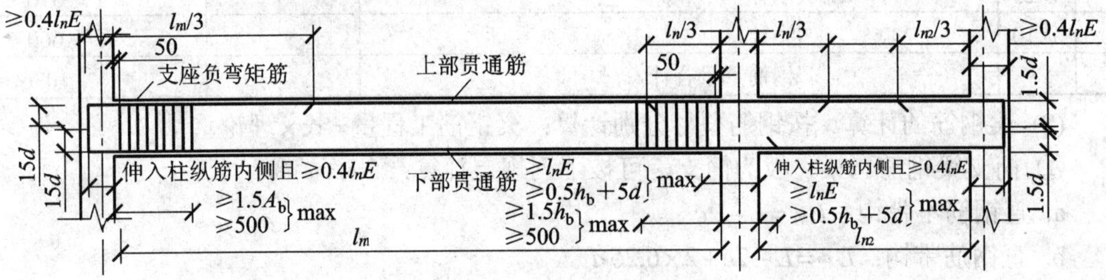

图 4-60　钢筋配置图

2. 列项目，计算工程量。见表 4-57。

表 4-57　钢筋计算表

编号	级别规格	简图	计算式(m)	单根长度(m)	根数	总长度(m)	重量(kg)
1	ϕ20	上部贯通筋	每根上部贯通筋的长度＝各跨净长度＋中间支座的宽度＋左、右支座的宽度－2×保护层厚度＋2×15d				
		————	10.8＋0.225×2－2×0.02＋2×15×0.020＝1181	11.81	2	23.62	
2	ϕ20	①轴支座处负弯矩筋	每根负弯矩筋长度＝1/3×L_{n1}＋支座锚固长度				
		————	1/3×(7.8－0.225×2)＋0.45－0.02＋15×0.020＝3.18	3.18	4	12.72	
3	ϕ20	②轴支座处负弯矩筋	每根负弯矩筋长度＝1/3×L_{n1}＋支座宽度				
		————	1/3×(7.8－0.225×2)×2＋0.45＝3.3	5.35	4	21.40	
4	ϕ20	③轴支座处负弯矩筋	每根负弯矩筋长度＝1/3×L_{n1}＋支座宽度				
		————	1/3×(3.0－0.225×2)＋0.45－0.02＋15×0.020＝1.575	1.58	2	3.16	

续表

编号	级别规格	简图	计算式(m)	单根长度(m)	根数	总长度(m)	重量(kg)
5	ϕ20	第一跨(①②轴线间)下部贯通筋	本跨净长度+两端支座锚固长度 在 轴支座处的锚固长度应取 L_{aE} 和 $0.5h_c+15d$ 的最大值，因 $L_{aE}=34d=34\times0.020=0.68$ m；$0.5h_c+15d=0.5\times0.45+15\times0.02=0.525$ m；故取 0.68 m				
		——	$(7.8-0.225\times2)+0.4L_{aE}+15d+0.68=(7.8-0.225\times2)+0.4\times34\times0.020+15\times0.020+0.68=8.60$	8.60	4	34.40	
6	ϕ20	第二跨(②③轴线间)下部贯通筋					
		——	$(3-0.225\times2)+(0.4\times34\times0.020+15\times0.020)+0.68=3.80$	3.80	3	11.40	
小计	ϕ20		$106.70\times2.466=263.12$			106.70	263.12
7	ϕ8	箍筋					
(1)		第一跨	$(0.3-2\times0.02+0.65-2\times0.02)\times2+34\times0.008=1.97$	2.01			
		根数	加密区长度应≥$1.5h_b$；且≥500 mm。因 $1.5h_b=1.5\times0.65=0.975$；故第一跨加密区长度=0.975。 $[(0.975-0.05)\div0.1+1]\times2+(7.8-0.225\times2-0.975\times2)\div0.2-1=22+26=48$		48		
			$2.01\times48=96.48$			96.48	
(2)		第二跨	2.01				
		根数	$[(0.975-0.05)\div0.1+1]\times2+(3-0.225\times2-0.975\times2)\div0.2-1=22+2=24$				
			$2.01\times24=48.24$			48.24	
小计	ϕ8		$94.47+48.24=142.71$ $142.71\times0.395=56.37$			142.71	56.37
8		腰筋及拉筋	按构造要求，当梁高＞450 mm 时，在梁的两侧应沿高配腰筋，其间距≤200 mm；当梁宽≤350 mm 时，腰筋上拉筋直径为 6 mm，间距为非加密区箍筋间距的两倍，即间距为 400 mm，拉筋弯钩长度为 10d。目前，市场供应钢筋直径为 ϕ6.5，故本例按 ϕ6.5 计算拉筋。因本例梁高＞450 mm，故应沿梁高每侧设两根 ϕ16 的腰筋，即设 4 根腰筋，其锚固长度取 15d				

续表

编号	级别规格	简图	计算式(m)	单根长度(m)	根数	总长度(m)	重量(kg)
	ϕ16	腰筋	净跨长 + 2 × 15d				
	ϕ16		10.8 − 0.225 × 2 + 2 × 15 × 0.016 = 10.83 43.32 × 1.578 = 68.4	10.83	4	43.32	68.36
	ϕ6.5	拉筋	长×根数				
		长	梁宽 − 2 × 保护层+2 × 弯钩长				
			0.3 − 2× 0.02 + 2 × 10 ×0.0065=0.38	0.39			
		根数	(腰筋长÷拉筋间距+1)×沿梁高设置腰筋根数				
			(10.83 ÷ 0.4+1)×2=56		56		
	ϕ6.5		0.39×56=21.84 21.84 ×0.261=5.70			21.84	5.70

(9) 板筋的计算。按钢筋型号分别计算：

板钢筋工程量=长×理论重量

板筋排列根数多少与构件的长短及板筋的间距有关。计算公式：

板筋长=长度×根数

$$板筋排列数=L-\frac{0.1}{设计间距}+1$$

【例 4-32】 某现浇板配筋如图 4-61 所示，图中梁均为 350 mm×400 mm，板厚 100 mm，分布筋ϕ6.5 间距 200 mm，板保护层厚度 150 mm，轴线为梁的中心线，试计算板中钢筋工程量。(以吨为单位，保留 3 位小数)

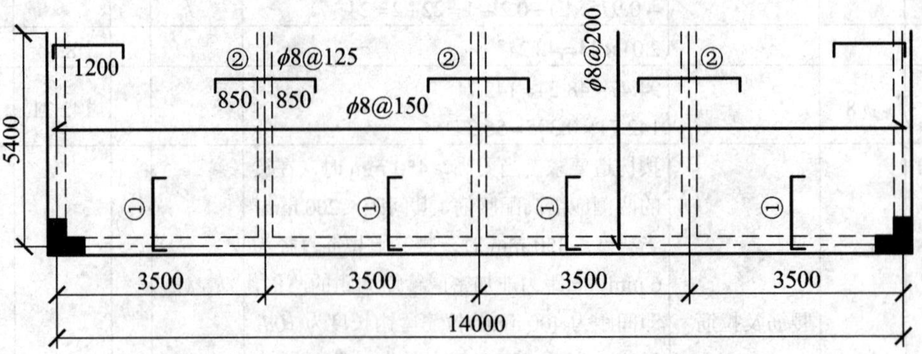

图 4-61 浇板配筋图

解：列项目，计算工程量。见表 4-58。

表 4-58　钢筋计算表

编号	级别规格	简图	计算式(m)	单根长度(m)	根数	总长度(m)	重量(kg)
(1)	φ8	主筋	490.28+395.76=886.04				
		横向	14.42×34=490.28			490.28	
		单长	3.5×4+0.35－2×0.015+2×6.25×0.008=14.42	14.42			
		根数	(5.4－0.35－0.1)÷0.15+1=34		34		
		纵向	5.82×68=395.76			395.76	
		单长	5.4+0.35－2×0.015+2×6.25×0.008=5.82	5.82			
		根数	[(3.5－0.35－0.1)÷0.2+1]×4=17×4=68		68		
(2)	ϕ8	负弯矩筋	251.92+269.37=521.29			521.29	
①		单长	1.2+2×(0.1－2×0.015)=1.34	1.34			
		根数	52+136=188		188		
			[(5.4－0.35－0.1)÷0.2+1]×2=26×2=52				
			[(3.5－0.35－0.1)÷0.2+1]×4×2=17×8=136				
		长	1.34×188=251.92			251.92	
②		单长	2×0.85+0.35+2×(0.1－2×0.015)=2.19	2.19			
		根数	[(5.4－0.35－0.1)÷0.125+1]×3=41×3=123		123		
		长	2.19×123=269.37			269.37	
(3)	ϕ6.5	分布筋	232.8+162=394.8			394.8	
①	ϕ6.5		(10.8+28)×6=232.8			232.8	
		长	5.4×2=10.8				
		长	3.5×4×2=28				
		根数	1.2÷0.25+1=6				
②	ϕ6.5		5.4×30=162			162	
		长	5.4	5.4			
		根数	(0.85÷0.25+1)×6=5×6=30		30		
	ϕ6.5	小计	394.8×0.261=103				103
	ϕ8	小计	(886.04+521.29)×0.395=556				556
		钢筋合计	103+556=659				659

(10) 其他。

① 插筋、挑筋的计算。有设计者按设计要求，当设计无具体要求时，按下列规定计算：

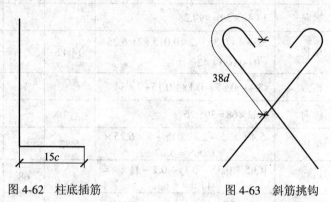

a. 柱底插筋，见图 4-62。

b. 斜筋挑钩，见图 4-63。

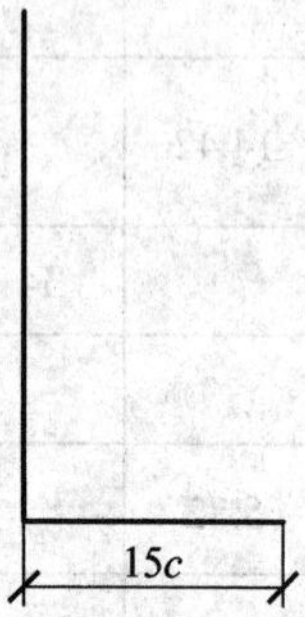

图 4-62　柱底插筋

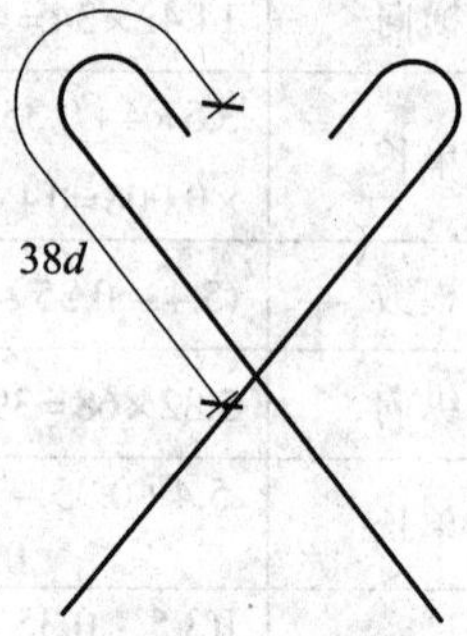

图 4-63　斜筋挑钩

② 拉结筋的计算。按钢筋型号分别计算：

拉结筋钢筋工程量＝长×理论重量

【例 4-33】 有一二层砖混结构房屋，地圈梁与圈梁之间的净距为 3 m，墙厚 240 mm，拉结筋直径 6.5 mm，拉结筋如图 4-64(a)(4 个拐角)、4-64(c)(2 个 T 形接头)、4-72 所示，计算拉结筋工程量。(以吨为单位，保留 3 位小数)

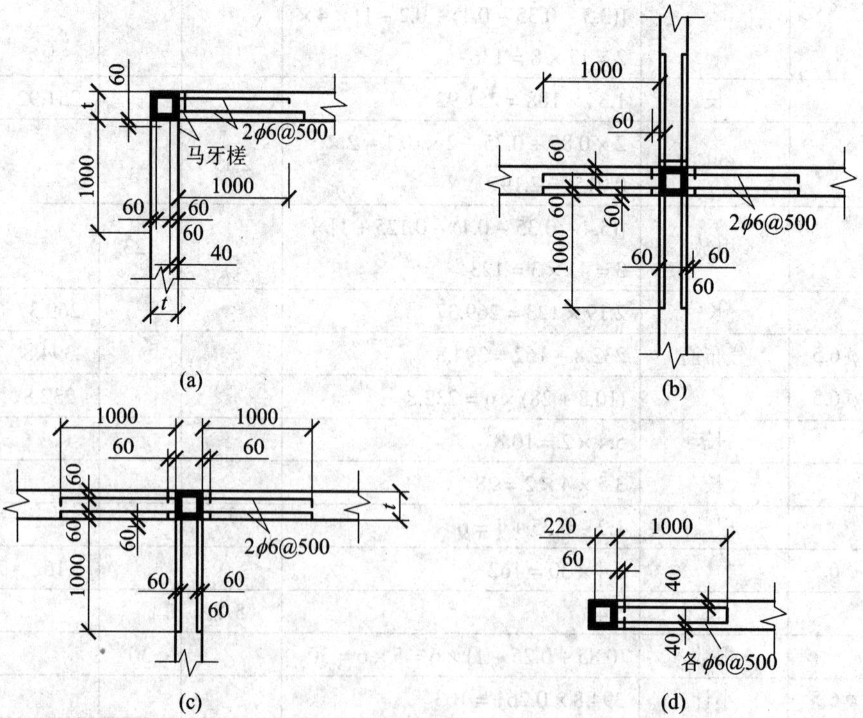

图 4-64　砌体中拉结筋示意图

解：1. 构造知识。砌体中设置拉结筋是加强房屋整体性的一项措施。以下三种情况需要设置：

(1) 砖墙的纵横交界处。

(2) 隔墙与墙(柱)不能同时砌筑且也不能留斜槎时，可留直槎，但必须是阳槎，并加设拉结筋。拉结筋的设置应不小于 2φ6，间距 500 mm，伸入墙内不小于 500 mm。

(3) 设有钢筋砼构造柱的抗震多层砖混结构房屋，应先绑扎钢筋，后砌砖墙。墙与柱沿高度每 500 mm 设 2φ6 钢筋，每边伸入墙内不小于 1 m，如图 4-64 所示。

注意：在实际施工中，受门、窗洞口等影响，构造柱至洞口边的距离可能不足 1 m，此时，拉结筋的长度应按不同位置所伸入墙内长度的不同而分别计算。在无洞口处，拉结筋的长度按伸入墙内 1 m 计算；在有洞口处，若拉结筋伸入墙内长度不足 1 m，则应按构造柱至洞口边实际距离计算。

2. 列项目，计算工程量。见表 4-59。

表 4-59　钢筋计算表

编号	级别规格	简图	计算式(m)	单根长度(m)	根数	总长度(m)	重量(kg)
	ϕ 6.5	4-64(a)	2.44×40=97.6			97.6	
		每道筋长	(1+0.24－0.06+0.04)×2=2.44	2.44			
		道数	3÷0.5－1=5				
		根数	2 根×5 道×4 个=40		40		
	ϕ 6.5	4-64(c)	(2.2+2.56)×20=95.2			95.2	
		每道筋长	(1×2+0.24－0.06×2+0.04×2)=2.2	2.2			
		每道筋长	(1+0.24－0.06+0.04)×2+0.24－0.12=2.56	2.56			
		道数	3÷0.5－1=5				
		根数	2 根×5 道×2 个=20		20		
	ϕ 6.5	小计	(97.6+95.2)×0.261=				51

(六) 金属结构工程

1. 金属结构工程内容

金属结构工程内容包括：分钢柱制作；钢屋架、钢托架、刚桁架制作；钢梁、钢吊车梁制作；刚制动梁、支撑、檩条、墙架、挡风架制作；钢平台、钢梯子、钢栏杆制作；钢拉杆制作、刚漏斗制安、型钢制作；钢屋架、钢桁架、钢托架现场制作平台摊销；其他 8 部分 45 个子目。

2. 工程量计算要点

(1) 金属结构制作按图示钢材尺寸以吨计算，不扣除孔眼、切肢、切角、切边的重量，电焊条重量已包括在定额内，不另计算。在计算不规则或多边形钢板重量时均以矩形面积计算。

(2) 预埋铁件按设计的形体面积、长度乘以理论重量来进行计算。

【例 4-34】 某工程预埋件见图 4-65。共 200 个。计算该预埋件工程量。

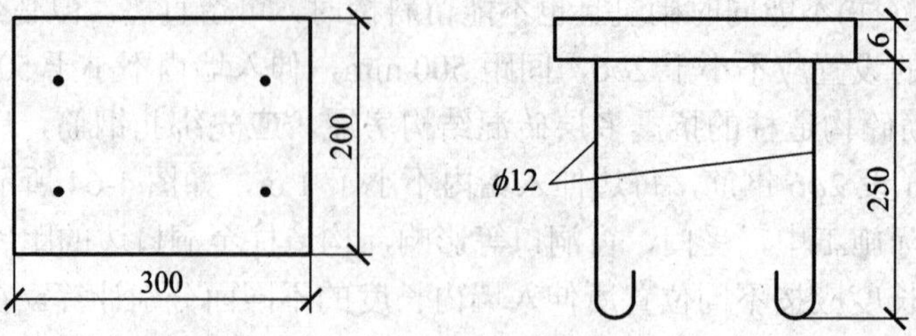

图 4-65 预埋件图

解：列项目，计算工程量。见表 4-60。

表 4-60 工程量计算书

序号	分部分项工程名称	单位	工程量	计 算 过 程
1	预埋铁件	kg	796	565+231=796
	厚 6 mm 钢板	m^2		0.2×0.3×200=12
		kg		12×47.1(查《预算手册》，可知厚 6 mm 钢板 47.1 kg/m^2)=565
	ϕ 12	m		(0.25+6.25×0.012)×4×200=0.325×4×200=260
		kg		260×0.888(查《预算手册》，可知 ϕ 12 钢筋 0.888 kg/m)=231

(七) 构件运输及安装工程

构件运输及安装工程工程量计量要点如下：

(1) 构件运输、安装工程量计算方法与构件制作工程量计算方法相同。即

运输、安装工程量=制作工程量

但表 4-61 内构件由于在运输、安装过程中易发生损耗，工程量按下列规定计算：

构件场外运输工程量=设计工程量×1.018

构件安装工程量=设计工程量×1.01

表 4-61 预制钢筋砼构件场内、外运输、安装损耗率(%)

名 称	场外运输	场内运输	安装
天窗架、端壁、桁条、支撑、踏步板、板类及厚度在 50 mm 内薄型构件	0.8	0.5	0.5

(2) 预制构件接头灌缝工程量均按预制钢筋砼构件实体积计算，柱与柱基的接头灌缝按单根柱的体积计算。

(3) 加气砼板(块)、硅酸盐块运输每立方米折合钢筋砼构件体积 0.4 m^3 按Ⅱ类构件运输计算。

(4) 木门窗运输按门窗洞口的面积(包括框、扇在内)以 100 m^2 计算，带纱扇另增洞口面

积的40%计算。

【例4-35】 已知某工程使用单块体积为0.154 m^3的C30YKB共50块，计算此空心板运输、安装、灌缝工程量。

解：列项目，计算工程量。见表4-62。

表4-62 工程量计算书

序号	分部分项工程名称	单位	工程量	计算过程
1	YKB运输	m^3	7.84	0.154×50×1.018=7.84
2	YKB安装	m^3	7.78	0.154×50×1.010=7.78
3	YKB灌缝	m^3	7.70	0.154×50 = 7.70

(八) 屋面、平面、立面防水及保温隔热工程

屋面、平面、立面防水及保温隔热工程工程量计量要点如下：

1. 瓦屋面工程量

(1) 瓦屋面按图示尺寸的水平投影面积乘以屋面坡度延长系数C(见表4-63)以平方米计算。不扣除房上烟囱、风帽底座、风道、屋面小气窗、斜沟等所占面积。屋面小气窗的出檐部分也不增加。

(2) 瓦屋面的屋脊、蝴蝶瓦的檐口花边、滴水另列项目按延长米计算。四坡屋面斜脊长度按图4-66中的b乘以偶延长系数D(见表4-63)以延长米计算，山墙泛水长度=$A\times C$。

(3) 瓦穿铁丝、钉铁钉、水泥砂浆粉挂瓦条按斜面积计算。

表4-63 屋面坡度延长系数表

坡度比例a/b	角度Q	延长系数C	偶延长系数D
1/1	45°	1.4142	1.7321
1/1.5	33°40'	1.2015	1.5620
1/2	26°34'	1.1180	1.5000
1/2.5	21°48'	1.0770	1.4697
1/3	18°26'	1.0541	1.4530

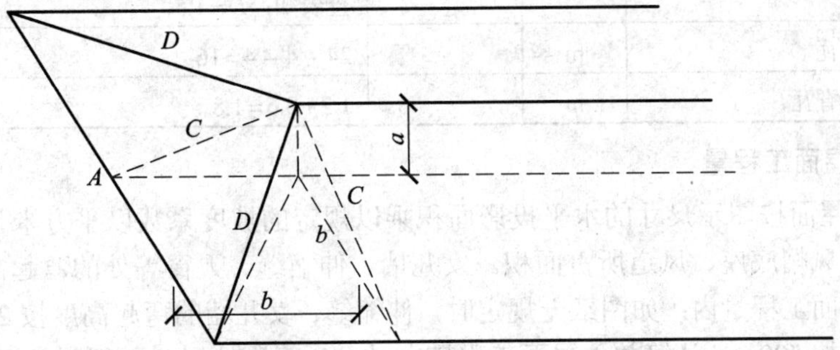

图4-66 瓦屋面示意图

注：当屋面坡度大于45°时，按设计面积计算。

【例 4-36】 有一四坡水的坡形瓦屋面，见图 4-67 其外墙中心线长度为 24 m，宽度为 8 m，四面出檐距外墙外边线为 0.5 m，屋面坡度为 1∶2，外墙为 240 mm 墙，C30 砼斜平板上水泥砂浆粉挂瓦条 20 mm×30 mm，间距 345 mm；水泥砂浆铺水泥瓦、脊瓦、小气窗出檐与屋面重叠为 0.75 m^2。试计算计算瓦屋面相应工程量。

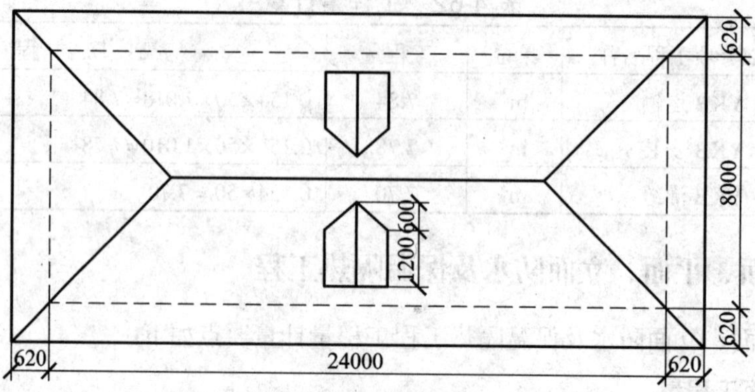

图 4-67 四坡水的坡形瓦屋面

解：列项目，计算工程量。见表 4-64。

表 4-64 工程量计算书

序号	分部分项工程名称	单位	工程量	计 算 过 程
1	挂瓦条	m^2	261.49	25.24×9.24×1.118+0.75=261.49
	长	m		24+0.62×2=25.24
	宽	m		8+0.62×2=9.24
	屋面坡度比例 1：2			查表知：$C=1.118$
	小气窗出檐与屋面重叠部分	m^2		0.75
2	水泥瓦屋面	m^2		261.49
3	脊瓦	m	47.32	4.62×1.5×4+16+1.8×2=47.32
	斜脊瓦	m		b=4+0.62=4.62
				查表知：D=1.5
	屋脊瓦	m		24－4－4=16
	天窗脊瓦	m		1.2+0.6=1.8

2．卷材屋面工程量

(1) 卷材屋面按图示尺寸的水平投影面积乘以规定的坡度系数以平方米计算，但不扣除房上烟囱，风帽底座、风道所占面积。女儿墙、伸缩缝、天窗等处的弯起高度按图示尺寸计算并入屋面工程量内；如图纸无规定时，伸缩缝、女儿墙的弯起高度按 250 mm 计算，天窗弯起高度按 500mm 计算并入屋面工程量内；檐沟、天沟按展开面积并入屋面工程量内。

(2) 油毡屋面均不包括附加层在内，附加层按设计尺寸和层数另行计算；其他卷材屋面已包括附加层在内，不另行计算；收头、接缝材料已列入定额内。

3. 刚性屋面，涂膜屋面工程量

涂膜屋面工程量计算同卷材屋面，但涂膜屋面的油膏嵌缝、玻璃布盖缝、屋面分隔缝等以延长米计算工程量。

4. 伸缩缝、盖缝、止水带工程量

按延长米计算，外墙伸缩缝在墙内、外双面填缝者，应按双面计算。

5. 屋面排水工程量

(1) 玻璃钢、PVC、铸铁水落管、檐沟均按图示尺寸以延长米计算。水斗、女儿墙弯头、铸铁落水口(带罩)均按只计算。

(2) 阳台 PVC 管通水落管按只计算。每只阳台出水口至水落管中心线斜长按 1 m 计(内含 2 只 135°弯头，1 只异径三通)。

6. 保温隔热工程量

(1) 保温隔热层按隔热材料净厚度(不包括胶结材料厚度)乘实铺面积按立方米计算；

(2) 屋面架空隔热板，按图示尺寸实铺面积计算。

【例 4-37】 某工程屋面见图 4-53、4-68，3%找坡，保温最薄处 60 mm，绿豆砂保护层。试计算此屋面的工程量。(挑檐、雨棚部分不计)

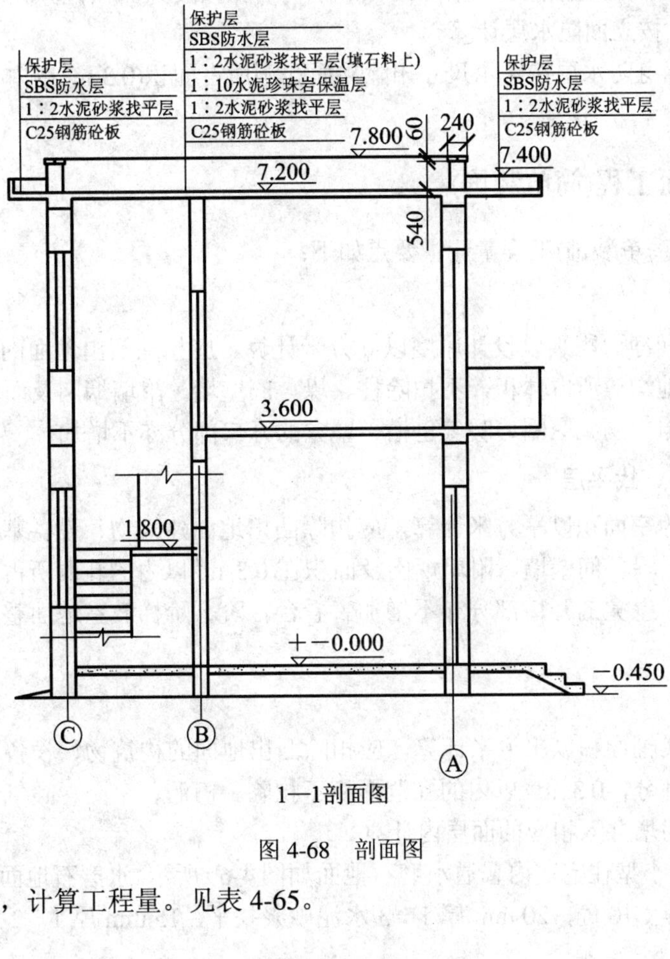

1—1剖面图

图 4-68 剖面图

解： 列项目，计算工程量。见表 4-65。

表 4-65　工程量计算书

序号	分部分项工程名称	单位	工程量	计算过程
1	20 厚 1∶2 水泥砂浆找平层	m^2	66.94	$(11.6-0.24\times2)\times(6.5-0.24\times2)=66.94$
2	1∶10 水泥珍珠岩保温	m^3	7.04	$66.94\times0.10515=7.04$
		m		$(6.5-0.24\times2)\div2\times3\%=0.0903$
	平均厚度	m		$(0.0903\div2+0.06=0.10515$
3	20 mm 厚 1∶2 水泥砂浆找平	m^2	75.51	$66.94+8.57=75.51$
		m^2		$(11.6-0.24\times2)\times(6.5-0.24\times2)=66.94$
		m^2		$(11.6-0.24\times2+6.5-0.24\times2)\times2\times0.25=8.57$
4	SBS 防水层	m^2	75.51	
5	绿豆砂保护层	m^2	66.94	

7．平面、立面防水工程量

(1) 平面：建筑物地面、地下室防水层按主墙间净面积以面积计算，扣除凸出地面的构筑物、柱、设备基础基础等所占面积，不扣除附墙垛、间壁墙、附墙烟囱及 0.3 m^2 以内孔洞所占面积。与墙间连接处高度在 500 mm 以内者，按展开面积计算并入平面工程量内；若超过 500 mm，按立面防水层计算。

(2) 立面：墙身防水层按图示尺寸扣除立面孔洞所占面积(0.3 m^2 以内孔洞不扣)以平方米计算。

(九) 楼地面工程(简单装饰)

楼地面工程(简单装饰)工程量计量要点如下：

1．地面垫层

按室内主墙间净面积乘以设计厚度以立方米计算，应扣除凸出地面的构筑物、设备基础、室内铁道、地沟等所占体积，不扣除柱、垛、间壁墙、附墙烟囱及面积在 0.3 m^2 以内孔洞所占体积，但门洞、空圈、暖气包槽、壁龛的开口部分亦不增加。

2．整体面层、找平层

均按主墙间净空面积以平方米计算，应扣除凸出地面建筑物、设备基础、地沟等所占面积，不扣除柱、垛、间壁墙、附墙烟囱及面积在 0.3 m^2 以内的孔洞所占面积，但门洞、空圈、暖气包槽、壁龛的开口部分亦不增加。看台台阶、阶梯教室地面整体面层按展开后的净面积计算。

3．块料面层

按图示尺寸实铺面积以平方米计算，应扣除凸出地面的构筑物、设备基础、柱、间壁墙等不做面层的部分，0.3 m^2 以内的孔洞面积不扣除。门洞、空圈、暖气包槽、壁龛的开口部分的工程量另增并入相应的面层内计算。

【例 4-38】 小型住宅室内普通水磨石地面如图 4-69 所示。水磨石地面做法为：100 mm 厚碎石，60 mm 厚 C10 砼，20 mm 厚 1∶3 水泥砂浆找平，15 mm 厚 1∶2 水泥白石子浆面层，嵌玻璃条，酸洗打蜡。计算水磨石地面工程量。

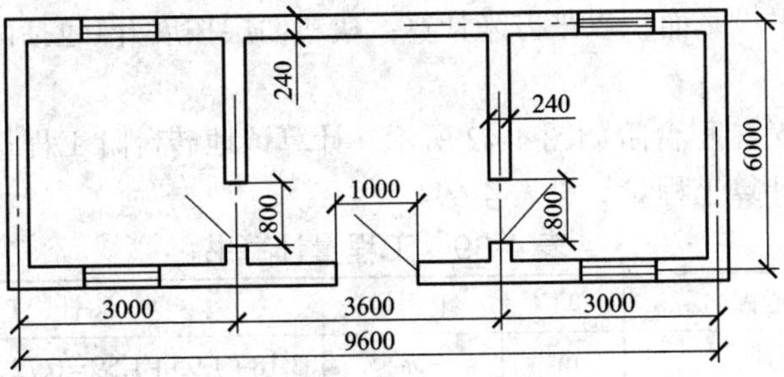

图 4-69　水磨石地面平面图

解：列项目，计算工程量。见表 4-66。

表 4-66　工程量计算书

序号	分部分项工程名称	单位	工程量	计 算 过 程
1	地面碎石垫层		5.12	[(6 – 0.24)(3 – 0.24)2 + (6 – 0.24)(3.6 – 0.24)]×0.1 = 5.12
2	地面 C10 砼垫层		3.07	[(6 – 0.24)(3 – 0.24)2 + (6 – 0.24)(3.6 – 0.24)]×0.06 = 3.07
3	地面水磨石面层	m^2	51.15	[(6 – 0.24)×(3 – 0.24)×2 + (6 – 0.24)×(3.6 – 0.24)] = 51.15

4．踢脚线

(1) 水泥砂浆、水磨石踢脚线按延长米计算。其洞口、门口长度不予扣除，但洞口、门口、垛、附墙烟囱等侧壁也不增加。

(2) 块料面层踢脚线,按图示尺寸以实贴延长米计算，门洞扣除，侧壁另加。

【例 4-39】　小型住宅室内普通水磨石地面如图 4-69 所示，计算现浇水磨石踢脚线工程量。

解：列项目，计算工程量。见表 4-67。

表 4-67　工程量计算书

序号	分部分项工程名称	单位	工程量	计 算 过 程
1	水磨石踢脚线	m	52.32	(3 – 0.24 + 6 – 0.24)×2×2 + (3.6 – 0.24 + 6 – 0.24)×2 = 52.32

5．楼梯

(1) 整体面层按楼梯的水平投影面积以平方米计算，包括踏步、踢脚板、中间休息平台、踢脚线、梯板侧面及堵头。楼梯井宽在 200 mm 以内者不扣除；超过 200 mm 者，应扣除其面积；楼梯间与走廊连接的，应算至楼梯梁的外侧。

(2) 楼梯块料面层按展开实铺面积以平方米计算，踏步板、踢脚板、休息平台、踢脚线、堵头工程量应合并计算。

【例 4-40】　某工程楼梯如图 4-52 所示，楼梯水泥砂浆抹面。计算该水泥砂浆楼梯工程量。

解：列项目，计算工程量。见表 4-68。

表 4-68　工程量计算书

序号	分部分项工程名称	单位	工程量	计 算 过 程
1	水泥沙浆楼梯	m^2	25.14	3.88×(2.4 – 0.24)×3 = 25.14

6．台阶(包括踏步及最上一步踏步口外延 300 mm)

整体面层按水平投影面积以平方米计算；块料面层按展开(包括两侧)实铺面积以平方米计算。

【例 4-41】 某工程台阶如图 4-42 所示。计算该地砖台阶工程量。

解：列项目，计算工程量。见表 4-69。

表 4-69 工程量计算书

序号	分部分项工程名称	单位	工程量	计 算 过 程
1	地砖台阶	m^2	6.72	3.18+1.95+1.59=6.72
	平面			3.3×1.6－2.1×1=3.18
	立面			(1.6×2+3.3)×0.3=1.95
	立面			(1.3×2+2.1+0.3×2)×0.3=1.59

7．地面、石材面嵌金属和楼梯防滑条

地面、石材面嵌金属和楼梯防滑条均按延长米计算。

8．其他

(1) 栏杆、扶手、扶手下托板均按扶手的延长米计算，楼梯踏步部分的栏杆与扶手应按水平投影长度乘以系数 1.18。

(2) 斜坡、散水、楼槎均按水平投影面积以平方米计算，明沟与散水连在一起，明沟按宽 300mm 计算，其余为散水。散水、明沟应分开计算。散水、明沟应扣除踏步、斜坡、花台等的长度。

(3) 明沟按图示尺寸以延长米计算。

(十) 墙柱面工程(简单装饰)

抹灰的构造层次如图 4-70 所示。墙柱面工程(简单装饰)工程量计量要点如下：

1．抹灰

(1) 墙面抹灰。

① 内墙面抹灰面积应扣除门窗洞口和空圈所占的面积，不扣除踢脚线、挂镜线、0.3 m^2 以内的孔洞和墙与构件交接处的面积；但其洞口侧壁和顶面抹灰亦不增加。垛的侧面抹灰面积应并入内墙面工程量内计算。内墙面抹灰长度以主墙间的图示净长计算，不扣除间壁所占的面积。不论有无踢脚线，其高度均自室内地坪面或楼面至天棚底面计算。

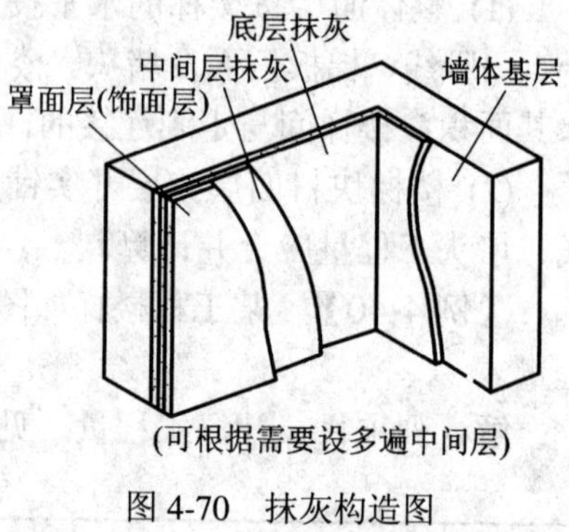

图 4-70 抹灰构造图

② 外墙面抹灰面积按外墙面的垂直投影面积计算，应扣除门窗洞口和空圈所占的面积，不扣除 0.3 m^2 以内的孔洞面积。但门窗洞口、空圈的侧壁、顶面及垛等抹灰，应按结构展开面积并入墙面抹灰中计算。外墙面采用不同品种砂浆抹灰，应分别计算。

③ 外墙窗间墙与窗下墙均抹灰，以展开面积计算。

④ 石灰砂浆、混合砂浆粉刷中已包括水泥护角线，不另行计算。

(2) 柱和单梁的抹灰。

① 柱和单梁的抹灰按结构展开面积计算，柱与梁或梁与梁接头的面积不予扣除。

② 砖墙中平墙面的砼柱、梁等的抹灰(包括侧壁)应并入墙面抹灰工程量内计算。

③ 凸出墙面的砼柱、梁面(包括侧壁)抹灰工程量应单独计算，按相应子目执行。

(3) 阳台、雨棚抹灰。

① 阳台、雨棚抹灰按水平投影面积计算。定额中已包括顶面、底面、侧面及牛腿的全部抹灰面积。

② 阳台栏杆、栏板、垂直遮阳板抹灰另列项目计算。栏杆以单面垂直投影面积乘以系数 2.1 计算。

(4) 其他部位抹灰。

① 挑沿、天沟、腰线、扶手、单独门窗套、窗台线、压顶等，均以结构尺寸展开面积计算。当窗台线与腰线连接时，应并入腰线内计算。

② 外窗台抹灰长度，如设计图纸无规定，可按窗洞口宽度两边共加 20cm 计算。窗台展开宽度一砖墙按 36 cm 计算，每增加半砖宽则累增 12 cm。

③ 水平遮阳板顶面、侧面抹灰按其水平投影面积乘以系数 1.5 计算，板底面积并入天棚抹灰内计算。

④ 厕所、浴室隔断抹灰工程量，按单面垂直投影面积乘以系数 2.3 计算。

⑤ 单独圈梁抹灰(包括门、窗洞口顶部)、附着在砼梁上的砼装饰线条抹灰均以展开面积以平方米计算。

⑥ 勾缝按墙面垂直投影面积计算，应扣除墙裙、腰线和挑沿的抹灰面积，不扣除门、窗套、零星抹灰和门、窗洞口等面积，但垛的侧面、门窗洞侧壁和顶面的面积亦不增加。

2．镶贴块料面层

(1) 内、外墙面、柱梁面、零星项目镶贴块料面层均按块料面层的建筑尺寸(各块料面层+粘贴砂浆厚度=25 mm)面积计算。门窗洞口面积扣除，侧壁、附垛贴面应并入墙面工程量中。内墙面腰线花砖按延长米计算。

(2) 窗台、腰线、门窗套、天沟、挑檐、盥洗槽、池脚等块料面层镶贴，均以建筑尺寸的展开面积(包括砂浆及块料面层厚度)按零星项目计算。

【例 4-42】 小型住宅室内抹混合砂浆，如图 4-69 所示，室内净高 3.3 m，门 800 mm×2400 mm，2 樘；1000 mm×2400 mm，1 樘；窗 1500 mm×2100 mm，4 樘。计算内墙面抹灰工程量。

解：(1) 列项目，计算工程量。见表 4-70。

表 4-70 工程量计算书

序号	分部分项工程名称	单位	工程量	计 算 过 程
1	混合砂浆墙面	m^2	149.98	(3−0.24+6 − 0.24)×2×3.3×2+(3.6 − 0.24+6 − 0.24)×2×3.3 − 0.8×2.4×4 − 1×2.4 − 1.5×2.1×4 =112.464+60.192 − 7.68 − 2.4 − 12.6=149.98

(十一) 天棚工程(简单装饰)

天棚工程(简单装饰)工程量计量要点如下：

(1) 天棚面抹灰按主墙间天棚水平面积计算，不扣除间壁墙、垛、柱、附墙烟囱、检查洞、通风洞、管道等所占的面积。

(2) 密肋梁、井字梁、带梁天棚抹灰面积，按展开面积计算，并入天棚抹灰工程量内。斜天棚抹灰按斜面积计算。

(3) 天棚抹面如带装饰线者，其线分别按三道线以内或五道线以内，以延长米计算(线角的道数以每一个突出的阳角为一道线)。

【例 4-43】 如图 4-69 所示，天棚抹混合砂浆，墙与天棚交界处做三道线。计算天棚抹灰工程量。

解：列项目，计算工程量。见表 4-71。

表 4-71　工程量计算书

序号	分部分项工程名称	单位	工程量	计 算 过 程
1	混合砂浆天棚面	m^2	51.15	$[(6-0.24)\times(3-0.24)\times2+(6-0.24)\times(3.6-0.24)]=51.15$
2	天棚面装饰线	m	52.92	$(6-0.24+3-0.24)\times2\times2+(6-0.24+3.6-0.24)\times2=52.92$

(4) 楼梯底面、水平遮阳板底面和沿口天棚，并入相应的天棚抹灰工程量内计算。当砼楼梯、螺旋楼梯的底板为斜板时，按其水平投影面积(包括休息平台)乘以系数 1.18；当底板为锯齿形时(包括预制踏步板)，按其水平投影面积乘以系数 1.5 计算。

【例 4-44】 如图 4-52 所示，板式楼梯底抹混合砂浆。计算楼梯底抹灰工程量。

解：列项目，计算工程量。见表 4-72。

表 4-72　工程量计算书

序号	分部分项工程名称	单位	工程量	计 算 过 程
1	楼梯底抹灰	m^2	29.67	$25.14\times1.18=29.67$

(十二) 门窗工程(简单装饰)

门窗工程工程量计量要点如下：

(1) 购入成品的各种铝合金门窗安装，按门窗洞口面积以平方米计算；购入成品的木门扇安装，按购入门扇的净面积计算。

(2) 现场铝合金门窗扇制作、安装按门窗洞口面积以平方米计算。

(3) 木门窗框、扇制作、安装工程量按以下规定计算：

① 各类木门窗(包括纱门、纱窗)制作、安装工程量均按门窗洞口面积以平方米计算。

② 连门窗的工程量应分别计算，套用相应门、窗定额，窗的宽度算至门框外侧。

③ 普通窗上部带有半圆窗的工程量应按普通窗和半圆窗分别计算，其分界线以普通窗和半圆窗之间的横框上边线为分界线。

④ 无框窗扇按扇的外围面积计算。

【例 4-45】 三冒头无腰镶板双开门 10 樘，门洞尺寸为 1.20 m×2.10 m。框料断面 60 cm^2，扇料断面 55 cm^2。计算镶板门制作、安装工程量。

解：列项目，计算工程量。见表 4-73。

表 4-73　工程量计算书

序号	分部分项工程名称	单位	工程量	计 算 过 程
1	门框制作	m^2	25.2	$1.2\times2.1\times10=25.2$
2	门扇制作	m^2	25.2	
3	门框安装	m^2	25.2	
4	门扇安装	m^2	25.2	
5	框料断面增 5 cm^2	m^2	25.2	
6	扇料断面增 10 cm^2	m^2	25.2	
7	五金配件	樘	10	$1\times10=10$

(4) 其他。门窗框上包不锈钢板按不锈钢板的展开面积以平方米计算。

(十三) 油漆、涂料、裱糊工程

油漆、涂料、裱糊工程工程量计量要点如下：

(1) 天棚、墙、柱、梁面的喷(刷)涂料和抹灰面乳胶漆工程量按实喷(刷)面积计算，但不扣除 0.3 m^2 以内的孔洞面积。

(2) 木材面油漆。各种木材面的油漆工程量按构件的工程量乘以相应系数计算，其具体系数见表 4-74、4-76、4-77、4-79、4-80、4-81。

(3) 踢脚线按延长米计算，如踢脚线与墙裙油漆材料相同，应合并在墙裙工程量中。

(4) 橱、台、柜工程量计算按展开面积计算。零星木装修、梁、柱饰面按展开面积计算。

(5) 窗台板、筒子板(门、窗套)，不论有无拼花图案和线条均按展开面积计算。

表 4-74　套用单层木门定额的项目工程量乘以下列系数

项 目 名 称	系数	工程量计算方法
单层木门	1.00	按洞口面积计算
带上亮木门	0.96	
双层(一玻一纱)木门	1.36	
单层全玻门	0.83	
单层半玻门	0.90	
不包括门套的单层门扇	0.81	
凹凸线条几何图案造型单层木门	1.05	
木百页门	1.50	
半木百叶门	1.25	
厂库房木大门、钢木大门	1.30	
双层(单裁口)木门	2.00	

注：(1) 门、窗贴脸、披水条、盖口条的油漆已包括在相应定额内，不予调整。

(2) 双扇木门按相应单扇木门项目乘以系数 0.9。

(3) 厂库房木大门、钢木大门上的钢骨架、零星铁件油漆已包含在系数内，不另计算。

【例 4-46】 三冒头无腰镶板双开门 10 樘，门洞尺寸 1.20 m×2.10 m。镶板双开门润油粉、刮腻子、油色、清漆三遍。计算镶板门油漆工程量。

解：列项目，计算工程量。见表 4-75。

表 4-75 工程量计算书

序号	分部分项工程名称	单位	工程量	计 算 过 程
1	门油漆	m^2	22.68	1.2×2.1×10×0.9=22.68

表 4-76 套用单层木窗定额的项目工程量乘下列系数

项 目 名 称	系数	工程量计算方法
单层玻璃窗	1.00	按洞口面积计算
双层(一玻一纱)窗	1.36	
双层(单裁口)窗	2.00	
三层(二玻一纱)窗	2.60	
单层组合窗	0.83	
双层组合窗	1.13	
木百页窗	1.50	
不包括窗套的单层木窗扇	0.81	

表 4-77 套用木扶手定额的项目工程量乘以下列系数

项 目 名 称	系数	工程量计算方法
木扶手(不带托板)	1.00	按延长米计算
木扶手(带托板)	2.60	
窗帘盒(箱)	2.04	
窗帘棍	0.35	
装饰线缝宽在 150 mm 内	0.35	
装饰线缝宽在 150 mm 外	0.52	
封檐板、顺水板	1.74	

【例 4-47】 某工程有窗帘盒 20 个。单个长 2.5 m，窗帘盒润油粉、刮腻子、油色、清漆三遍。计算窗帘盒油漆工程量。

解：列项目，计算工程量。见表 4-78。

表 4-78 工程量计算书

序号	分部分项工程名称	单位	工程量	计 算 过 程
1	窗帘盒油漆	m	134.64	3.3×20×2.04=134.64

表 4-79　套用其他木材面定额的项目工程量乘以下列系数

项 目 名 称	系数	工程量计算方法
纤维板、木板、胶合板天棚	1.00	长×宽
木方格吊顶天棚	1.20	长×宽
鱼鳞板墙	2.48	长×宽
暖气罩	1.28	长×宽
木间壁木隔断	1.90	外围面积 长(斜长)×高
玻璃间壁露明墙筋	1.65	外围面积 长(斜长)×高
木栅栏、木栏杆(带扶手)	1.82	外围面积 长(斜长)×高
零星木装修	1.10	展开面积

表 4-80　套用木墙裙定额的项目工程量乘以下列系数

项 目 名 称	系数	工程量计算方法
木墙裙	1.00	净长×高
有凹凸、线条几何图案的木墙裙	1.05	净长×高

表 4-81　套用木地板定额的项目工程量乘以下列系数

项 目 名 称	系数	工程量计算方法
木地板	1.00	长×宽
木楼梯(不包括底面)	2.30	水平投影面积

(3) 抹灰面、构件面油漆、涂料、刷浆：

① 抹灰面的油漆、涂料、刷浆工程量＝抹灰的工程量。砼板底、预制砼构件的油漆、涂料工程量按构件的工程量乘以相应系数来进行计算，其具体系数见表 4-82。

(4) 金属面油漆：各种金属面的油漆工程量按构件的工程量乘以相应系数计算，其具体系数见表 4-83、4-84。

表 4-82　砼板底、预制砼构件油漆、涂料、刷浆工程量乘以系数表

<table>
<tr><th colspan="2">项 目 名 称</th><th>系 数</th><th>工程量计算方法</th></tr>
<tr><td colspan="2">槽形板、混凝土折板底面</td><td>1.30</td><td rowspan="2">长×宽</td></tr>
<tr><td colspan="2">有梁板底(含梁底、侧面)</td><td>1.30</td></tr>
<tr><td colspan="2">混凝土板式楼梯底(斜板)</td><td>1.18</td><td rowspan="2">水平投影面积</td></tr>
<tr><td colspan="2">混凝土板式楼梯底(锯齿形)</td><td>1.50</td></tr>
<tr><td colspan="2">砼花格窗、栏杆</td><td>2.00</td><td>长×宽</td></tr>
<tr><td colspan="2">遮阳板、栏板</td><td>2.10</td><td>长×宽(高)</td></tr>
<tr><td>砼预制构件</td><td>屋架、天窗架</td><td>40 m^2</td><td>每 m^3 构件</td></tr>
</table>

表 4-83　套用单层钢门窗定额的项目工程量乘以下列系数

项目名称	系数	工程量计算方法
单层钢门窗	1.00	洞口面积
双层钢门窗	1.50	
单钢门窗带纱门窗扇	1.10	
钢百页门窗	2.74	
半截百页钢门	2.22	
满钢门或包铁皮门	1.63	
钢折叠门	2.30	框(扇)外围面积
射线防护门	3.00	
厂库房平开、推拉门	1.70	
间壁	1.90	长×宽
平板屋面	0.74	斜长×宽
瓦垄板屋面	0.89	
镀锌铁皮排水、伸缩缝盖板	0.78	展开面积
吸气罩	1.63	水平投影面积

表 4-84　套用其他金属面定额的项目工程量乘以下列系数

项目名称	系数	工程量计算方法
钢屋架、天窗架、挡风架、屋架梁、支撑、檩条	1.00	重量(t)
墙架(空腹式)	0.50	
墙架(格板式)	0.82	
钢柱、吊车梁、花式梁、柱、空花构件	0.63	
操作台、平台、制动梁、钢梁车挡	0.71	
钢栅栏门、栏杆、窗栅	1.71	
钢爬梯	1.20	
轻型屋架	1.42	
踏步式钢扶梯	1.10	
零星铁件	1.30	

注：钢柱、梁、屋架、天窗架等构件因电焊安装，应另增刷铁红防锈漆一遍，按上列系数的10%来进行计算。

【例 4-48】　题同例 4-34。预埋铁件刷防锈漆两遍，试计算其油漆工程量。

解： 列项目，计算工程量。见表 4-85。

表 4-85　工程量计算书

序号	分部分项工程名称	单位	工程量	计算过程
1	预埋铁件刷防锈漆	t	1.035	0.796×1.30=1.035

(十四) 其他零星工程

其他零星工程工程量计量要点如下：

(1) 单线木压条、金属装饰条及多线木装饰条、石材线等安装均按延长米计算。

(2) 石材线磨边加工及石材板缝嵌云石胶按延长米计算。

(3) 窗帘盒及窗帘轨按延长米计算，若设计图纸未注明尺寸，可按洞口尺寸加 30 cm 计算。

(4) 门窗套、筒子板按面层展开面积计算。

(5) 窗台板按平方米计算。如图纸未注明窗台板长度，可按窗框外围两边共加 100 mm 计算；窗口凸出墙面的宽度，按抹灰面另加 30 mm 计算。

(6) 门窗贴脸按门窗洞口尺寸外围长度以延长米计算，双面钉贴脸者工程量乘以 2。

(7) 木盖板、木隔板按面积计算。

(8) 暖气罩按外框投影面积计算。

(9) 天棚面零星项目：

① 石膏浮雕灯盘、角花按个数计算。

② 检修孔、灯孔、开洞按个数计算。

③ 灯带按延长米计算，灯槽按中心线延长米计算。

(十五) 建筑物超高增加费用

建筑物超高增加费用工程量计量要点如下：(建筑物超高费以超过 20 m 部分的建筑面积(平方米)计算)

(1) 檐高超过 20 m 部分的建筑物应按其超过部分的建筑面积计算。

(2) 层高超过 3.6 m 时，以每增高 1 m(不足 0.1 m 按 0.1 m 计算)按相应子目的 20%计算，并随高度变化按比例递增。

(3) 建筑物檐高高度超过 20 m，但其最高一层或其中一层楼面未超过 20 m 时，则该楼层在 20 m 以上部分仅能计算每增高 1 m 的层高超高费。

(4) 同一建筑物中有 2 个或 2 个以上的不同檐口高度时，应分别按不同高度竖向切面的建筑面积套用定额。

【例 4-49】 如图 4-71 所示为某框架结构工程。主楼为 19 层，每层建筑面积为 1200 m^2；附楼为 6 层，每层建筑面积为 1600 m^2。主、附楼底层层高为 5.0 m，19 层层高为 4.0 m，其余各层层高均为 3.0 m。试计算该土建工程的超高工程量。

解：列项目，计算工程量。见表 4-86。

表 4-86　工程量计算书

序号	分部分项工程名称	单位	工程量	计 算 过 程
1	主楼 7～19 层超高费	m^2	15 600	13×1200=15 600
2	主楼 19 层的层高超高费	m^2	1200	1200
3	主楼 6 层超高费	m^2	1200	1200
4	附楼 6 层超高费	m^2	1600	1600

再讲述第二步：分部分项工程的计价(套预算定额，计算分部分项工程费)。

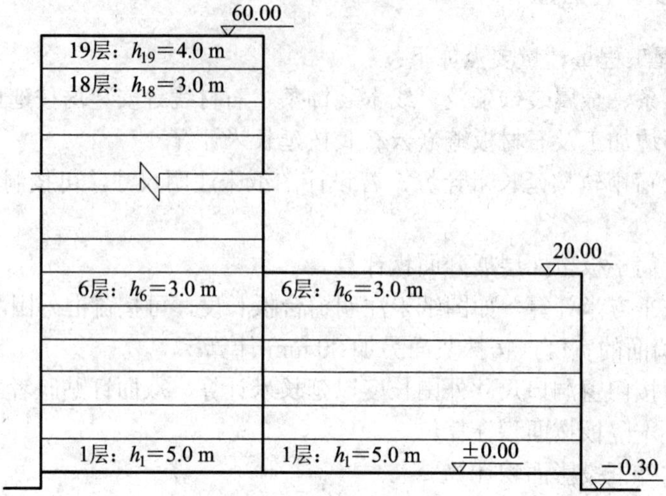

图 4-71　框架结构示意图

下面以实例进行说明第二步。

【例 4-50】　某单位传达室基础平面图及基础详图见图 4-27 及图 4-28。已知室内设计地坪标高 0.00 m，室外设计地坪标高−0.3 m；地面垫层、面层等厚度 0.15 m，土壤类别为四类干土，挖出土方双轮车外运 300 m 堆放。计算基础部分分部分项工程费。(工程量保留 2 位小数，金额保留 2 位小数。C10 砼垫层，C20 钢筋砼基础，M5 水泥砂浆砌筑砖基础，防水砂浆防潮层。(不计算钢筋。价格按计价表不调整。)

解：(1) 列项目，计算工程量。见表 4-87。

表 4-87　工程量计算书

序号	分部分项工程名称	单位	工程量	计 算 过 程
1	平整场地	m²	122.34	(9+0.24+4)×(5+0.24+4)=122.34
2	挖基槽	m³	89.09	1.6×1.6×34.8=89.09
3	垫层	m³	4.27	1.2×0.1×[(9+5)×2+(5 − 1.2)×2] = 4.27
4	钢筋砼条形基础	m³	6.49	1×0.1×[(9+5)×2 + (5 − 1) × 2] + (0.59 + 1) × 1/2 × 0.1 × {(9 + 5) × 2 + [5 − (0.59 + 1)/2] × 2} = 6.49
5	标准砖条形基础	m³	16.18	(1.6 + 0.197) × 0.24 × [(9 + 5) × 2 + (5 − 0.24) × 2]= 16.18
6	墙基防潮层	m³	9.00	[(9 + 5) × 2 + (5 − 0.24) × 2] × 0.24 = 9.00
7	基础回填土	m³	64.85	89.09 − 4.27 − 6.49 − 13.48 = 64.85
8	室内回填土	m³	5.91	(3 − 0.24) × (5 − 0.24) × (0.3 − 0.15) × 3 = 5.91
9	土方运输	m³	159.85	89.09 + 70.76 = 159.85
10	挖一类土	m³	70.76	64.85 + 5.91 = 70.76

(2) 套价。见表 4-88。

表 4-88　分部分项工程费计算表

序号	计价表编号	分部分项工程名称	计量单位	工程量	综合单价(元)	合价(元)
		一、土石方工程				
1	1-98	平整场地	10 m^2	12.234	18.74	229.27
2	1-28	挖基槽	m^3	89.09	24.00	2138.16
3	1-104	基础回填土	m^3	64.85	10.70	693.90
4	1-102	室内回填土	m^3	5.91	9.44	55.79
5	1-92 换	土方运输	m^3	159.85	12.15	1942.18
6	1-1	挖一类土	m^3	70.76	3.95	279.50
		小计				5338.80
		二、垫层				
7	2-120	C10 砼垫层	m^3	4.27	206.00	879.62
		小计				879.62
		三、砌筑工程				
8	3-1	标准砖条形基础	m^3	16.18	185.80	3006.24
9	3-42	墙基防潮层	m^3	9.00	80.68	726.12
		小计				3732.36
		四、砼工程				
10	5-2	钢筋砼条形基础	m^3	6.49	222.38	1443.25
		小计				1443.25
		合计				11 394.03
说明：1-92 换 综合单价＝6.25＋1.18×5＝12.15(元)						

【例 4-51】 某建筑物半地下室见图 4-32，为三类工程，设计室外地坪标高为 −0.45 m，地下室的室内地坪标高为 −1.20 m。地下室 C30 钢筋砼满堂基础下为 C10 素砼基础垫层，均为自拌砼，半地下室墙外壁做防水工程。施工组织设计确定人工平整场地。反铲挖掘机(斗容量 1 m^3)挖土，土壤为四类土，机械挖土坑上作业，不放坡，不装车，机械挖土用人工找平部分按总挖方量的 10%计算。现场土方 80%集中堆放在距挖土中心 200 m 处，用拖式铲运机(斗容量 3 m^3)铲运，其余土方堆放在坑边，余土不计。计算基础部分分部分项工程费。(人工三类工每工日 63 元，二类工每工日 67 元，工程量保留 2 位小数，金额保留 2 位小数)

解：1. 列项目，计算工程量。见表 4-89。

表 4-89　工程量计算书

序号	分部分项工程名称	单位	工程量	计 算 过 程
1	平整场地	㎡	163.8	(11.6＋4)×(6.5＋4)＝163.8
	挖土方	m^3	122.96	13.2×8.1×1.15＝122.96
2	挖掘机挖土	m^3	110.66	122.96×90%＝110.66

续表

序号	分部分项工程名称	单位	工程量	计 算 过 程
3	人工挖土	m^3	12.30	122.96×10%=12.30
4	铲运机运土 200 m	m^3	98.37	122.96×80%=98.37 m^3 (坑边余土 122.96×20%=24.59 m^3
5	现浇 C10 砼垫层	m^3	8.19	(11.6+0.1+0.15+0.1)×(6.5+0.1+0.15+0.1))×0.1=8.19
6	现浇 C30 砼满堂基础	m^3	38.23	底板：(3.3×2+4.5+0.5×2)×(3.9+2.1+0.5×2)×0.3+1/6×0.1×[(3.3×2+4.5+0.5×2)×(3.9+2.1+0.5×2)+(3.3×2+4.5+0.35×2)×(3.9+2.1+0.35×2)+(3.3×2+4.5+0.5×2+3.3×2+4.5+0.35×2)×(3.9+2.1+0.5×2+3.3×2+4.5+0.35×2)=25.41+8.19=33.60 反梁：0.5×0.2×(11.1+6)×2+0.4×0.2×[(6−0.5)×2+4.5−0.4])]=3.42+1.21=4.63
7	基础回填土	m^3	24.62	122.96−(11.6×6.5×(1.2−0.45)−33.60(底板)−8.19(垫层)=24.62

2. 套价。

(1) 子目换算。见表 4-90。

表 4-90　计价表项目综合单价组成计算表(子目换算)

序号	计价表编号	计价表项目名称	计量单位	综合单价(元)	其中				
					人工费(元)	材料费(元)	机械费(元)	管理费(元)	利润(元)
1	1-98	平整场地	10 m²	179.65	63.00			78.82	37.83
2	1-203 换	挖掘机挖土	1000 m^3	2784.62	207.9		1824.67	508.14	243.91
3	1-4 换	人工挖土	m^3	81.14	59.22			14.81	7.11
4	1-161 换	铲运机运土 200 m	1000 m^3	3824.35	275.94	7.77	2509.88	696.46	334.30
5	2-120 换	现浇 C10 砼垫层	m^3	282.96	91.79	151.41	4.23	24.01	11.52
6	5-6 换	现浇 C30 砼满堂基础	m^3	289.82	54.94	194.10	14.93	17.47	8.38
7	1-104 换	基础回填土	m^3	25.66	17.64		1.09	4.68	2.25
1-98 换　人工费=1×63=63.00　管理费=(63+252.28)×25%=78.82　利润=(63+252.28)×12%=37.83 综合单价=63.00+78.82+37.83=179.65									
1-203 换　人工费=3×63×1.1=207.9　机械费=1455.08×1.14×1.1=1824.67 管理费=(207.9+1824.67)×25%=508.14　利润=(207.9+1824.67)×12%=243.91 综合单价=207.9+1824.67+508.14+243.91=2784.62									

续表

1-4 换	人工费 = 0.47 × 63 × 2 = 59.22　管理费 = 59.22 × 25% = 14.81　利润 = 59.22 × 12% = 7.11 综合单价 = 59.22 + 14.81 + 7.11 = 81.14
1-161 换	人工费 = 6 × 63 × 0.73 = 275.94　材料费 = 10.64 × 0.73 = 7.77 机械费 = 3438.19 × 0.73 = 2509.88　管理费 = (275.94 + 2509.88) × 25% = 696.46 利润 = (275.94 + 2509.88) × 12% = 334.30 综合单价 = 275.94 + 7.77 + 2509.88 + 696.46 + 334.30 = 3824.35
2-120 换	人工费 = 1.37 × 67 = 91.79　管理费 = (91.79 + 4.23) × 25% = 24.01 利润 = (91.79 + 4.23) × 12% = 11.52　综合单价 = 91.79 + 151.41 + 4.23 + 24.01 + 11.52 = 282.96
5-6 换	人工费 = 0.82 × 67 = 54.94　材料费 = 174.65−170.58 + 190.03 = 194.10 管理费 = (54.94 + 14.93) × 25% = 17.47　利润 = (54.94 + 14.93) × 12% = 8.38 综合单价 = 54.94 + 194.10 + 14.93 + 17.47 + 8.38 = 289.82
1-104 换	人工费 = 0.28 × 63 = 17.64　管理费 = (17.64 + 1.09) × 25% = 4.68 利润 = (17.64 + 1.09) × 12% = 2.25　综合单价 = 17.64 + 1.09 + 4.68 + 2.25 = 25.66

说明：

(1) 机械土方定额是按三类土计算的，如果实际土壤类别不同，则定额中机械台班数量乘以以下系数：四类土系数为 1.14。

(2) 机械挖土方工程量，按机械实际完成工程量计算。机械确实挖不到的地方，用人工修边坡、整平的土方工程量套用人工挖土方(最多不得超过挖方量的 10%)相应定额项目人工乘以系数 2。机械挖土、石方单位工程量小于 2000 m^3 或在桩间挖土、石方，按相应定额乘以系数 1.10。

(3) 土、石方体积均按天然实体积计算；推土机、铲运机推、铲未经压实的堆积土时，按三类土定额项目乘以系数 0.73。

(4) 砼标号不同换算。

(2) 套价。见表 4-91。

表 4-91　分部分项工程费计算表

序号	计价表编号	分部分项工程名称	计量单位	工程量	综合单价(元)	合价(元)
一、土石方工程						
1	1-98 换	平整场地	10 m²	16.38	179.65	2942.67
2	1-203 换	挖掘机挖土	1000 m^3	0.111	2784.62	309.09
3	1-4 换	人工挖土	m^3	12.30	88.04	1082.89
4	1-161 换	铲运机运土 200m	1000 m^3	0.098	3824.35	374.79
5	1-104 换	基础回填土	m^3	16.22	25.66	416.21
小计						5125.65
二、垫层						
6	2-120 换	C10 砼垫层	m^3	8.19	282.96	2317.42
小计						2317.42
三、砼工程						
7	5-6 换	C30 砼满堂基础	m^3	38.23	289.82	11079.82
小计						11079.82
合计						18522.89

【例 4-52】 已知某工程使用单块体积为 0.154 m^3 的 C30YKB 共 50 块，计算此空心板制作、运输、安装、灌缝的分部分项工程费。(C30 砼，运距 3 km，塔吊安装，M10 水泥砂浆灌缝不计钢筋。工程量保留 2 位小数，金额保留 2 位小数。按计价表不调整。)

解：(1) 列项目，计算工程量。见表 4-92。

表 4-92 工程量计算书

序号	分部分项工程名称	单位	工程量	计算过程
1	YKB 制作	m^3	7.84	$0.154\times50\times1.018=7.84$
2	YKB 运输	m^3	7.84	$0.154\times50\times1.018=7.84$
3	YKB 安装	m^3	7.78	$0.154\times50\times1.010=7.78$
4	YKB 灌缝	m^3	7.70	$0.154\times50=7.70$

(2) 套价。见表 4-93。

表 4-93 分部分项工程费计算表

序号	计价表编号	分部分项工程名称	计量单位	工程量	综合单价(元)	合计(元)
1	5-86	YKB 制作	m^3	7.84	302.41	2370.89
2	7-8	YKB 运输	m^3	7.84	86.77	680.28
3	7-88	YKB 安装	m^3	7.78	42.64	331.74
4	7-107	YKB 灌缝	m^3	7.70	70.13	540.00
小计						3922.91

【例 4-53】 题同例 4-37，计算屋面部分分部分项工程费。(工程量保留 2 位小数，金额保留 2 位小数。人工费等按计价表不调整。)

解：1. 列项目，计算工程量。见表 4-94。

表 4-94 工程量计算书

序号	分部分项工程名称	单位	工程量	计算过程
1	20 厚 1∶2 水泥砂浆找平层	m^2	66.94	$(11.6-0.24\times2)\times(6.5-0.24\times2)=66.94$
2	1:10 水泥珍珠岩保温	m^3	7.04	$66.94\times0.10515=7.04$
		m		$(6.5-0.24\times2)\div2\times3\%=0.0903$
	平均厚度	m		$0.0903\div2+0.06=0.10515$
3	20 mm 厚 1∶2 水泥砂浆找平	m^2	75.51	$66.94+8.57=75.51$
				$(11.6-0.24\times2)\times(6.5-0.24\times2)=66.94$
				$(11.6-0.24\times2+6.5-0.24\times2)\times2\times0.25=8.57$
4	SBS 防水层	m^2	75.51	
5	绿豆砂保护层	m^2	66.94	

2. 套价。

(1) 子目换算。见表 4-95。

表 4-95　计价表项目综合单价组成计算表(子目换算)

序号	计价表编号	计价表项目名称	计量单位	综合单价(元)	其中				
					人工费(元)	材料费(元)	机械费(元)	管理费(元)	利润(元)
1	9-76 换	1∶2 水泥砂浆找平层	10 m^2	72.98	19.76	43.08	2.06	5.46	2.62
2	9-215 换	1∶10 水泥珍珠岩保温	m^3	203.06	26.00	167.44		6.50	3.12
3	12-16 换	1∶2 水泥砂浆找平层	10 m^2	88.85	22.88	53.91	2.62	6.38	3.06
4	屋 343 说明三	绿豆砂	10 m^2	9.07	1.72	6.71	0	0.43	0.21
9-76 换：材料费 = 35.78 − 35.61+0.202×212.43=43.08　综合单价 = 65.68-35.61+0.202×212.43=72.98									
9-215 换：材料费 = 167.44 − 167.44+1.02×164.16=167.44 综合单价 = 203.06−167.44+1.02×164.16=203.06									
12-16 换:材料费 = 44.77 − 44.60+0.253×212.43=53.91　综合单价 = 79.71 − 44.60+0.253× 212.43=88.85									
屋 343 说明三：人工费 = 0.066 × 26 = 1.72　材料费 = 0.078 × 86 = 6.71 管理费 = 1.72 × 25% = 0.43　利润 = 1.72 × 12% = 0.21									

(2) 套价。见表 4-96。

表 4-96　分部分项工程费计算表

序号	计价表编号	分部分项工程名称	计量单位	工程量	综合单价(元)	合计(元)
1	9-76 换	1∶2 水泥砂浆找平层	10 m^2	6.694	72.98	488.53
2	9-215 换	水泥珍珠岩保温	m^3	7.04	203.06	1429.54
3	12-16 换	1∶2 水泥砂浆找平层	10 m^2	7．551	88.85	670.91
4	9-31	SBS 防水层	10 m^2	7.551	713.61	5388.47
5	屋 343 说明三	绿豆砂保护层	10 m^2	6.694	9.07	60.71
小　计						8038.16

【例 4-54】　小型住宅如图 4-69 所示。室内普通水磨石地面，做法为：100 mm 厚碎石，60 mm 厚 C10 砼，20 mm 厚 1∶3 水泥砂浆找平，15 mm 厚 1∶2 水泥白石子浆面层，嵌玻璃条，酸洗打蜡，配套水磨石踢脚线；内墙抹混合砂浆，室内净高 3.3 m，门 800 mm×2400 mm，2 樘；1000×2400 mm，1 樘；窗 1500 mm×2100 mm，4 樘；现浇砼天棚抹混合砂浆，墙与天棚交界处做三道线，铝合金成品平开门、推拉窗。计算分部分项工程费。(工程量保留 2 位小数，金额保留 2 位小数。按计价表不调整。)

解：(1) 列项目，计算工程量。见表 4-97。

表 4-97　工程量计算书

序号	分部分项工程名称	单位	工程量	计 算 过 程
1	地面碎石垫层	m^3	5.12	[(6－0.24)(3－0.24)×2+(6－0.24)(3.6－0.24)]×0.1=5.12
2	地面 C10 砼垫层	m^3	3.07	[(6－0.24)(3－0.24)×2+(6－0.24)(3.6－0.24)]×0.06=3.07
3	地面水磨石面层	m^2	51.15	[(6－0.24)(3－0.24)×2+(6－0.24)(3.6－0.24)]=51.15
4	水磨石踢脚线	m	52.32	(3－0.24+6－0.24)×2×2+(3.6－0.24+6－0.24)×2=52.32
5	混合砂浆墙面	m^2	149.98	(3－0.24+6－0.24)×2×3.3×2+(3.6－0.24+6－0.24)×2×3.3－0.8×2.4×4－1×2.4－1.5×2.1×4=112.464+60.192－7.68－2.4－12.6=149.98
6	混合砂浆天棚面	m^2	51.15	[(6－0.24)×(3－0.24)×2+(6－0.24)×(3.6－0.24)]=51.15
7	天棚面装饰线	m	52.92	(6－0.24+3－0.24)×2×2+(6－0.24+3.6－0.24)×2=52.92
8	成品铝合金门	m^2	6.24	0.8×2.4×2+1×2.4=6.24
9	成品铝合金窗	m^2	12.6	1.5×2.1×4=12.6

(2) 套价。见表 4-98。

表 4-98　分部分项工程费计算表

序号	计价表编号	分部分项工程名称	计量单位	工程量	综合单价(元)	合价(元)
1	12-9	地面碎石垫层	m^3	5.12	82.53	422.55
2	12-11	地面 C10 砼垫层	m^3	3.07	213.08	654.16
3	12-31	地面水磨石面层	10 m^2	5.115	378.92	1938.18
4	12-34	水磨石踢脚线	10 m	5.232	98.42	514.93
5	13-31	混合砂浆墙面	10 m^2	14.998	87.06	1305.73
6	14-115	混合砂浆天棚面	10 m^2	5.115	80.14	409.92
7	14-122	天棚面装饰线	10 m	5.292	38.63	204.43
8	15-2	成品铝合金平开门	10 m^2	0.624	3745.30	2337.07
9	15-3	成品铝合金推拉窗	10 m^2	1.26	2340.54	2949.08
小计						10 736.05

二、措施项目费的计算

措施项目费的计算有三种方法：① 计算工程量，然后套价；② 分部分项工程费×费率；③ 按协议。其中第一种方法与分部分项工程费的计算相似。格式见表 4-99、4-100、4-101。

表 4-99　工程量计算书

工程名称:　　　　　　　　　　　　　　　　　　　　　　　共　页　第　页

序号	措施项目工程名称	单位	工程量	计算过程

表 4-100　计价表项目综合单价组成计算表(子目换算)

工程名称：　　　　　　　　　　　　　　　　　　　　　　　第　页共　页

序号	计价表编号	计价表项目名称	计量单位	综合单价(元)	其中				
					人工费(元)	材料费(元)	机械费(元)	管理费(元)	利润(元)

表 4-101　措施项目工程费计算表

工程名称：　　　　　　　　　　　　　　　　　　　　　　　共　页第　页

序号	计价表编号	措施项目工程名称	计量单位	工程量	综合单价(元)	合计(元)

第一步：措施项目的计量。下面分别予以介绍。

(一) 脚手架

1. 砌筑脚手架计量的要点

(1) 一般规则：

① 凡砌筑高度超过 1.5 m 的砌体均需计算脚手架。

② 砌墙脚手架均按墙面(单面)垂直投影面积以平方米计算。

③ 计算脚手架时，不扣除门、窗洞口、空圈、车辆通道、变形缝等所占面积。

④ 同一建筑物高度不同时，按建筑物的竖向不同高度分别计算。

(2) 外脚手架——按外墙面垂直投形面积计算。

① 长度：外墙脚手架按外墙外边线长度(如外墙有挑阳台，则每只阳台计算一个侧面宽度，计入外墙面长度内，两户阳台连在一起的也只算一个侧面)。

② 高度：指室外设计地坪至檐口(或女儿墙上表面)高度，坡屋面至屋面板下(或椽子顶面)墙中心高度。

(3) 内墙脚手架以内墙净长乘以内墙净高来进行计算。有山尖者算至山尖 1/2 处的高度；有地下室时，自地下室室内地坪至墙顶面高度。

注意：斜屋面的山尖部分只计面积，不计算高度。

(4) 独立砖(石)柱高度在 3.60 m 以内者，脚手架以柱的结构外围周长乘以柱高计算；砌独立砖柱用脚手架，高 3.6 m 内者，按柱断面周长×柱高计算。柱高超过 3.60 m 者，以柱的结构外围周长加 3.60 m 乘以柱高计算。砌独立砖柱用脚手架，高超过 3.6 m 时，按(柱断面周长+3.6m)×柱高计算。

(5) 砌石墙到顶的脚手架，工程量按砌墙相应脚手架乘以系数 1.50。

(6) 外墙脚手架包括一面抹灰脚手架在内，另一面墙可计算抹灰脚手架。

(7) 砖基础自设计室外地坪至垫层(或砼基础)上表面的深度超过 1.50 m 时，按基础垫层面至基础顶板面垂直面积来进行计算。

(8) 突出屋面部分的烟囱，高度超过 1.50 m 时，其脚手架按外围周长加 3.60 m 乘以实砌高度计算。

【例 4-55】 某单层建筑物平面如图 4-72 所示，室内外高差 0.3 m，平屋面，预应力空心板厚 0.12 m，天棚抹灰。试根据以下条件计算砌筑脚手架工程量：(1) 檐高 3.52 m；(2) 檐高 6.12 m。

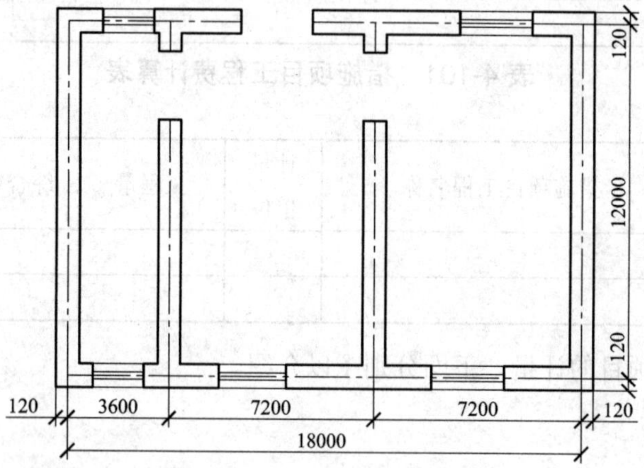

图 4-72 某单层建筑物平面图

解：列项目，计算工程量。见表 4-102。

表 4-102 工程量计算书

序号	措施项目工程名称	单位	工程量	计 算 过 程
		一、檐高 3.52 m		
1	砌筑脚手架	m^2	287.49	214.58+72.91=287.49
	外墙砌筑脚手架	m^2	214.58	(18.24+12.24)×2×3.52=214.58
	内墙砌筑脚手架	m^2	72.91	(12－0.24)×(3.52－0.3－0.12)×2=72.91
		二、檐高 6.12 m		
		砌筑脚手架		
1	外墙砌筑脚手架	m^2	373.08	(18.24+12.24)×2×6.12=373.08
2	内墙砌筑脚手架	m^2	134.06	(12－0.24)×(6.12－0.3－0.12)×2=134.06

2．浇捣脚手架计量要点

(1) 钢筋砼基础自设计室外地坪至垫层上表面的深度超过 1.50 m，同时带形基础底宽超过 3.0 m、独立基础或满堂基础及大型设备基础的底面积超过 16 m^2 的砼浇捣脚手架应按槽、坑土方规定放工作面后的底面积计算。

(2) 现浇钢筋砼独立柱、单梁、墙高度超过 3.60 m 应计算浇捣脚手架。柱的浇捣脚手架以柱的结构周长加 3.60 m 乘以柱高计算；梁的浇捣脚手架按梁的净长乘以地面(或楼面)至梁顶面的高度计算；墙的浇捣脚手架以墙的净长乘以墙高计算。

(3) 层高超过 3.60 m 的钢筋砼框架柱、墙所增加的砼浇捣脚手架费用，以框架轴线水平投影面积计算。

【例 4-56】 题同例 4-21。计算砼浇捣脚手架工程量。(保留 2 位小数)

解：列项目，计算工程量。见表 4-103。

表 4-103 工程量计算书

序号	措施项目工程名称	单位	工程量	计算过程
1	砼浇捣时脚手架	m^2	77.76	(6+4.8)×(3.6×2)=77.76

3. 抹灰脚手架、满堂脚手架计量要点

(1)抹灰脚手架：

① 钢筋砼单梁、柱、墙，按以下规定计算脚手架：

a. 单梁：以梁净长乘以地坪(或楼面)至梁顶面高度计算；

b. 柱：以柱结构外围周长加 3.60m 乘以柱高计算；

c. 墙：以墙净长乘以地坪(或楼面)至板底高度计算。

② 墙面抹灰：以墙净长乘以净高计算。

③ 如有满堂脚手架可以利用时，不再计算墙、柱、梁面抹灰脚手架。

④ 天棚抹灰高度在 3.60 m 以内，按天棚抹灰面(不扣除柱、梁所占的面积)以平方米计算。

(2) 满堂脚手架：天棚抹灰高度超过 3.60 m，按室内净面积计算满堂脚手架，不扣除柱、垛、附墙烟囱所占面积。满堂脚手架高度以室内地坪面(或楼面)至天棚面或屋面板的底面为准(斜的天棚或屋面板按平均高度计算)。公式：

$$S=\text{按室内地面净面积(净长×净宽)}$$

① 基本层：高度在 8 m 以内计算基本层；

② 增加层：高度超过 8 m，每增加 2 m 计算一层增加层。计算式如下：

$$\text{增加层数}=(\text{室内净高(m)}-8\text{ m})/2\text{m}$$

余数在 0.6 m 以内，不计算增加层；若余数超过 0.6 m，按增加一层计算。

③室内挑台栏板外侧共享空间的装饰如无满堂脚手架利用时，按地面(或楼面)至顶层栏板顶面高度乘以栏板长度以平方米计算。

【例 4-57】 某工程见图 4-72，计算抹灰脚手架工程量。(1) 檐高 3.52 m；(2) 檐高 6.12 m。

解：列项目，计算工程量。见表 4-104。

表 4-104 工程量计算书

序号	措施项目工程名称	单位	工程量	计算过程
一、檐高 3.52 m				
1	抹灰脚手架	m^2	529.08	325.87+203.21=529.08
	墙面抹灰	m^2	325.87	[(3.6 − 0.24+12 − 0.24)×2]×(3.52 − 0.3 − 0.12)+[(7.2 − 0.24 +12 − 0.24)×2] (3.52 − 0.3 − 0.12)=325.87
	天棚抹灰	m^2	203.21	[(3.6 − 0.24)×(12 − 0.24)+(7.2 − 0.24)×(12 − 0.24)×2]=203.21
二、檐高 6.12 m				
1	满堂脚手架	m^2	203.21	[(3.6 − 0.24)×(12 − 0.24)+(7.2 − 0.24)×(12 − 0.24) × 2] = 203.21

4．其他脚手架工程量计量要点

(1) 金属过道防护棚按搭设水平投影面积以平方米计算。

(2) 斜道、电梯井脚手架区别不同高度以座计算。

5．超高脚手架材料增加费

檐高超过 20 m 脚手材料增加费按下列规定计算：

(1) 檐高超过 20 m 部分的建筑物应按其超过部分的建筑面积计算。

(2) 层高超过 3.6 m，每增高 0.1 m 按增高 1 m 的比例换算(不足 0.1 m 按 0.1 m 计算)，按相应项目执行。

(3) 建筑物檐高高度超过 20 m，但其最高一层或其中一层楼面未超过 20 m 时，则该楼层在 20 m 以上部分仅能计算每增高 1m 的增加费。

(4) 同一建筑物中有 2 个或 2 个以上的不同檐口高度时，应分别按不同高度竖向切面的建筑面积套用相应子目。

(5) 单层建筑物(无楼隔层者)高度超过 20 m，其超过部分除构件安装按《××省建筑与装饰工程计价表》的规定执行外，另再按相应项目计算每增高 1 m 的脚手架材料增加费。

【例 4-58】 如图 4-71 某框架结构工程：主楼为 19 层，每层建筑面积为 1200 m^2；附楼为 6 层，每层建筑面积 1600 m^2。主、附楼底层层高为 5.0 m，19 层层高为 4.0 m；其余各层层高均为 3.0 m。计算脚手架超高材料增加费工程量。

解：列项目，计算工程量。见表 4-105。

表 4-105　工程量计算书

序号	措施项目工程名称	单位	工程量	计 算 过 程
1	主楼 7～19 层脚手架超高材料增加费	m^2	15 600	13×1200
2	主楼 19 层的层高超高费	m^2	1200	1200
3	主楼 6 层脚手架超高材料增加费	m^2	1200	1200
4	附楼 6 层脚手架超高材料增加费	m^2	1600	1600

(二) 模板工程

按设计图纸计算模板接触面积或使用砼含模量折算模板面积，两种方法仅能使用其中一种，相互不得混用。使用含模量者，竣工结算时模板面积不得调整。

模板工程工程量计算有两种方法——按含量计算和按实际计算。

1．模板按含量计算

按构件体积(或水平投影面积、外围面积、延长米)×模板含量计算，模板含量详见《××省建筑与装饰工程计价表》附录一(P1008—1013)。

编制造价时，若模板工程量按含量计算，结算时不能进行调整。

【例 4-59】 题同例 4-21，按含量计算法计算模板工程量。(保留 2 位小数)

解：列项目，计算工程量。见表 4-106。

表 4-106 工程量计算书

序号	措施项目工程名称	单位	工程量	计 算 过 程
1	现浇 Z 模板	m^2	86.01	37.76+49.05=86.01
	Z1(周长 2.5 m 内)		37.76	4.72×8.00(计价表附录一查出)=37.76
	Z2(周长 5 m 内)		49.05	12.61×3.89(计价表附录一查出)=49.05
	现浇有梁板模板	m^2		
2	梁	m^2	82.30	60.03+22.27=82.30
3	板(厚 100 mm)	m^2	46.22	46.22
4	板(厚 160 mm)	m^2	47.37	47.37
	有梁板(厚 100 mm 内)			
	梁			5.61×10.70(计价表附录一查出)=60.03
	板			4.32×10.70(计价表附录一查出)=46.22
	有梁板(厚 200 mm 内)			
	梁			2.76×8.07(计价表附录一查出)=22.27
	板			5.87×8.07(计价表附录一查出)=47.37

2．模板按实际计算

1) 现浇砼模板

工程量除另有规定外，均应区别模板的不同材质，按砼与模板的接触面积，以平方米计算。

(1) 钢筋混凝土墙、板上单孔面积在 0.3 m^2 以内的孔洞，不予扣除，洞侧壁模板不另增加，但突出墙面的侧壁模板应相应增加。单孔面积在 0.3 m^2 以外的孔洞，应予扣除，洞侧壁模板面积并入墙、板模板工程量之内计算。

(2) 现浇钢筋混凝土框架分别按柱、梁、墙、板有关规定计算，墙上单面附墙柱并入墙内工程量计算，双面附墙柱按柱计算，但不扣除后浇墙、板带的工程量。

(3) 3.6 m 超高支撑工程量。现浇钢筋砼柱、梁、墙、板的支撑高度(自室外地坪或板面至板底之间的高度)是以 3.6 m 为准的，高度超过 3.6 m 以上部分，另按超过部分计算增加支撑工程量。

(4) 预制混凝土板间或边补现浇板缝，缝宽在 100 mm 以上者，模板按平板定额计算。

(5) 构造柱外露均应按图示外露部分计算面积(锯齿形则按锯齿形最宽面计算模板宽度)，构造柱与墙接触面不计算模板面积。

(6) 注意事项：

① 现浇墙、板上 0.3 m^2 以内孔洞不扣除，0.3 m^2 以上孔洞应扣除。洞侧壁模板并入墙、板模板工程量以内。

② 柱、墙、梁等相互连接处重叠部分，以及伸入墙内的梁头和板头部分均不计算模板面积。

③ 整板基础、带形基础的反梁、基础梁和地下室墙侧面的模板，若用砖砌体作为侧模时，应按砖基础计算工程量，同时不计算相应面积的模板费用。

④ 若后浇带两侧面模板采用钢板网时，可按单侧面每平方米用钢板网 1.05 m^2，人工 0.08 工日计算，同时不计算相应面积的模板费用。

【例 4-60】 题同例 4-21，按实际计算现浇砼模板工程量。(保留 2 位小数)

解：列项目，计算工程量。见表 4-107。

表 4-107 工程量计算书

序号	分部分项工程名称	单位	工程量	计 算 过 程
1	现浇 Z 模板	m^2	90.04	40.98+49.06=90.04
	Z1 净模板			42.28 − (0.7+0.325+0.275)=40.98
	Z1		42.28	(0.4+0.5)×2×(6 − 0.1)×4=42.48
	扣 KLI 交接处		−0.7	0.25×0.7×2×2=0.7
	扣 KL2 交接处		−0.325	0.25×0.65×2×2 = 0.325
	扣 KL3 交接处		−0.275	0.25 × 0.55 × 2 = 0.275
	Z2 净模板			49.09 − (0.35 + 0.275) = 48.47
	Z2		49.06	(0.9 + 1.2) × 2 × (6 − 0.16) × 2 = 49.06
	扣 KL1 交接处		−0.35	0.25 × 0.7 × 2 = 0.35
	扣 KL3 交接处		−0.275	0.25 × 0.55 × 2 = 0.275
2	现浇 L 模板	m^2	73.79	21.29 − (0.3 + 0.05) + 9.9 + 16.9 − (0.3 + 0.06) + 5.6 + 7.98 − 0.06 + 9.72 + 2.68 − 0.05 + 0.54 = 73.79
	KL1①②		21.29	(0.25 + 0.7 × 2) × (3.6 × 2 − 0.375 × 2) × 2 = 21.29
	扣 L1 交接处		−0.3	0.25 × 0.6 × 2 = 0.3
	扣 L4 交接处		−0.05	0.2 × 0.25 = 0.05
	KL1③		9.9	(0.25 + 0.7 × 2) × (3.6 × 2 − 0.6 × 2) = 9.9
	KL2		16.90	(0.25 + 0.65 × 2) × (6 − 0.275 × 2) × 2 = 16.90
	扣 L2 交接处		−0.3	0.25 × 0.6 × 2 = 0.3
	扣 L3 交接处		−0.06	0.2 × 0.3 = 0.06
	KL3		5.60	(0.25 + 0.55 × 2) × (4.8 − 0.2 − 0.45) = 5.60
	L1		7.98	(0.25 + 0.6 × 2) × (6 − 0.25 − 0.25) = 7.98
	扣 L3 交接处		−0.06	0.2 × 0.3 = 0.06
	L2		9.72	(0.25 + 0.6 × 2) × (3.6 × 2 − 0.25 − 0.25) = 9.72
	L3		2.68	(0.2 + 0.3 × 2) × (3.6 − 0.25) = 2.68
	扣 L4 交接处		−0.05	0.2 × 0.25 = 0.05
	L4		0.54	(0.2 + 0.25 × 2) × (1 − 0.125 − 0.1) = 0.54
	现浇板模板			
3	厚 100 mm 板	m^2	33.58	(6 − 0.25 × 2) × (3.6 × 2 − 0.25 × 2) − (3.6 − 0.25) × (1 − 0.125 + 0.1) = 33.58
4	厚 160 mm 板	m^2	31.62	(4.8 − 0.25) × (3.6 × 2 − 0.25) = 31.62

(7) 另有规定：

① 现浇混凝土雨棚、阳台、水平挑板按图示挑出墙面以外板底尺寸的水平投影面积计算(附在阳台梁上的砼线条不计算水平投影面积)。挑出墙外的牛腿及板边模板已包括在内。

② 整体直形楼梯包括楼梯段、中间休息平台、平台梁、斜梁及楼梯与楼板联结的梁按水平投影面积计算，不扣除小于 200 mm 的梯井，伸入墙内部分不另增加。

③ 砖侧模分成不同厚度，按实砌面积以平方米计算。

【例 4-61】 题同例 4-23 题，按实际计算现浇楼梯模板工程量。(保留 2 位小数)

解：列项目，计算工程量。见表 4-108。

表 4-108 工程量计算书

序号	措施项目工程名称	单位	工程量	计 算 过 程
	砼楼梯模板	m^2	25.14	$3.88\times(2.4-0.24)\times3=25.14$

【例 4-62】 题同例 4-24 和 4-25，按实际计算现浇雨棚阳台模板工程量。(保留 2 位小数)

解：列项目，计算工程量。见表 4-109。

表 4-109 工程量计算书

序号	措施项目工程名称	单位	工程量	计 算 过 程
1	雨棚模板	m^2	5.47	$4.56\times1.2=5.47$
2	阳台模板	m^2	5.47	$4.56\times1.2=5.47$

2) 现场预制钢筋混凝土构件模板

现场预制构件模板工程量，除另有规定者外，均按模板接触面积以平方米计算。砖地模费用已包括在定额含量中，不再另行计算。

另有规定：漏空花格窗、花格芯按外围面积计算；预制桩不扣除桩尖虚体积。

3) 加工厂预制构件的模板

加工厂预制构件的模板除另有规定者外，砼构件体积一律按施工图纸的几何尺寸以实际体积计算，空腹构件应扣除空腹体积。

另有规定：漏空花格窗、花格芯按外围面积计算。

【例 4-63】 已知某工程使用单块体积为 1.02 m^3 的 C30YKB 共 50 块，试计算此空心板模板及构件灌缝模板工程量。

解：列项目，计算工程量。见表 4-110。

表 4-110 工程量计算书

序号	措施项目工程名称	单位	工程量	计 算 过 程
1	YKB 模板	m^3	55.08	$1.02\times50\times1.018=55.08$

(三) 建筑工程垂直运输

1. 建筑工程垂直运输工具

建筑工程中垂直运输工具常为卷扬机和自升式塔式起重机。一般 6～8 层以下采用卷扬机，9层及其以上均采用塔式起重机。

2．工程量计量要点

(1) 建筑物垂直运输机械台班用量，应区分不同结构类型、檐口高度(层数)按国家工期定额以日历天计算。

(2) 施工塔吊、电梯基础，塔吊及电梯与建筑物连接件，应按施工塔吊及电梯的不同型号以“台”计算。

(四) 施工排水、降水、深基坑支护

施工排水、降水、深基坑支护工程量计量要点如下：

(1) 人工土方施工排水不分土壤类别、挖土深度，按挖湿土工程量，以立方米计算。

(2) 人工挖淤泥、流砂施工排水按挖淤泥、流砂工程量，以立方米计算。

(3) 基坑、地下室排水按土方基坑的底面积，以平方米计算。

(五) 场内二次搬运

场内二次搬运工程量计量要点如下：

(1) 砂子、石子、毛石、块石、炉渣、矿渣、石灰膏按堆积原方计算。

(2) 混凝土构件及水泥制品按实体积计算。

(3) 玻璃按标准箱计算。

(4) 其他材料按表中计量单位计算。

(六) 其他

列出措施项目名称，计量单位为项，工程量默认为1。如现场安全文明施工费、临时设施费、检验试验费等。可以直接在上述措施项目计算表后列式计算，或单独列表计算。单独列表计算格式见表4-111。

表4-111　措施项目费计算表(二)

单位工程名称：　　　　　　　　　　　　　　　　　　　　　　　　共　页　第　页

序号	措施项目名称	计算式	金额	备注

第二步：套预算定额，计算出措施项目费，或用分部分项工程费乘以一定费率。下面用实例进行说明。

【例4-64】　某工程见图4-47，计算砼浇捣脚手架及组合钢模板的费用。(按计价表，不调整。金额保留2位小数)

解：(1) 列项目，计算工程量。见表4-112。

表 4-112　工程量计算书

序号	措施项目工程名称	单位	工程量	计 算 过 程
一、脚手架				
1	砼浇捣时脚手架	m^2	77.76	(6+4.8)×(3.6×2)=77.76
二、模板				
1	现浇 Z 模板	m^2	90.04	40.98+49.06=90.04
2	现浇 L 模板	m^2	73.79	21.29 − (0.3+0.05)+9.9+16.9 − (0.3+0.06)+5.6 +7.98 − 0.06+9.72+2.68 − 0.05+0.54=73.79
3	厚 100 mm 板	m^2	33.58	(6 − 0.25 × 2) × (3.6 × 2 − 0.25 × 2) − (3.6 − 0.25) × (1 − 0.125 + 0.1) = 33.58
4	厚 160 mm 板	m^2	31.62	(4.8 − 0.25) × (3.6 × 2 − 0.25) = 31.62

(2) 套价。见表 4-113。

表 4-113　措施项目工程费计算表

序号	计价表编号	措施项目工程名称	计量单位	工程量	综合单价(元)	合价(元)
一、脚手架						
1	19-8	砼浇捣脚手架	10 ㎡	7.776	79.12	615.24
小　计						615.24
二、模　板						
1	20-25	现浇 Z 模板	10 ㎡	9.004	271.36	2443.32
2	20-32	现浇 L 模板	10 ㎡	7.379	193.55	1428.21
3	20-56	厚 100mm 板	10 ㎡	3.358	232.04	1084.77
4	20-58	厚 160mm 板	10 ㎡	3.162	259.79	821.46
小　计						5777.76
合计						6393.00
说明：框架结构高超过 3.6 m，砼浇捣时脚手架按满堂脚手架套。						

【例 4-65】　某工程经计算分部分项工程费 11 017 元，计算其现场安全文明施工措施费、冬雨季施工增加费、临时设施费、检验试验费。(保留 2 位小数)

解：见表 4-114。

表 4-114　措施项目费计算表(二)

序号	措施项目名称	计算式	金额(元)
1	现场安全文明施工措施费	11017×3.7% = 407.63	407.63
2	冬雨季施工增加费	11017×0.2% = 22.03	22.03
3	临时设施费	11017×2.2% = 242.37	242.37
4	检验试验费	11017×0.2% = 22.03	22.03
小　计			694.06

三、其他项目费、规费、税金的计算以及造价的汇总

其他项目费根据约定计算；规费、税金根据省市文件计算。相应费用可以直接在单位工程预算造价汇总表中列式计算。

【例 4-66】 某工程经计算分部分项工程费 380 144 元，措施项目费(一)88 432 元，措施项目费(二)25 205 元，暂列金额为 30 000 元，工程排污费按 0.1%，社会保障费按 3%，住房公积金按 0.5%，税率按 3.44%计算。试计算总造价。(金额以元为单位)

解：见表 4-115。

表 4-115　单位工程预算造价汇总表

序号	费用名称	计算基础	金额/元
一	分部分项工程费		380 144
二	措施项目费		113 637
1	措施项目费(一)		88 432
2	措施项目费(二)		25 205
三	其他项目费用		30 000
1	暂列金额		30 000
2	暂估价		
2.1	材料暂估价		
2.2	专业工程暂估价		
3	计日工		
4	总承包服务为		
四	规费		18 856
1	工程排污费	380 144+113 637+30 000	524
2	社会保障费	380 144+113 637+30 000	15713
3	住房公积金	380 144+113 637+30 000	2619
五	税金	380 144+113 637+30 000+18 856	18 667
六	工程造价	380 144+113 637+30 000+18 856+18 667	561 304

四、编制说明的填写

编制说明是施工图预算的重要组成部分。它主要说明所编预算在预算表中无法表达，而又需要审核单位的审核人员与使用单位人员必须了解的内容。其内容一般包括：

1. 工程概况、编制范围

(1) 工程概况：简单说明一下工程最主要的特征，如影响工程造价较大的结构、材料等；

(2) 编制范围：即预算所包括的工程范围。主要指是否包括其他单位工程、附属工程等情况。

2. 编制依据

编制依据：编制预算所需要的各种依据，如图纸、定额等。

3．其他说明

其他说明是指如果不作说明，预算使用者不易了解的一些情况。

施工现场与施工图纸说明不符的情况、对建设单位提供的材料与半成品预算价格的处理、施工图纸的重大修改、对施工图纸不明确之处的处理意见、个别工艺的特殊处理、特殊项目及特殊材料补充单价的编制依据与计算说明、经甲乙双方协商同意编入施工图预算的项目说明、未定事项及其他应予以说明的问题等。见图 4-73。

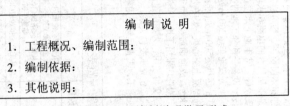

编 制 说 明
1．工程概况、编制范围：
2．编制依据：
3．其他说明：

图 4-73　编制说明常见形式

五、封面的填写

封面的填写主要内容包括单位工程名称、建筑面积、施工单位、工程造价、编制人、编制日期、复核人、复核日期等。

单位工程施工图预算封面的填写同样很重要，封面反映了预算的主要信息，如果填写的不好，会给使用者或审批部门造成重大误解或使用不便，因此必须认真填写，并签字盖章。

建筑工程施工图预算封面常见形式如图 4-74。

建　筑　工　程　施　工　图　预　算	
单位工程名称：	建筑面积：
施工单位：	工程造价：
编制人：	编制日期：
复核人：	复核日期：

图 4-74　建筑工程施工图预算封面常见形式

六、装订

按封面、编制说明、造价汇总表、分部分项工程费计算表、措施项目费计算表、子目换算表、工程量计算表的顺序进行装订。

单元五　建筑工程定额计价文件编制综合实训

一、任务

根据施工图纸(图 4-75～4-78)编制施工图预算文件一份。

设计及施工说明

1. 本工程为第一中学仓库，砖混结构，一层，建筑面积为76.38 m^2。
2. 标高：底层室内设计标高±0.00，相当于绝对标高15.10 m，室内外高差为0.30 m。
3. 基础：毛石条形基础，M5水泥砂浆砌筑MU20毛石，100 mm厚C10混凝土垫层。
4. 墙身：内外墙均用MU10普通黏土砖，M5混合砂浆砌筑，室内地面以下采用M5水泥砂浆。
5. 混凝土等级：GL现场预制为C25；预应力空心板为C30，构件厂预制；基础垫层为C10；其他现浇构件均为C25。
   钢筋等级：ϕ 为Ⅰ级钢，ϕ 为Ⅱ级钢。
6. 预应力空心板：

规格型号	数量(块)	砼(m^3/块)	ϕ5(kg/块)	ϕ4(kg/块)
YKB30-22	28	0.121	4.40	4.27
YKB30-21	12	0.101	4.08	4.11

7. 过梁：门窗洞口宽度$B<1.5$ m，采用钢筋砖过梁；宽度$B\geq1.5$ m，用预制砼过梁(断面240 mm×180 mm)。过梁长$L=B+500$。
8. 地面：素土夯实(压实系数0.9)，70 mm厚碎石，100 mm厚C15混凝土，20 mm厚1∶2水泥砂浆面层。(自下而上)
9. 踢脚：150 mm高1∶2水泥砂浆踢脚线。
10. 屋面：120 mm高预应力混凝土空心板，M10水泥砂浆灌缝，25 mm厚1∶3水泥砂浆找平，刷冷底子油一遍，上做60～120 mm厚现浇水泥珍珠岩，20 mm厚1∶3水泥砂浆找平，上粘聚乙烯胶防水卷材。
11. 门窗：见“门窗一览表”。
12. 粉饰工程：
    外墙：20 mm厚1∶1∶6混合砂浆打底和面层。喷涂弹性涂料3遍。
    内墙：15 mm厚1∶3石灰砂浆底、面；3 mm厚纸筋石灰浆面，刷乳胶漆二度。
    天棚：7 mm厚1∶0.3∶3混合砂浆底层；7 mm厚1∶1∶6混合砂浆中层，3 mm厚纸筋石灰浆面，刷乳胶漆二度。
13. 油漆：木窗做一底二度奶黄色调和漆。
14. 雨篷、挑檐均抹水泥砂浆。
15. 散水：砼散水。做法：见苏J9508图集。马蹄脂嵌缝。
16. 台阶：M-1砼台阶，上贴缸砖(不勾缝)；M-2转台阶，上抹水泥砂浆面。
17. 施工现场情况及施工条件：
    (1) 本工程建设地点在市区，临城市道路，交通运输便利，施工中所用的主要建筑材料、混凝土构配件和木门窗等，均可直接运进工地。施工中所需要的电力、给水亦可直接从已有的电路和水网中引用。
    (2) 施工场地地形平坦，地基土质较好。常年地下水位在地面1.5 m以下，土质为三类土。根据其施工技术设备条件和工地情况，施工中土方工程采用人工开挖、机夯回填、土方双轮车运200 m处堆放，回填时运回，施工完多余土方用自行式铲运机运500 m处(堆土场)。
    (3) 工程使用的木门、预应力钢筋混凝土空心板、均在场外加工生产，由汽车运入工地安装，运距2.5 km。成型钢筋及其他零星预制构配件均在施工现场制作。现浇混凝土构件均采用工地自拌混凝土。
    (4) 本工程工期2个月(60天)内建成交付使用。为加快建设速度，缩短工期，本工程采用直接委托方式，建立承发包关系。
    (5) 本工程由徐州市建筑公司承包施工。垂直运输采用卷扬机井架。

门窗一览表

门窗名称	洞口尺寸(m)		门窗数量	备　注
	宽	高		
M-1	1500	2500	1	木门(五冒头镶板门、双扇有腰)全金属管子拉手，装链锁
M-2	900	2500	1	木门(五冒头镶板门、单扇有腰)装执手锁
C-1	1500	1200	4	成品铝合金推拉窗(其中一樘带纱)
C-2	1500	1500	2	成品铝合金推拉窗
C-3	900	1500	1	成品铝合金推拉窗(带纱)

工程名称	某市第一中学仓库	
	设计及施工说明	建施一1

图 4-75

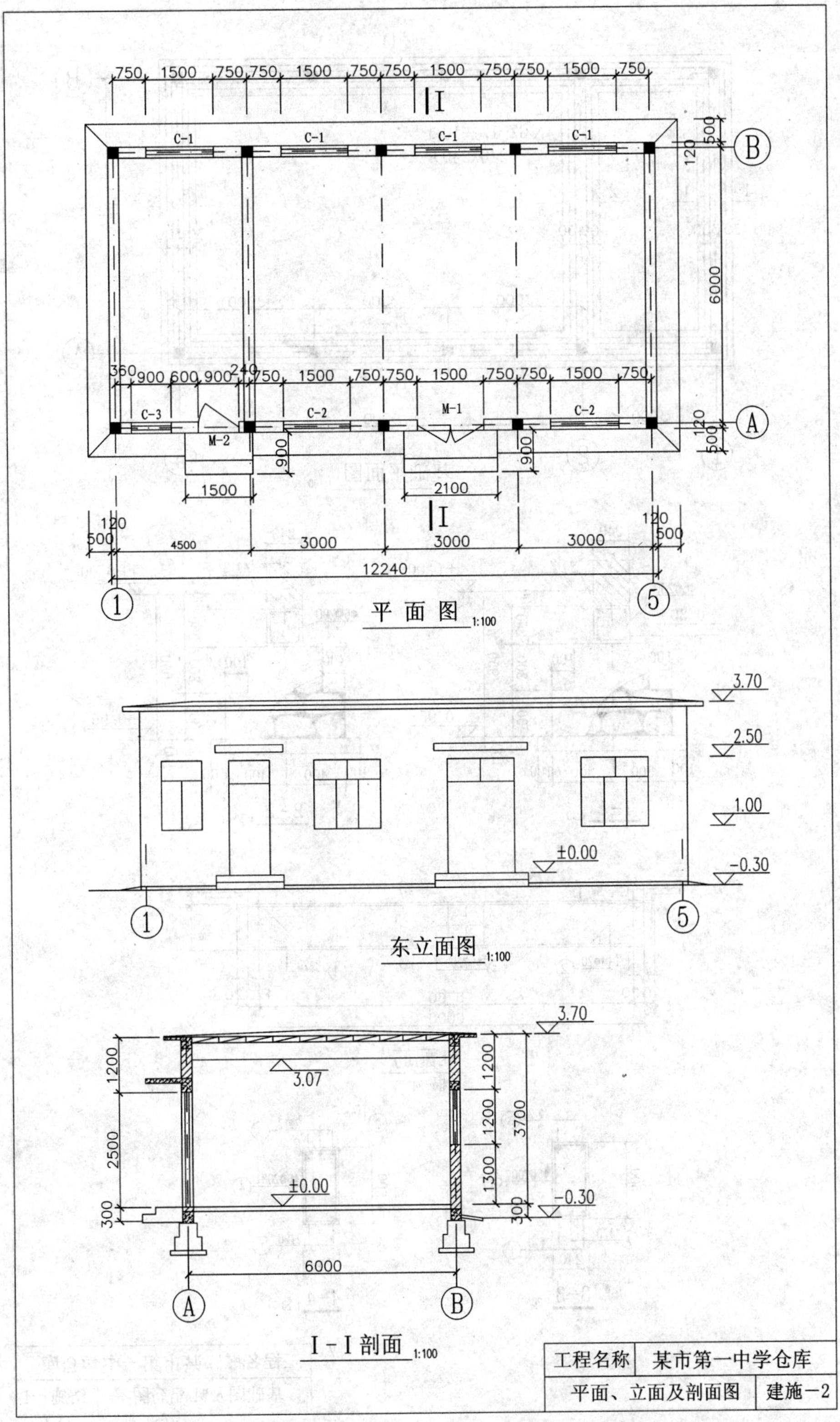

750 1500 750 750 1500 750 750 1500 750 750 1500 750
I
C-1
C-1
C-1
C-1
500
120
B
6000
360 900 600 900 240 750 1500 750 750 1500 750 750 1500 750
C-3
M-2
C-2
M-1
C-2
A
120
500
900
900
1500
2100
I
120
500
4500
3000
3000
3000
120
500
12240
1
5
平 面 图 1:100
3.70
2.50
1.00
±0.00
-0.30
1
5
东立面图 1:100
3.70
1200
3.07
2500
±0.00
300
1200
1200
3700
1300
-0.30
300
6000
A
B
I-I 剖面 1:100
工程名称
某市第一中学仓库
平面、立面及剖面图
建施-2

图 4-76

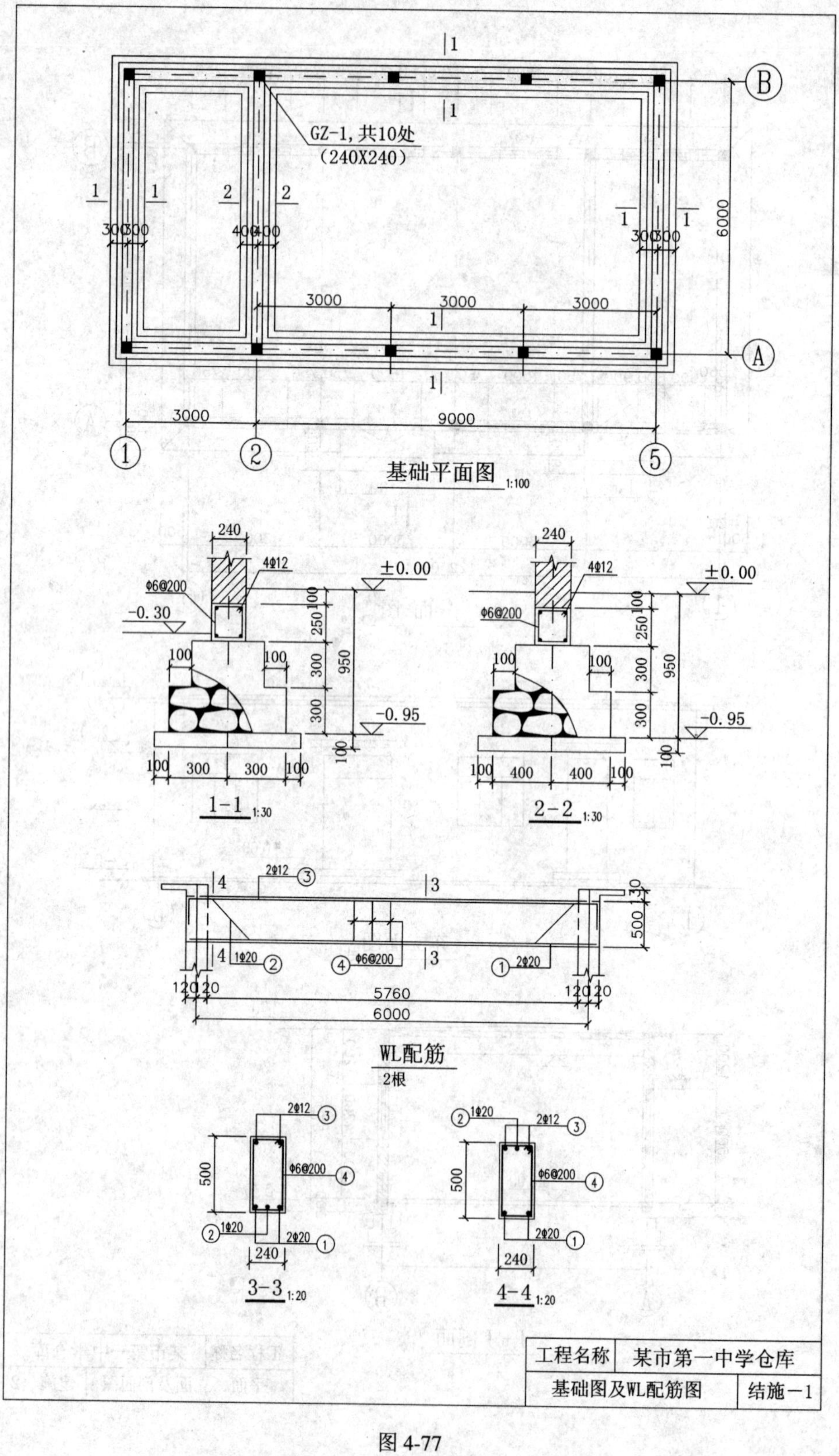
GZ-1,共10处
(240X240)
3000
3000
3000
6000
9000
基础平面图 1:100
240
4Φ12
Φ6@200
±0.00
-0.30
-0.95
100
250
300
950
1-1 1:30
2-2 1:30
2Φ12 ③
1Φ20 ②
Φ6@200 ④
2Φ20 ①
5760
6000
WL配筋
2根
3-3 1:20
4-4 1:20
工程名称
某市第一中学仓库
基础图及WL配筋图
结施一1

图 4-77

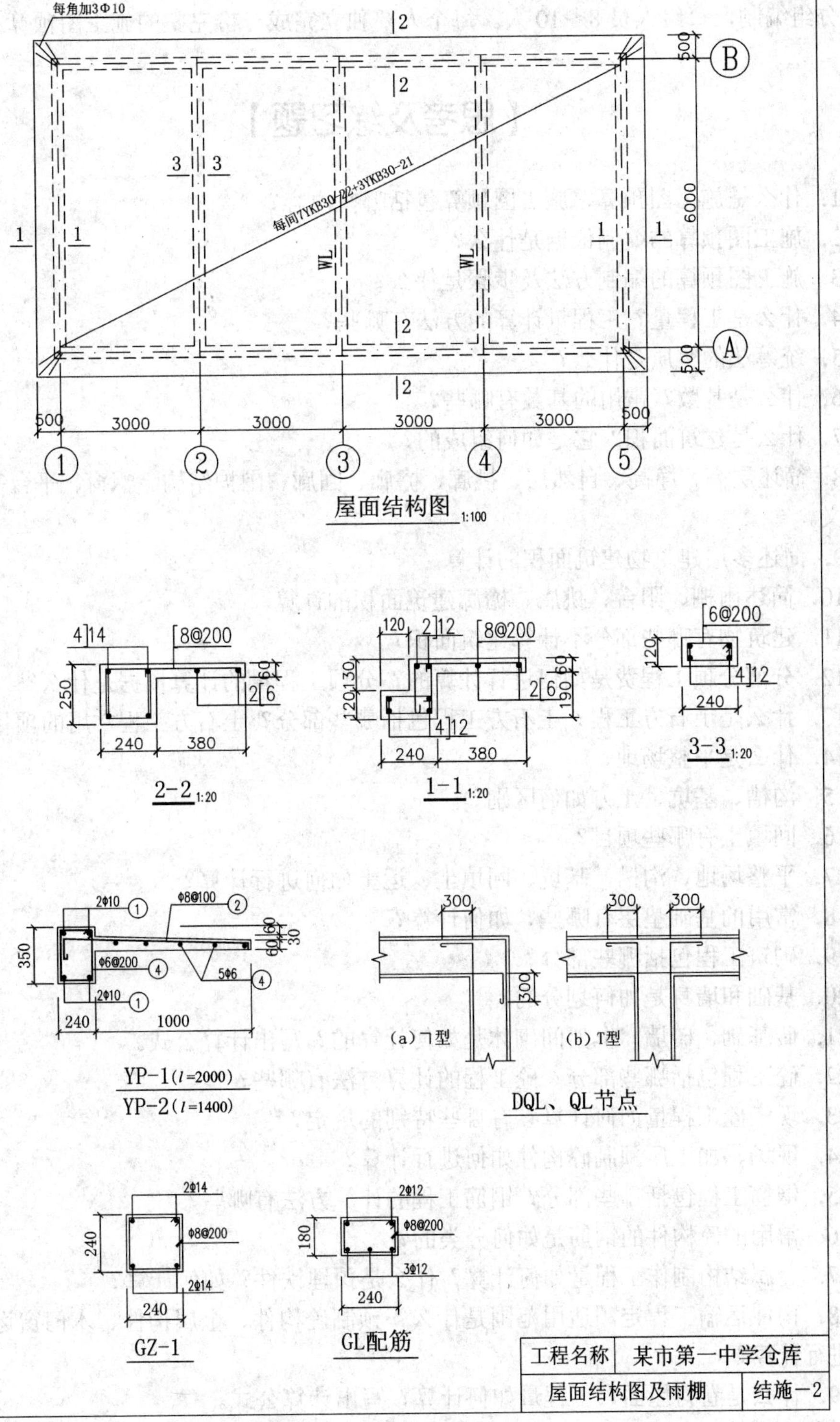

工程名称	某市第一中学仓库
屋面结构图及雨棚	结施一2

图 4-78

二、要求

分组编制，每组人员 8～10 人。每个人要独立完成一份完整的施工图预算文件。

【思考及练习题】

1．什么是施工图预算？施工图预算包括哪些内容？

2．施工图预算的编制依据是什么？

3．施工图预算的编制方法及步骤是什么？

4．什么是工程量？工程量计算的方法有哪些？

5．统筹法的实质是什么？

6．什么是基数？常用的基数有哪些？

7．什么是建筑面积？它是如何组成的？

8．简述层高、净高、自然层、挑廊、檐廊、回廊、围护结构、飘窗、平台等常见术语的含义。

9．简述多层建筑物建筑面积的计算。

10．简述雨棚、阳台、挑廊、檐廊建筑面积的计算。

11．建筑物有哪些部分不计算建筑面积？

12．分部分项工程费是如何进行计算的？分项工程量的计算依据是什么？

13．什么是土石方工程？土石方工程包括哪些部分？土石方工程常用的项目有哪些？

14．什么是平整场地？

15．沟槽、基坑、土方如何区别？

16．回填土有哪些项目？

17．平整场地、沟槽、基坑、回填土、运土如何进行计算？

18．常用的基础垫层有哪些？如何计算？

19．砌筑工程包括哪些部分？

20．基础和墙身是如何划分的？

21．砖基础、砖墙、框架间砌体是如何计算的？写出计算公式。

22．砼工程包括哪些部分？砼工程的计算方法有哪些？

23．现浇砼工程量如何计算？有哪些特别的规定？

24．现场、加工厂预制砼构件如何进行计算？

25．钢筋工程包括哪些部分？钢筋工程的计算方法有哪些？

26．常用的砼构件的钢筋是如何分类的？

27．金属结构制作工程量如何计算？什么是预埋铁件？如何计算？

28．构件运输工程定额适用范围是什么？预制砼构件、金属构件、木门窗运输工程量如何进行计算？

29．什么是卷材屋面？工程量如何计算？写出计算公式。

30．屋面排水按使用材料不同分为哪些种类？如何计算？

31．简述保温层、隔热层的作用。屋面保温层如何进行计算？

32．什么情况下计算超高费？写出计算规定。

33．常用的地面垫层有哪些？工程量如何计算？

34．什么是整体面层？常用的整体面层有哪些？整体面层、找平层工程量如何进行计算？

35．什么是块料面层？常用的块料面层有哪些？块料面层工程量如何计算？

36．楼梯如何计算？(整体面层、块料面层分别叙述)

37．踢脚线的作用是什么？踢脚线如何计算？(整体面层、块料面层分别叙述)

38．台阶及防滑坡道工程量如何计算？(整体面层、块料面层分别叙述)

39．散水、栏杆、扶手、防滑条工程量如何计算？

40．一般抹灰有哪些？装饰抹灰有哪些？工程量如何计算？(外墙、内墙分别用公式叙述)

41．墙面勾缝、独立柱抹灰、栏板、栏杆抹灰、窗台线、门套线等抹灰、阳台、雨棚抹灰的工程量如何进行计算？

42．墙、柱面镶贴块料面层工程量如何进行计算？

43．天棚面、梁、楼梯底面抹灰工程量如何进行计算？

44．门窗工程的内容有哪些？购入的成品铝合金门窗工程量如何进行计算？

45．木门窗项目有哪些？木门窗工程量如何计算？

46．木材面、金属面油漆工程量如何计算？(木门、木窗、木扶手、窗帘盒、金属门窗、零星铁件分别叙述)

47．门窗套、门窗贴脸、门窗筒子板、窗帘盒、窗帘轨工程量如何计算？

48．什么是措施项目？计算方法常用的措施项目有哪些？

49．外墙、内墙砌筑脚手架工程量如何计算？(计算按一般规定、具体规定叙述)

50．独立砖(石)柱砌筑脚手架工程量如何计算？现浇砼独立柱浇捣脚手架工程量如何计算？

51．钢筋砼柱梁板浇捣脚手架工程量如何计算？如何套用？

52．墙、天棚、柱抹灰脚手架工程量如何计算？如何套用？

53．现浇、现场预制砼构件模板工程量如何计算？有哪些特殊规定？

54．加工厂预制砼构件模板工程量如何计算？有哪些特殊规定？

55．建筑工程垂直运输费是如何计算的？

56．简述檐高、层数的含义。

57．简述建筑工程垂直运输费套用的注意事项。(一个工程，两个檐高(层数)；机械数量与定额不同；檐高 3.6 m 内)

58．场内二次搬运费定额中使用哪些机械？适用范围是什么？试举两例：大型机械进出场及安拆费如何计算？

59．现场安全文明施工措施费、临时设施费、检验试验费是如何计算的？

60．编制说明如何纂写？施工图预算的装订顺序是什么？

项目五　建筑工程清单计量与计价

学习目标

了解：施行工程量清单计价的背景、工程量清单计价的框架模式、工程量清单计价的特点、工程量清单计价方法的适用范围。

熟悉：工程量清单的编制依据、工程量清单的编制内容、工程量清单的编制格式。

掌握：工程量清单文件的编制与工程量清单计价文件的编制。

单元一　导　　论

一、施行工程量清单计价的背景

我国的建筑工程概、预算定额产生于20世纪50年代，定额的主要形式是仿前苏联的。可以说定额是当时计划经济时代的产物，全国各省市都有自己本地施行的一套工程概预算定额作为编制概算、施工图预算、招标控制价(标底)、投标报价及签订工程承包合同的依据，任何单位和个人在建设工程计价过程中必须严格遵照执行。建筑工程概、预算定额在当时的计划经济条件下起到了规范建筑市场、确定和衡量建筑工程造价标准的作用，使从事建筑工程专业人士有章可循、有据可依，在国有投资工程合理确定和有效控制工程造价方面作出了积极贡献。

20世纪90年代后期，市场经济体制在我国初步形成，建设工程开始实行招投标制度。招投标制度从含义和要求上来讲引入的是工程的竞争机制，但施工企业往往仍然按照定额进行投标报价，招投标制度的竞争性未充分发挥作用。

近年来，我国市场化经济体系已基本形成，建筑工程投资多元化的趋势已经出现，完全按照定额进行计价的方式已不能适应市场化经济发展的需要了。特别是我国加入WTO之后，我国的工程造价管理制度不仅要适应社会主义市场经济的需求，还必须与国际惯例接轨。为了鼓励施工企业通过市场竞争形成价格，2013年住建部和国家质量监督检验检疫总局联合发布《房屋建筑与装饰工程计量规范》(GB50500—2013)。要求全部使用国有资金投资或以国有资金投资为主的大中型建设工程必须采用工程量清单计价方式。工程量清单计价的实施为建筑企业充分参与竞争市场提供了一个具有共同工程量计算规则的平台。

那么，工程量清单计价的模式是什么呢？概括地讲，就是全国制定统一的工程量计算规则，在招标时，由招标方提供工程量清单，各投标单位(承包商)根据自己的实力，按照竞争策略的要求自主报价，业主择优定标，通过工程施工合同使报价法定化的一种计价方式。

工程量清单计价，从名称上来看，只表现出了这种计价方式与传统计价方式在形式上的区别，但实质上，工程量计价模式是一种与市场经济相适应的、允许承包单位自主报价的、通过市场竞争确定价格的、与国际惯例接轨的计价模式。因此，推广工程量清单计价是我国工程造价管理制度的一项重要改革措施。

二、工程量清单计价的框架模式

(一) 工程量清单计价过程

工程量清单计价的基本过程可以描述为，在统一工程量清单计算规则的基础上，制定工程量清单项目设置规则，根据具体工程的施工图纸计算出各个清单项目的工程量，再根据各种渠道所获得的工程造价信息和经验数据计算得到工程造价。其基本过程如图5-1所示。

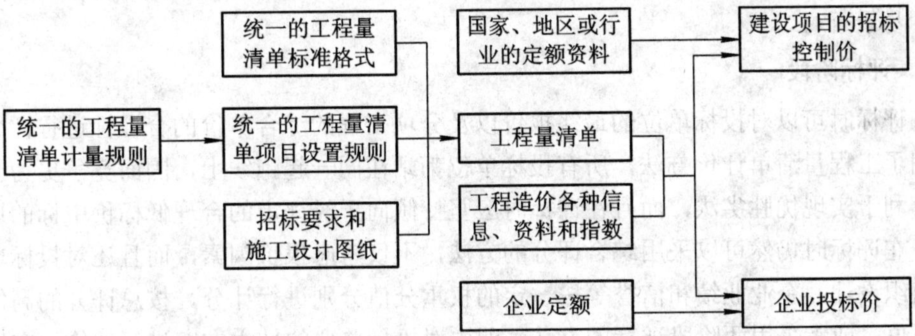

图 5-1　工程量清单计价过程示意图

从工程量清单计价过程的示意图中可以看出，其编制过程可以分为两个阶段：工程量清单的编制和利用工程量清单来编制投标报价。投标报价是在业主提供的工程量计算结果的基础上，根据企业自身所掌握的各种信息、资料，参照省级造价管理机构发布的计价定额，结合企业定额编制的。

(二) 工程量清单计价的具体操作

工程量清单计价作为一种市场价格的形成机制，主要是用在工程的招投标阶段。因此工程量清单计价的操作过程可以从招标、投标、评标三个阶段来阐述。

1. 工程招标阶段

招标人在工程方案、初步设计或部分施工图纸设计完成后，即可委托招标文件的编制单位(或招标代理单位)按照统一的工程量计量规则，以单位工程为对象，计算并列出各分部分项工程的工程量清单(应附有关的施工内容说明)作为招标文件的组成部分发放给各投标单位。工程量清单的粗细程度、准确程度取决于工程的设计深度及编制人员的技术水平和经验。在分部分项工程量清单中，项目编码、项目名称、计量单位和工程数量等项由招标单位根据全国统一的工程量清单项目设置规范和计算规则(《房屋建筑与装饰工程计量规范》(GB500854—2013))填写。综合单价与合价由投标人根据自己的施工组织设计(如工程量的大小、施工方案的选择、施工机械和劳动力的配置、材料供应等)以及招标单位对工程量的质量要求等因素综合评定后填写。

2. 投标单位做标书阶段

投标单位接到招标文件后，首先要对招标文件进行透彻地分析研究，对图纸进行准确透彻的理解。其次，要对招标文件中所列的工程量清单进行审核，审核中，要视招标文件是否允许对工程量清单内所列的工程量误差进行调整并决定审核办法。如果允许调整，就要详细审核工程量清单内所列的各工程项目的工程量，对有较大误差的，通过招标单位答疑会提出调整意见，取得招标单位同意后进行调整；如果不允许调整工程量，则不需要对工程量进行详细的审核，只对主要项目或工程量大的项目进行审核即可，发现这些项目有较大误差时，可以利用调整这些项目单价的方法解决。第三，按照预算定额(计价表)进行组价。综合单价即分部分项工程的完全单价，综合了人工费、材料费、机械费、管理费、利润、有关文件规定的调价以及风险金等全部费用。综合单价法的优点是当工程量发生变更时，易于查对。

3. 评标阶段

在评标时可以对投标单位的最终报价以及分项工程的综合单价的合理性进行评分。由于采用了工程量清单计价方法，所有投标单位都站在同一起跑线上，因而竞争更为公平合理，有利于实现优胜劣汰，而且在评标时应坚持倾向于经评审的合理低标价中标的原则。当然，在评标时仍然可以采用综合评分的方法，不仅考虑报价因素，而且还对投标单位的施工组织设计、企业业绩和信誉等按一定的权重分值分别进行计分，按总评分的高低确定中标单位。或者采用两阶段评标的方法，即先对投标单位的技术方案进行评价，在技术方案可行的前提下，再以投标单位的报价作为评标、定标的唯一因素，这样既可以保证工程建设质量，又有利于业主选择一个合理的、报价较低的单位中标。

三、工程量清单计价的特点

工程量清单计价的特点体现在以下几方面：

(1) 统一计量规则——通过制定统一的建设工程工程量清单计价方法、统一的工程量计量规则、统一的工程量清单项目设置规则，达到规范计价行为的目的。这些规则和办法是强制性的，工程建设各方面都应该遵守，这是工程造价管理部门首次在文件中明确政府应管什么，不应管什么。

(2) 有效控制消耗量——通过由政府发布统一的社会平均消耗量指导标准，为企业提供一个社会平均尺度，避免企业盲目或随意大幅度减少或扩大消耗量，从而达到保证工程质量的目的。

(3) 彻底放开价格——将工程消耗量定额中的人工、材料、机械单价和利润、管理费费率全面放开，根据市场的供求关系自行确定价格。

(4) 企业自主报价——投标企业根据自身的技术专长、材料采购渠道和管理水平等，制定企业自己的报价定额，自主报价。企业尚无报价定额的，可参考使用造价管理部门颁布的计价定额。

(5) 市场有序竞争形成价格——通过建立与国际惯例接轨的工程量清单计价模式，引入充分竞争形成价格的机制，制定衡量投标报价合理性的基础标准，淡化标底的作用，在保证工程质量、工期的前提下，按国家《招标投标法》及有关条款规定，最终以“不低于成本”的合理低价者中标。

四、工程量清单计价的作用

工程量清单计价的作用有：

(1) 满足市场竞争形成价格的需要；

(2) 提供了一个统一的报价平台；

(3) 有利于工程款的拨付和工程造价的最终确定；

(4) 有利于实现风险的合理分担；

(5) 有利于业主对投资的控制。

五、工程量清单计价方法的适用范围

全部使用国有资金投资或国有资金投资为主(以下简称“国有资金投资”)的工程建设项目，必须采用工程量清单计价。

国有资金投资的工程建设项目包括使用国有资金投资和国家融资资金的工程建设项目。

1. 国有资金投资的工程建设项目

(1) 使用各级财政预算资金的项目；

(2) 使用纳入财政管理的各种政府性专项建设资金的项目；

(3) 使用国有企事业单位自有资金，并且国有资产投资者实际拥有控制权的项目。

2. 国家融资资金投资的工程建设项目

(1) 使用国家发行债券所筹资金的项目；

(2) 使用国家对外借款或者担保所筹资金的项目；

(3) 使用国家政策性贷款的项目；

(4) 国家授权投资主体融资的项目；

(5) 国家特许的融资项目。

国有资金为主的工程建设项目是指国有资金占投资总额50%以上，或虽不足50%，但国有投资者实质上拥有控股权的工程建设项目。

非国有资金投资的工程建设项目，宜采用工程量清单计价。若采用工程量清单计价，应执行《房屋建筑与装饰工程计量规范》(GB50500—2013)、《房屋建筑与装饰工程计量规范》(GB500854—2013)；不采用工程量清单计价的建设工程，应执行除工程量清单等专门性规定之外的其他规定。

单元二　工程量清单的编制

一、概述

1. 术语释解

(1) 工程量清单：拟建建设工程的分部分项工程项目、措施项目、其他项目、规费项目和税金项目的名称及相应数量等的明细清单。

(2) 暂列金额：招标人暂定并掌握使用的一笔款项，它包括在合同价款中，由招标人用于合同协议签订时尚未确定或者不可预见的所需材料、设备、服务的采购以及施工过程中各种工程价款调整因素出现时的工程价款调整。

(3) 暂估价：包括材料暂估价、专业工程暂估价。暂估价是在招标阶段预见肯定要发生，只是因为标准不明确或者需要由专业承包人完成，暂时又无法确定具体价格时采用。

(4) 计日工：对零星项目或工作采取的一种计价方式，包括完成作业所需的人工、材料、施工机械及其费用的计价，类似于定额计价中的签证用工。

(5) 总承包服务费：在工程建设的施工阶段实行施工总承包时，当招标人在法律、法规允许的范围内对工程进行分包和自行采购供应部分设备、材料时，要求总承包人提供相关服务(如分包人使用总包人的脚手架、水电接驳等)和施工现场管理等所需的费用。

(6) 规费：按国家有关部门规定标准必须缴纳的费用。

(7) 税金：依据国家税法的规定应计入建筑安装工程造价内，由承包人负责缴纳的营业税、城市建设维护税以及教育费附加等的总称。

2. 工程量清单的作用

工程量清单是工程量清单计价的基础，应作为编制招标控制价、投标报价、支付工程款、调整合同价款、办理竣工结算以及工程索赔等的依据。

3. 工程量清单的编制依据

(1) 《建设工程工程量清单计价规范》(GB50500—2013)、《房屋建筑与装饰工程计量规范》(GB500854—2013)：附录应作为编制工程量清单的依据；

(2) 国家或省级、行业建设主管部门颁发的计价依据和办法；

(3) 建设工程设计文件；

(4) 与建设工程项目有关的标准、规范、技术资料；

(5) 拟定的招标文件及其补充通知、答疑纪要；

(6) 施工现场情况、工程特点及常规施工方案；

(7) 其他相关资料。

《建设工程工程量清单计价规范》的条款是建设工程计价活动中应遵守的专业性条款，在工程计价活动中，除应遵守本专业性条款外，还应遵守国家现行有关标准的规定。

4. 工程量清单的编制的内容

工程量清单文件由封面，总说明，分部分项工程量清单表，措施项目清单表，其他项目清单表，规费、税金项目清单表组成。

5．工程量清单编制的格式

工程量清单表宜采用统一格式，但由于行业、地区的一些特殊情况，各省级或行业建设主管部门可在《建设工程工程量清单计价规范》、《房屋建筑与装饰工程计量规范》提供格式的基础上予以补充。格式参见后面编制示例相关内容。

6．工程量清单编制的步骤

工程量清单编制的步骤如图5-2所示。

(1) 准备施工图纸，《建设工程工程量清单计价规范》、《房屋建筑与装饰工程计量规范》、招标文件等有关资料；

(2) 列项目，计算清单工程量；

(3) 编制分部分项工程量清单表；

(4) 编制措施项目清单表；

(5) 编制其他项目清单表；

(6) 编制规费、税金项目清单表；

(7) 复核；

(8) 填写总说明；

(9) 填写封面、签字、盖章、装订。

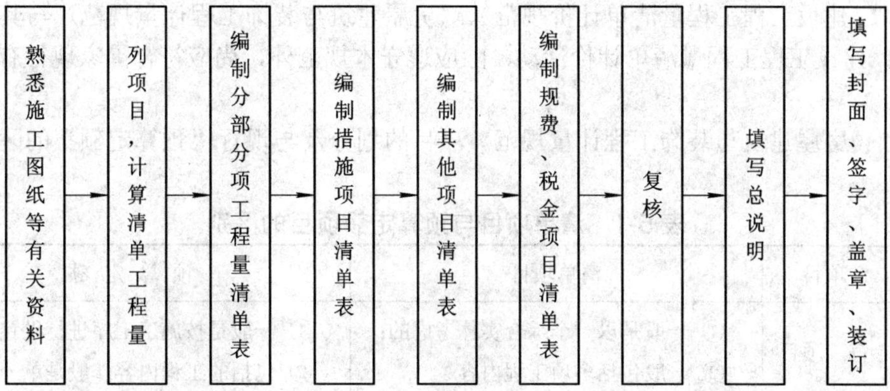

图5-2　工程量清单编制步骤

二、关于《建筑工程工程量清单计价规范》(GB50500—2013)、《房屋建筑与装饰工程计量规范》(GB500854—2013)

(1) 《建设工程工程量清单计价规范》、《房屋建筑与装饰工程计量规范》的适用范围：《建设工程工程量清单计价规范》、《房屋建筑与装饰工程计量规范》用于房屋建筑与装饰建设工程工程量清单计价活动。

建设工程工程量清单计价活动内容包括：工程量清单编制、工程量清单招标控制价编制、工程量清单投标报价编制、工程合同价款的约定、竣工结算的办理以及工程施工过程中工程计量与工程价款的支付、索赔与现场签证、工程价款的调整和工程计价争议处理等活动。

(2)《建设工程工程量清单计价规范》的主要内容：主要由总则、术语、一般规定、招标工程量清单、招标控制价、投标报价、合同价款约定、工程计量、合同价款调整、合同价款中期支付、竣工结算与支付、合同解除的价款与支付、合同价款争议的解决、工程计价资料与档案、计价表格等15个部分组成。

(3)《房屋建筑与装饰工程计量规范》的主要内容。《房屋建筑与装饰工程计量规范》主要由两大部分构成：第一部分为正文，由总则、术语、一般规定、分部分项工程、措施项目。第二部分为附录。附录以表格形式列出每个清单项目的项目编码、项目名称、项目特征、计量单位、工程量计算规则、工作内容。附录是计量规范的组成部分，与正文具有同等效力。

(4)《房屋建筑与装饰工程计量规范》附录的构成：附录为房屋建筑与装饰装修工程量清单项目及计量规则，其内容包括17部分，分别为：附录A土(石)方工程；附录B地基处理与边坡支护工程；附录C桩基工程；附录D砌筑工程；附录E混凝土及钢筋混凝土工程；附录F金属结构工程；附录G木结构工程；附录H门窗工程；附录I屋面及防水工程；附录J防腐隔热、保温工程。附录K楼地面装饰工程；附录L墙、柱面装饰与隔断、幕墙工程；附录M天棚工程；附录N油漆、涂料、裱糊工程；附录O其他装饰工程；附录P拆除工程；附录Q措施项目。

(5)《建设工程工程量清单计价规范》、《房屋建筑与装饰工程计量规范》与其他标准的关系：建设工程工程量清单计价活动，除应遵守本规范外，尚应符合国家现行有关标准的规定。

(6)《房屋建筑与装饰工程计量规范》项目的划分及与现行“预算定额”的区别见表5-1。

表5-1　清单项目与预算定额项目的区别

序号	项目	清单项目	预 算 定 额
1	每一项目	① 一般是以一个综合实体考虑的； ② 一般包括多项工程内容	① 一般是按施工工序进行设置的； ② 包括的工程内容一般是单一的
2	计算规则	工程量按实体净值计算	工程量按实物加上人为规定的预留量或操作余度等因素

三、工程量清单文件的编制

(一) 一般规定

1. 工程量清单的编制主体

工程量清单的编制主体是由具有编制能力的招标人或受其委托，并具有相应资质的工程造价咨询人来编制完成的。

招标人是进行工程建设的主要责任主体，其责任包括负责编制工程量清单。若招标人不具备编制工程量清单的能力，可委托工程造价咨询人编制。根据《工程造价咨询企业管理办法》(建设部第 149 号令)，受委托编制工程量清单的工程造价咨询人应依法取得工程造价咨询资质，并在其资质许可的范围内从事工程造价咨询活动。

2．工程量清单是招标文件的组成部分及其编制责任

采用工程量清单方式招标，工程量清单必须作为招标文件的组成部分，其准确性和完整性由招标人负责。

采用工程量清单方式招标发包，工程量清单必须作为招标文件的组成部分，招标人应将工程量清单连同招标文件的其他内容一并发(或发售)给投标人。招标人对编制的工程量清单的准确性和完整性负责。投标人依据工程量清单进行投标报价，对工程量清单不负有核实的义务，更不具有修改和调整的权力。

(二) 分部分项工程量清单表的编制

分部分项工程是指施工工程中耗费的构成工程实体项目的部分，应按照下列规定执行：

(1) 分部分项工程量清单应包括项目编码、项目名称、项目特征、计量单位和工程量，这五个要件在分部分项工程量清单的组成中缺一不可。

(2) 分部分项工程量清单应根据附录规定的项目编码、项目名称、项目特征、计量单位和工程量计算规则进行编制。

(3) 分部分项工程量清单的项目编码，应采用十二位阿拉伯数字来表示。一至九位应按附录的规定设置，十至十二位应根据拟建工程的工程量清单项目名称设置，同一招标工程的项目编码不得有重码。

各位数字的含义：一、二位为工程分类顺序码；三、四位为专业工程顺序码；五、六位为分部工程顺序码；七、八、九位为分项工程项目名称顺序码；十至十二位为清单项目名称顺序码。见图 5-3。

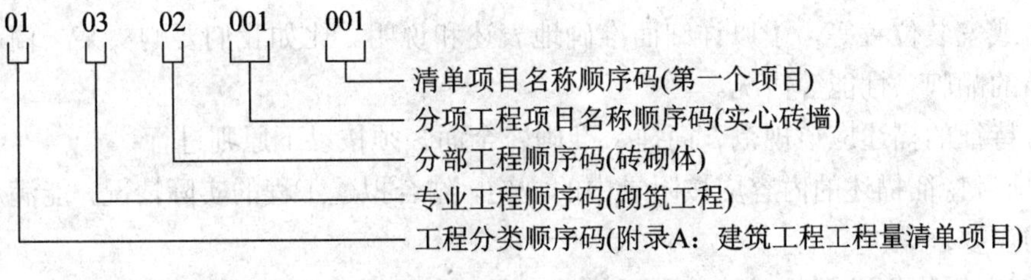

图 5-3　项目编码各位数字的含义

例如：010302001 砖砌体中的实心砖墙。

01——工程分类顺序码：房屋建筑与装饰工程。

03——专业工程顺序码：附录 C 桩基工程。

02——分部工程顺序码：灌注桩。

001——分项工程项目名称顺序码：泥浆护壁成孔灌注桩。

清单项目名称顺序依次编码为 001、002、003、004、005。

住建部规定当同一标段(或合同段)的一份工程量清单中含有多个单位工程且工程量清

单是以单位工程为编制对象时，在编制工程量清单时应特别注意对项目编码十至十二位的设置不得有重码的规定。例如一个标段(或合同段)的工程量清单中含有三个单位工程，每一单位工程中都有项目特征相同的灌注桩，在工程量清单中又需反映三个不同单位工程的灌注桩工程量时，则第一个单位工程的灌注桩的项目编号应为 010302001001，第二个单位工程的灌注桩的项目编号应为 010302001002，第三个单位工程的灌注桩的项目编号应为 010302001003，并分别列出各单位工程灌注桩的工程量。但江苏省根据清单规范执行情况进行了调整：鉴于同一标段中的单位工程间计价相对独立，对于同一标段中有多个单位工程时，单位工程与单位工程之间的清单编码可以重复。

(4) 分部分项工程量清单的项目名称应按附录的项目名称结合拟建工程的实际确定。确定项目名称时应考虑以下因素：

① 施工图纸，拟建工程的实际情况；

② 附录中的项目名称；

③ 附录中的项目特征，包括项目的要求，材料的规格、型号、材质等特征要求；

(5) 分部分项工程量清单中所列工程量应按附录中规定的工程量计算规则计算。工程量的有效位数应遵循下列规定：

① 以“t”为单位，应保留三位小数，第四位小数四舍五入；

② 以“m^3”、“m^2”、“m”、“kg”为单位，应保留两位小数，第三位小数四舍五入；

③ 以“个”、“项”等为单位，应取整数。

(6) 分部分项工程量清单的计量单位应按附录中规定的计量单位确定。当计量单位有两个或两个以上时，应根据所编工程量清单项目的特征要求，选择最适宜表现该项目特征并方便计量的单位。例如，门窗工程的计量单位为“樘/m^2”两个计量单位，实际工作中，应根据工程的具体情况来确定。

(7) 项目特征是区分清单项目的依据，描述得准确与否，直接关系到工程量清单项目综合单价的准确确定。应该结合技术规范、标准图集、施工图纸，按照工程结构、使用材质及规格或安装位置等，予以详细而准确地表述和说明。比如我们要购买某一商品，就要了解商品的品牌、性能等情况。

项目特征的描述应该规范、简捷、准确、全面。须按以下原则进行：

① 项目特征描述的内容应按附录中的规定，结合拟建工程的实际情况，能满足确定综合单价的需要。

② 对于采用标准图集或施工图纸能够全部或部分的情况，不建议采用“详见××图集或××图号”的方式，而应该尽量用文字描述清楚。

(8) 附录中没有的项目的补充要求。若编制工程量清单出现附录中未包括的项目时，编制人应作补充，并报省级或行业工程造价管理机构备案，省级或行业工程造价管理机构应汇总报往住房和城乡建设部标准定额研究所，以便于计价规范的及时调整。

补充项目的编码由附录的顺序码、B 和三位阿拉伯数字组成，并应从×B001 起顺序编制。工程量清单中需附有补充项目的名称、项目特征、计量单位、工程量计算规则、工程内容。

补充项目举例见表 5-2。

表 5-2　C.1.1 桩基工程(编码：0103001)

项目编码	项目名称	项目特征	计量单位	工程量计算规则	工程内容
AB001	钢管桩	(1) 地层描述； (2) 送桩长度/单桩长度； (3) 钢管材质； (4) 桩倾斜度； (5) 防护材料种类	m/根	按设计图示尺寸以桩长(包括桩尖)或根数计算	(1) 桩制作、运输 (2) 打桩、试验桩、斜桩 (3) 送桩 (4) 铁桩、刷防护材料

(9) 分部分项工程量清单项目的工程量的计量。

① 附录 A 土(石)方工程。

a. 内容：土(石)方工程共分 3 节 15 个项目，包括土方工程、石方工程、回填等内容。

b. 主要项目计量规则：

平整场地：按设计图示尺寸以建筑物首层面积计算。

挖沟槽、挖基坑土方：房屋建筑按设计图示尺寸以基础垫层底面积乘以挖土深度计算；构筑物按最大水平投影面积乘以挖土深度(原地面平均标高至坑底高度)以体积计算。

回填：按设计图示尺寸以体积计算。

c. 相关问题处理：

土石方体积按挖掘前的天然密实体积计算。

【例 5-1】某单位传达室基础平面图及基础详图见图 4-27 及图 4-28。已知室内设计地坪标高 0.00 m，室外设计地坪标高−0.3 m；地面垫层、面层等厚度 0.15 m，土壤类别为四类干土，挖出土方双轮车外运 300 m 堆放。试编制土方工程部分工程量清单。(工程量保留 2 位小数)

解：(1) 列项目，计算工程量。见表 5-3。

表 5-3　工程量计算书

序号	清单项目名称	单位	工程量	计 算 过 程
1	平整场地	m^2	48.42	$(9+0.24)\times(5+0.24)=48.42$
2	挖基础土方	m^3	68.35	$42.72\times1.6=68.35$
	垫层底面积	m^2	42.72	$1.2\times((9+5)\times2+(5-1.2)\times2)=1.2\times35.6=42.72$
	挖深	m	1.6	$1.9-0.3=1.6$
3	基础回填土	m^3	44.11	$68.35-4.27-6.49-13.48=44.11$
4	室内回填土	m^3	5.91	$(3-0.24)\times(5-0.24)\times(0.3-0.15)\times3=5.91$

(2) 编制工程量清单。见表 5-4。

表 5-4　分部分项工程量清单与计价表

<table>
<tr><th rowspan="2">序号</th><th rowspan="2">项目编码</th><th rowspan="2">项目名称</th><th rowspan="2">项目特征描述</th><th rowspan="2">计量单位</th><th rowspan="2">工程量</th><th colspan="3">金额(元)</th></tr>
<tr><th>综合单价</th><th>合价</th><th>其中，暂估价</th></tr>
<tr><td>1</td><td>010101001001</td><td>平整场地</td><td>(1) 四类土；
(2) 就地挖填找平</td><td>m^2</td><td>48.42</td><td></td><td></td><td></td></tr>
<tr><td>2</td><td>010101003001</td><td>挖地槽</td><td>(1) 四类土；
(2) 条形基础；
(3) 垫层底宽 1.2 m；
(4) 挖土深 1.6 m；
(5) 双轮车运土 300 m</td><td>m^3</td><td>68.35</td><td></td><td></td><td></td></tr>
<tr><td>3</td><td>010103001001</td><td>基础回填土</td><td>(1) 挖一类土；
(2) 双轮车运土 300 m；
(3) 夯填</td><td>m^3</td><td>44.11</td><td></td><td></td><td></td></tr>
<tr><td>4</td><td>010103001001</td><td>室内回填土</td><td>(1) 挖一类土；
(2) 双轮车运土 300 m；
(3) 夯填</td><td>m^3</td><td>5.91</td><td></td><td></td><td></td></tr>
</table>

② 附录 B 地基处理与边坡支护工程。

a. 内容：共分 2 节 28 个项目，包括地基处理与基坑、边坡支护等内容。

b. 主要项目计量规则：

预制钢筋砼桩：按设计图示尺寸以桩长(包括桩尖)或根数计算。

接桩：按设计图示规定以接头数量(板桩按接头长度)计算。

砼灌注桩：按设计图示尺寸以桩长(包括桩尖)或根数计算。

c. 相关问题处理：砼灌注桩的钢筋笼的钢筋制作、安装，应按相应附录中相关项目编码列项。

③ 附录 C 桩基工程。

a. 内容：附录 C 共分 2 节 11 个项目，包括打桩及灌注桩等内容。

b. 主要项目计量规则：

预制钢筋砼桩：按设计图示尺寸以桩长(包括桩尖)或根数计算。

砼灌注桩：以米计量，按设计图示尺寸以桩长(包括桩尖)计算；以立方米计量，按不同截面在桩上范围内以体积计算；以根计量，按设计图示数。

c. 相关问题处理：混凝土灌注桩的钢筋笼制作、安装，按附录 E 中相关项目编码列项。

【例 5-2】 某工程现场搅拌钢筋砼钻孔灌注桩，土壤类别三类土，单根设计长度 10 m，桩直径 450 mm，设计桩顶距自然地面高度 2 m，砼强度等级 C30，泥浆外运在 5 km 以内，共计 100 根桩。编制桩工程部分工程量清单。(工程量保留 2 位小数)

解：(1) 列项目，计算工程量。见表 5-5。

表 5-5　工程量计算书

序号	清单项目名称	单位	工程量	计 算 过 程
1	钢筋砼钻孔灌注桩	m	1000	10×100＝1000

(2) 编制工程量清单。见表 5-6。

表 5-6　分部分项工程量清单与计价表

序号	项目编码	项目名称	项目特征描述	计量单位	工程量	金额(元)		
						综合单价	合价	其中，暂估价
1	010302001001	钢筋砼钻孔灌注桩	(1) 三类土； (2) 单根长 10 m； (3) 桩直径 450 mm； (4) 钻孔； (5) C30 砼	m	1000			

④ 附录 D 砌筑工程。

a. 内容：砌筑工程共分 4 节 28 个项目，包括砖砌体、砌块砌体、石砌体、垫层等内容。

b. 主要项目计量规则：

砖基础：按设计图示尺寸以体积计算。

实心砖墙：按设计图示尺寸以体积计算。

空心砖墙、砌块墙：按设计图示尺寸以体积计算。

石基础：按设计图示尺寸以体积计算。

c. 相关问题处理：

标准砖尺寸、厚度规定同项目四中表 4-28。

砖基础与墙身划分同项目四中的规定。

砌体内加筋、墙体拉结的制作、安装，应按附录 E 中相关项目编码列项。

除混凝土垫层应按附录 E 中相关项目编码列项外，没有包括垫层要求的清单项目应按附录 D 垫层项目编码列项。

台阶、台阶挡墙、梯带、锅台、炉灶、蹲台、池槽、池槽腿、砖胎模、花台、花池、楼梯栏板、阳台栏板、地垄墙、≤0.3 m^2 的孔洞填塞等，应按零星砌砖项目编码列项。砖砌锅台与炉灶可按外形尺寸以个计算，砖砌台阶可按水平投影面积以平方米计算，小便槽、地垄墙可按长度计算、其他工程按立方米计算。

【例 5-3】　某单位传达室基础平面图及基础详图见图 4-27 及图 4-28。编制砌筑工程部分工程量清单。(工程量保留 2 位小数)

解：(1) 列项目，计算工程量。见表 5-7。

表 5-7　工程量计算书

序号	清单项目名称	单位	工程量	计 算 式
1	砖基础	m^3	16.18	$(1.6+0.197)\times0.24\times[(9+5)\times2+(5-0.24)\times2]=16.18$

(2) 编制工程量清单。见表 5-8。

表 5-8　分部分项工程量清单与计价表

序号	项目编码	项目名称	项目特征描述	计量单位	工程量	金额(元)		
						综合单价	合价	其中，暂估价
1	010301001001	砖基础	(1) MU10 标准砖； (2) 条形基础； (3) 深 1.6 m； (4) M5 水泥沙浆； (5) 防水砂浆防潮层	m^3	16.18			

⑤ 附录 E 混凝土及钢筋混凝土工程。

a. 内容：混凝土及钢筋混凝土工程共分 16 节 79 个项目，包括现浇混凝土基础、现浇混凝土柱、现浇混凝土梁、现浇混凝土墙、现浇混凝土板、现浇混凝土楼梯、现浇混凝土其他构件、后浇带、预制混凝土柱、预制混凝土梁、预制混凝土屋架、预制混凝土板、预制混凝土楼梯、其他预制构件、钢筋工程、螺栓、铁件等内容。

b. 主要项目计量规则：

ⅰ. 现浇砼基础：按设计图示尺寸以体积计算。

ⅱ. 现浇砼柱：按设计图示尺寸以体积计算。

ⅲ. 现浇砼梁：按设计图示尺寸以体积计算。

ⅳ. 现浇砼板：按设计图示尺寸以体积计算。

ⅴ. 现浇砼楼梯：按设计图示尺寸以体积计算。

ⅵ. 预制砼梁：按设计图示尺寸以体积计算。

ⅶ. 预制砼板：按设计图示尺寸以体积计算。

ⅷ. 现浇砼钢筋：按设计图示钢筋长度×单位理论重量计算。

ⅸ. 先张法预应力钢筋：按设计图示钢筋长度×单位理论重量计算。

ⅹ. 预埋铁件：按设计图示尺寸以重量计算。

c. 相关问题处理：

ⅰ. 有肋带形基础、无肋带形基础应按 E.1 中相关项目列项，并注明肋高。

ⅱ. 箱式满堂基础中柱、梁、墙、板按 E.2、E.3、E.4、E.5 相关项目分别编码列项；箱式满堂基础底板按 E.1 的满堂基础项目列项。

ⅲ. 框架式设备基础中柱、梁、墙、板分别按 E.2、E.3、E.4、E.5 相关项目编码列项；基础部分按 E.1 相关项目编码列项。

ⅳ. 现浇挑檐、天沟板、雨棚、阳台与板(包括屋面板、楼板)连接时，以外墙外边线为分界线；与圈梁(包括其他梁)连接时，以梁外边线为分界线。外边线以外为挑檐、天沟、雨棚或阳台。

ⅴ. 整体楼梯(包括直形楼梯、弧形楼梯)水平投影面积包括休息平台、平台梁、斜梁和楼梯的连接梁。当整体楼梯与现浇楼板无梯梁连接时，以楼梯的最后一个踏步边缘加 300 mm 为界。

ⅵ. 现浇混凝土小型池槽、垫块、门框等，应按 E.7 中其他构件项目编码列项。

ⅶ. 现浇构件中伸出构件的锚固钢筋应并入钢筋工程量内。除设计(包括规范规定)标明的搭接外，其他施工搭接不计算工程量，在综合单价中综合考虑。

ⅷ. 现浇构件中固定位置的支撑钢筋、双层钢筋用的“铁马”在编制工程量清单时，其工程数量可为暂估量，结算时按现场签证数量计算。

【例 5-4】 如图 4-47 所示，已知：层高 6 m，砼强度等级 C30，①-②轴板厚 10 cm，②-③轴板厚 16 cm。编制柱、梁、板部分工程量清单(工程量保留 2 位小数)。

解：(1) 列项目，计算工程量。见表 5-9。

表 5-9 工程量计算书

序号	清单项目名称	单位	工程量	计 算 式
1	柱	m^3	4.72	详见例 4-21
2	柱	m^3	12.61	详见例 4-21
3	有梁板(厚 100 mm 内)	m^3	9.93	详见例 4-21
4	有梁板(厚 200 mm 内)	m^3	8.63	详见例 4-21

(2) 编制工程量清单。见表 5-10。

表 5-10 分部分项工程量清单与计价表

序号	项目编码	项目名称	项目特征描述	计量单位	工程量	金额(元)		
						综合单价	合价	其中，暂估价
1	010502001001	矩形柱	(1) 高 6 m； (2) 截面 400 mm × 500 mm； (3) 30 砼	m^3	4.72			
2	010502001002	矩形柱	(1) 高 6 m； (2) 截面(900×1200) mm； (3) 30 砼	m^3	12.61			
3	010505001001	有梁板	(1) 板底标高 5.9 m； (2) 板厚 100 mm； (3) C30 砼	m^3	9.93			
4	010505001002	有梁板	(1) 板底标高 5.84 m； (2) 板厚 160 mm； (3) C30 砼	m^3	8.63			

【例 5-5】 已知某工程使用单块体积为 0.154 m^3 的 C30YKB 预应力空心板共 50 块，编制预应力空心板部分的工程量清单。(构件尺寸 600 mm × 3600 mm，3 km 运输，塔吊安装，M10 水泥砂浆灌缝)

解：(1) 列项目，计算工程量。见表 5-11。

表 5-11　工程量计算书

序号	清单项目名称	单位	工程量	计 算 过 程
1	预应力空心板	块	50	

(2) 编制工程量清单。见表 5-12。

表 5-12　分部分项工程量清单与计价表

序号	项目编码	项目名称	项目特征描述	计量单位	工程量	金额(元)		
						综合单价	合价	其中，暂估价
1	010512002001	预应力空心板	(1) 构件尺寸 600 mm × 3600 mm； (2) 塔吊安装 3 m 高； (3) C30 砼； (4) 运输 3 km； (5) M10 水泥砂浆灌缝	块	50			

⑥ 附录 F 金属结构工程。

a. 内容：共分 7 节 31 个项目。包括钢网架、钢屋架、钢托架、钢桁架、钢桥架；钢柱；钢梁；钢板楼板；墙板；钢构件；金属制品。适用于建筑物、构筑物的钢结构工程。

b. 主要项目计量规则：零星钢构件按设计图示尺寸以质量计算。不扣除孔眼的质量，焊条、铆钉、螺栓等不另增加质量。

c. 相关问题处理：加工铁件等小型构件，应按零星钢构件项目编码列项。

【例 5-6】 某工程预埋件见图 4-64。共 200 个。预埋铁件刷防锈漆两遍。编制预埋件工程清单。

解：(1) 列项目，计算工程量。见表 5-13。

表 5-13　工程量计算书

序号	清单项目名称	单位	工程量	计 算 过 程
1	预埋件	t	0.796	见表 4-60

(2) 编制工程量清单。见表 5-14。

表 5-14　分部分项工程量清单与计价表

序号	项目编码	项目名称	项目特征描述	计量单位	工程量	金额(元)		
						综合单价	合价	其中，暂估价
1	010516002001	预埋件	(1) 6 mm 厚钢板，ϕ12 mm 钢筋； (2) 预埋件； (3) 刷防锈漆两遍	t	0.796			

⑦ 附录G木结构工程。

a. 附录G内容：共分3节8个项目。包括木屋架、木构件、屋面木基层。

b. 主要项目计量规则：

木楼梯：按设计图示尺寸以水平投影面积计算。不扣除宽度小于300 mm的楼梯井，伸入墙内部分不计算。

c：相关问题处理：木楼梯的栏杆、扶手，应按附录O中的相应项目编码列项。

⑧ 附录H门窗工程。

a. 附录H内容：共分10节53个项目。包括木门；金属门；金属卷帘门；厂库房大门、特种门；其他门；木窗；金属窗；门窗套；窗台板；窗帘、窗帘盒、窗帘轨。适用于门窗工程。

b. 主要项目计量规则：

ⅰ. 木门：按设计图示数量或设计洞口尺寸以面积计算。

ⅱ. 金属门：按设计图示数量或设计洞口尺寸以面积计算。

ⅲ. 金属窗：按设计图示数量或设计洞口尺寸以面积计算。

c. 有关工程量计量说明：

ⅰ. 门窗工程量均以“樘”计算，如遇框架结构的连续长窗也以“樘”计算，但对连续长窗的扇数和洞口尺寸应在工程量清单中进行描述。

ⅱ. 门窗套、门窗贴脸、筒子板“以展开面积计算”，即指按其铺钉面积计算。

d. 有关项目的说明：

ⅰ. 木门窗五金包括：折页、插锁、风钩、弓背拉手、搭扣、弹簧折页、管子拉手、地弹簧、滑轮、滑轨、门轧头、铁角、木螺丝等。

ⅱ. 铝合金门窗五金包括：卡销、滑轮、铰拉、执手、拉把、拉手、风撑、角码、牛角制、地弹簧、门销、门插、门铰等。

ⅲ. 其他五金包括：L形执手锁、球形执手锁、地锁、防盗门扣、门眼、门碰珠、电子锁(磁卡锁)、闭门器、装饰拉手等。

ⅳ. 门窗框与洞口之间缝的填塞，应包括在报价内。

ⅴ. “特殊五金”项目指贵金五金及业主认为应单独列项的五金配件。

e. 有关项目特征的说明：

ⅰ. 项目特征中的门窗类型是指带亮子或不带亮子、带纱或不带纱、单扇、双扇或三扇、半百页或全百页、半玻或全玻、全玻自由门或半玻自由门、带门框或不带门框、单独门框和开启方式(平开、推拉、折叠)等。

ⅱ. 框截面尺寸(或面积)指边立挺截面尺寸(或面积。)

ⅲ. 特殊五金名称是指拉手、门锁、窗锁等，用途是指具体使用的门或窗，应在工程量清单中进行描述。

ⅳ. 门窗套、贴脸板、筒子板和窗台板项目，包括底层抹灰，如底层抹灰已包括在墙、柱面底层抹灰内，应在工程量清单中进行描述。

f. 其他相关问题的处理：

ⅰ. 木门五金应包括：折页、插销、风钩、弓背拉手、搭扣、木螺丝、弹簧折页(自动门)、管子拉手(自由门、地弹门)、地弹簧(地弹门)、角铁、门轧头(地弹门、自由门)等。

ⅱ. 铝合金窗五金应包括：卡锁、滑轮、铰拉、执手、拉把、拉手、风撑、角码、牛角制等。

ⅲ. 铝合门五金应包括：地弹簧、门锁、拉手、门插、门铰、螺丝等。

d. 其他门五金应包括 L 形执手插锁(双舌)、球形执手锁(单舌)、门轧头、地锁、防盗门扣、门眼(猫眼)、门碰珠、电子销(磁卡销)、闭门器、装饰拉手等。

【例 5-7】 三冒头无腰镶板双开门 10 樘，门洞尺寸 1.20 m × 2.10 m。镶板双开门润油粉、刮腻子、油色、清漆三遍。编制镶板门工程量清单。

解：(1) 列项目，计算工程量。见表 5-15。

表 5-15 工程量计算书

序号	清单项目名称	单位	工程量	计 算 过 程
1	镶板木门	樘	10	1 × 10 = 10

(2) 编制工程量清单。见表 5-16。

表 5-16 分项工程量清单与计价表

序号	项目编码	项目名称	项目特征描述	计量单位	工程量	金额(元)		
						综合单价	合价	其中，暂估价
1	010801001001	镶板木门	1. 三冒头无腰镶板双开木门； 2. 框料断面 60 cm^2；扇料断面 55 cm^2； 3. 润油粉、刮腻子、油色、清漆三遍	樘	10			

⑨ 附录 I 屋面及防水工程。

a. 附录 I 内容：共分 4 节 21 个项目。包括瓦；型材及其他屋面；屋面防水及其他；墙地面防水、防潮；楼地面防水、防潮。适用于建筑物屋面工程以及防水工程。

b. 主要项目计量规则：

瓦屋面：按设计图示尺寸以斜面积计算。

屋面卷材防水：按设计图示尺寸以面积计算。

屋面刚性防水：按设计图示尺寸以面积计算。

屋面排水管：按设计图示尺寸以长度计算。

c. 相关问题处理：瓦屋面应按相关项目编码列项。

⑩ 附录 J 保温、隔热、防腐工程。

a. 内容：附录 J 共分 3 节 16 个项目。包括保温、隔热；防腐面层；其他防腐。适用于工业与民用楼地面、墙体；屋盖的保温隔热；建筑的基础、地面、墙面防腐工程。

b. 主要项目计量规则：

保温隔热屋面：按设计图示尺寸以面积计算。扣除面积大于 0.3 m^2 孔洞所占面积。

【例 5-8】 某工程屋面见图 4-53、4-68，3%找坡，保温最薄处 60 mm，绿豆砂保护层。(挑檐、雨篷部分不计)编制防水及保温工程清单。(1∶2 水泥砂浆找平改为 1∶3 水泥砂浆找平，1∶10 水泥珍珠岩保温改为 1∶8 水泥珍珠岩保温，双层冷粘法，SBS 封口油膏，绿豆沙防护层)。

解：(1) 列项目，计算工程量。见表 5-17。

表 5-17 工程量计算书

序号	清单项目名称	单位	工程量	计 算 公 式
1	屋面卷材防水	m²	75.51	详见表 4-36
2	保温隔热屋面	m²	66.94	$(11.6 - 0.24 \times 2) \times (6.5 - 0.24 \times 2) = 66.94$

(2) 编制工程量清单。见表 5-18。

表 5-18 分部分项工程量清单与计价表

序号	项目编码	项目名称	项目特征描述	计量单位	工程量	金额(元)		
						综合单价	合价	其中，暂估价
	010902001001	屋面卷材防水	1. 1∶3 水泥砂浆找平层； 2. SBS 卷材防水； 3. 双层冷粘法； 4. SBS 封口油膏； 5. 绿豆沙防护层	m²	75.51			
	011001001001	保温隔热屋面	1. 1∶3 水泥砂浆找平层； 2. 1∶8 水泥珍珠岩保温	m²	66.94			

⑪ 附录 K 楼地面装饰工程。

a. 内容：本章共 8 节 43 个项目。包括楼地面抹灰；楼地面镶贴；橡塑面层；其他材料面层；台阶装饰；零星装饰等内容。适用于楼地面、楼梯、台阶等装饰工程。

b. 主要项目计量规则：

i. 楼地面抹灰：按设计图示尺寸以面积计算。扣除凸出地面构筑物、设备基础、室内铁道、地沟等所占面积，不扣除间壁墙和 0.3 m² 以内的柱、垛、附墙烟囱及孔洞所占面积。门洞、空圈、暖气包槽、壁龛的开口部分不增加面积。

ii. 楼地面镶贴：按设计图示尺寸以面积计算。门洞、空圈、暖气包槽、壁龛的开口部分并入相应工程量内。

iii. 踢脚线：按设计图示长度乘以高度以面积计算或按延长米计算。

iv. 楼梯面层：按设计图示尺寸以楼梯(包括踏步、休息平台及 500 mm 以内的楼梯井)水平投影面积计算。楼梯与楼地面相连时，算至梯口梁内侧边沿；无梯口梁者，算至最上一层踏步边沿加 300 mm。按设计图纸尺寸以扶手中心线长度(包括弯头长度)计算。

v. 台阶装饰：按设计图示尺寸以台阶(包括最上层踏步边沿加 300 mm)水平投影面积计算。

vi. 零星装饰项目：按设计图示尺寸以面积计算。

c. 有关工程量计量说明：

i. 单跑楼梯不论其中间是否有休息平台，其工程量与双跑楼梯同样计算。

ii. 台阶面层与平台面层是同一种材料时，平台计算面层后，台阶不再计算最上一层踏步面积；如台阶计算最上一层踏步(加 30 cm)，平台面层中必须扣除该面积。包括垫层的地面和不包括垫层的楼面应分别计算工程量，分别编码(第五级编码)列项。

iii. 楼梯、台阶牵边和侧面镶贴块料面层，小于等于 0.5 m^2 的少量分散的楼地面镶贴块料面层，应按表 K8 零星项目编码列项。

【例 5-9】 小型住宅室内普通水磨石地面如图 4-69 所示。水磨石地面做法为：100 mm 厚碎石，60 mm 厚 C10 砼，20 mm 厚 1∶3 水泥砂浆找平，15 mm 厚 1∶2 水泥白石子浆面层，嵌玻璃条，酸洗打蜡，配套预制水磨石踢脚线。编制水磨石地面工程量清单。

解：(1) 列项目，计算工程量。见表 5-19。

表 5-19 工程量计算书

序号	清单项目名称	单位	工程量	计 算 公 式
1	现浇水磨石地面	m^2	51.15	[(6 − 0.24)(3 − 0.24) × 2 + (6 − 0.24)(3.6 − 0.24)]=51.15
2	水磨石踢脚线	m^2	7.85	(3 − 0.24+6 − 0.24) × 2 × 2 + (3.6 − 0.24 + 6 − 0.24) × 2 × 0.15=7.85

(2) 编制工程量清单。见表 5-20。

表 5-20 分部分项工程量清单与计价表

序号	项目编码	项目名称	项目特征描述	计量单位	工程量	金额(元)		
						综合单价	合价	其中，暂估价
1	011101002001	现浇水磨石地面	1. 100 mm 厚碎石； 2. 60 mm 厚 C10 砼； 3. 20 mm 厚 1∶3 水泥砂浆找平； 4. 15 mm 厚 1∶2 水泥白石子浆面层； 5. 玻璃线条； 6. 酸洗打蜡	m^2	51.15			
	011105003001	水磨石踢脚线	踢脚线 150 mm； 与地面配套	m^2	7.85			

⑫ 附录 L 墙、柱面装饰与隔断、幕墙工程。

a. 内容：共 10 节 33 个项目。包括墙面抹灰、柱(梁)面抹灰、零星抹灰、墙面块料面层、柱(梁)面镶贴块料、镶贴零星块料，墙饰面、柱(梁)饰面、幕墙工程、隔断。

b. 主要项目计量规则：

i. 墙面抹灰：按设计图示尺寸以面积计算。扣除墙裙、门窗洞口及单个 0.3 m^2 以外的孔洞面积，不扣除踢脚线、挂镜线和墙与构件交接处的面积，门窗洞口和孔洞的侧壁及顶面不增加面积。附墙柱、梁、垛、烟囱侧壁并入相应的墙面面积内。

外墙抹灰面积按外墙垂直投影面积计算即按其长度乘以高度计算。

内墙抹灰面积按主墙间的净长乘以高度计算.无墙裙的，高度按室内楼地面至天棚底面计算；有墙裙的，高度按墙裙顶至天棚底面计算;内墙裙抹灰面按内墙净长乘以高度计算。

ⅱ. 柱面抹灰按设计图示柱断面周长乘以高度以面积计算。

ⅲ. 零星抹灰按设计图示尺寸以面积计算。

ⅳ. 墙面镶贴块料面层按镶贴表面积计算。

ⅴ. 柱面镶贴块料按镶贴表面积计算。

ⅵ. 镶贴零星块料按镶贴表面积计算。

c. 其他相关问题的处理：

ⅰ. 石灰砂浆、水泥砂浆、水泥混合砂浆、聚合物水泥砂浆、麻刀石灰、纸筋石灰、石膏灰等的抹灰应按墙面一般抹灰列项；水刷石、斩假石(剁斧石、剁假石)、干粘石、假面砖等的抹灰应按墙面装饰抹灰列项。

ⅱ. 墙、柱面小于等于 0.5m²以内的少量分散的抹灰和镶贴块料面层，应按 L.3 零星抹灰项目编码列项。

⑬ 附录 M 天棚工程。

a. 内容：本章共 4 节 10 个项目。包括天棚抹灰、天棚吊顶、采光天棚工程、天棚其他装饰。适用于天棚装饰工程。

b. 主要项目计量规则：

天棚抹灰(编码：020301)：按设计图示尺寸以水平投影面积计算。不扣除间壁墙、垛、柱、附墙烟囱、检查口和管道所占的面积，带梁天棚、梁两侧抹灰面积并入天棚面积内，板式楼梯底面抹灰按斜面积计算。

锯齿形楼梯底板抹灰按展开面积计算。

⑭ 附录 N 油漆、涂料、裱糊工程。

a. 内容：共 8 节 36 个项目。包括门油漆、窗油漆、木扶手及其他油漆、板条面、线条面、木材面油漆、金属面油漆、抹灰面油漆、喷刷涂料、裱糊等。适用于门窗油漆、金属、抹灰面油漆工程等内容。

b. 主要项目计量规则：

ⅰ. 门油漆：按设计图示数量或洞口面积计算。

ⅱ. 窗油漆：按设计图示数量或洞口面积计算。

ⅲ. 金属面油漆：按设计图示尺寸以质量或按展开面积计算。

ⅳ. 喷刷、涂料：按设计图示尺寸以面积计算。

f. 其他相关问题的处理：门油漆应区分单层木大门、双层(一玻一纱)木门、双层(单裁口)木门、全玻自由门、半玻自由门、装饰门及有框门或无框门等，分别编码列项。

⑮ 附录 O 其他装饰工程。

a. 内容：共 8 节 58 个项目。包括柜类、货架；装饰线；扶手、栏杆、栏板装饰；暖气罩；浴厕配件；雨棚、旗杆；招牌、灯箱；美术字等项目。

b. 主要项目计量规则：

ⅰ. 柜类、货架：按设计图示数量计算或按设计图示尺寸以延长米计算。

ⅱ. 装饰线：按设计图示尺寸以长度计算。

iii. 扶手、栏杆、栏板装饰：按设计图示以扶手中心线长度计算。

iv. 浴厕配件：按设计图示数量计算或按设计图示尺寸以边框外围面积等。

⑯ 附录 P 拆除工程。

a. 内容：共 15 节 35 个项目。包括砖砌体拆除；砼及砼构件拆除；木构件拆除；抹灰层拆除；块料面层拆除；龙骨及饰面拆除；屋面拆除；铲除油漆涂料裱糊面；栏杆、轻质隔墙隔断铲除；门窗拆除；金属构件拆除；管道及卫生洁具拆除；灯具、玻璃拆除；其他构件拆除；开孔。

b. 主要项目计量规则：

i. 砖砌体拆除：按拆除的体积计算或按拆除的延长米计算。

ii. 砼及砼构件拆除：按拆除构件的砼体积计算或按拆除部位的面积计算或按拆除部位的延长米计算。

iii. 铲除油漆涂料裱糊面：按铲除部位的面积计算或按铲除部位的延长米计算。

iv. 门窗拆除：按拆除面积或拆除镗数计算。

(三) 措施项目清单表的编制

措施项目：为完成工程项目施工，发生于该工程施工准备和施工过程中的技术、生活、安全、环境保护等方面的非工程实体项目。

所谓非实体性项目，一般来说，其费用的发生和金额的大小与使用时间、施工方法或者两个以上工序相关，与实际完成的实体工程量的多少关系不大，典型的是大中型施工机械、文明施工和安全防护、临时设施等。但有的非实体性项目，则是可以计算工程量的项目，典型的是模板工程、脚手架等。

1. 措施项目清单的列项要求

措施项目清单的编制需考虑多种因素，除工程本身的因素以外，还涉及水文、气象、环境、安全等因素。若出现本规范未列的项目，可根据工程实际情况作补充。

措施项目包括一般措施项目和专业工程的措施项目。

一般措施项目是指各专业工程的措施项目清单中均可列的措施项目。通用措施项目可按表 5-21 列项。

表 5-21　一般措施项目一览表

序　号	项 目 名 称
1	安全文明施工(含环境保护、文明施工、安全施工、临时设施)
2	夜间施工
3	二次搬运
4	冬雨季施工
5	大型机械设备进出场及安拆
6	施工排水
7	施工降水
8	地上、地下设施，建筑物的临时保护设施
9	已完工程及设备保护

专业工程措施项目是指与各专业有关的措施项目。建筑工程的专业工程的措施项目可按附录中规定的项目选择列项。见表 5-22。

表 5-22　专业项目

序　号	项 目 名 称
1	混凝土，钢筋混凝土模板及支架
2	脚手架
3	垂直运输机械
4	超高增加量

2. 附录 Q 措施项目

a. 内容：共 5 节 61 个项目。内容包括：一般措施项目、脚手架、砼模板及支架、垂直运输、超高施工增加费。

b. 主要项目计量规则：

i. 一般措施项目：按项。

ii. 脚手架：按建筑面积等。

iii. 砼模板及支架：按模板与现浇砼构件的接触面积计算。

iv. 垂直运输：按建筑面积或施工工期日历天数。

v. 超高施工增加：按超高部分的建筑面积。

3. ××省关于措施项目清单的编制的规定

实际编制清单时，××省可参照下列内容并结合拟建工程的实际情况列项。

(1) 按“项”计算的措施项目：①安全文明施工；②夜间施工增加；③非夜间施工照明；④二次搬运；⑤冬雨季施工增加费；⑥大型机械进出厂及安拆；⑦施工排水；⑧施工降水；⑨临时保护设施；⑩已完工程及设备保护。

【例 5-10】　某工程措施项目费中有现场安全文明施工措施费、冬雨季施工增加费、临时设施费、已完工程及设备保护，编制措施项目工程量清单表。

解：编制工程量清单见表 5-23。

表 5-23　措施项目清单与计价表

项目编码	项 目 名 称	计算基础	费率(%)	金额(元)
011701001001	现场安全文明施工措施费			
011701005001	冬雨季施工增加			
011701009001	临时保护设施			
011701010001	已完工程及设备保护			
合　　计				

(2) 与分部分项工程费计算相同的项目：略。

(四) 其他项目清单表的编制

其他项目：是指对工程中可能发生或必然发生，但价格或工程量不能确定的项目费用的列支。

1．其他项目清单列项内容

其他项目清单列项内容包括：① 暂列金额；② 暂估价：③计日工：④ 总承包服务费。

其他项目工程量清单表编制示例(按招标文件中给出的金额列出，如暂列金额 20 000 元，钢筋 4000 元/t，进户门 5000 元/樘)。见表 5-24。

表 5-24　其他项目清单与计价汇总表

序号	项 目 名 称	计量单位	金额(元)	备　注
1	暂列金额	项	20 000	
2	暂估价			
2.1	材料暂估价	t	4000	钢筋
2.2	专业工程暂估价	樘	5000	进户门
3	计日工			
4	总承包费			
合　计				

(五) 规费、税金清单表的编制

1．规费

规费：是指按规定应计入的费用。

规费包括：工程排污费；社会保障费；住房公积金、工伤保险。

规费清单列项为：工程排污费；社会保障费；住房公积金、工伤保险。

2．税金

税金应包括营业税、城市建设维护税、教育费附加。清单列项为税金。

规费、税金工程量清单表示例(将名称列出)见表 5-25。

表 5-25　规费、税金项目清单与计价表

序号	项目名称	计 算 基 础	费率(%)	金额(元)
1	规费			
1.1	工程排污费	分部分项工程费+措施项目费+其他项目费		
1.2	社会保障费	分部分项工程费+措施项目费+其他项目费		
1.3	住房公积金	分部分项工程费+措施项目费+其他项目费		
1.4	工伤保险	分部分项工程量＋措施项目费＋其他项目费		
2	税金	分部分项工程费+措施项目费+其他项目费+规费		

(六) 总说明的填写内容

(1) 工程概况：建设规模、工程特征、计划工期、合同工期、实际工期、施工现场及变化情况、施工组织设计的特点、自然地理条件、环境保护要求等。

(2) 工程招标和分包范围。

(3) 工程量清单编制依据。

(4) 其他需要说明的问题(工程质量、材料、施工等的特殊要求)。

总说明填写示例见图 5-4 所示。

总　说　明

工程名称：建筑学院教师住宅工程　　　　第 1 页　共 1 页

一、工程概况

本工程为砖混结构，建筑层数为六层，建筑面积为 10 940 m^2，计划工期为 300 日历天。施工现场距教学楼最近处为 20 m。

二、工程招标范围

本次招标范围为施工图范围内的建筑工程。

三、工程量清单编制依据

1. 住宅楼施工图。

2.《建设工程工程清单计价规范》(GB50500—2013)、《房屋建筑与装饰工程计量》(GB50500—2013)。

3、建筑学院教师住宅招标文件。

四、其他需要说明的问题

1. 暂列金额 20 000 元。

2. 招标人供应现浇构件的全部钢筋，单价暂定为 4000 元/t。

3. 进户防盗门另外进行专业发包。暂按 5000 元/樘。

图 5-4　总说明填写示例

(七) 封面的填写

1. 术语释解

(1) 发包人：有时也称建设单位或业主，在工程招标发包中，又被称为招标人。

(2) 承包人：有时也称施工企业，在工程招标发包中，投标时又被称为投标人，中标后称为中标人。

(3) 造价工程师：是指按照《注册造价工程师管理办法》(建设部令第 150 号)，经全国统一考试合格，取得造价工程师执业资格证书，经批准注册在某一个单位从事工程造价活动的专业技术人员。

(4) 造价员：是指通过考试，取得《全国建设工程造价员资格证书》，在某一个单位从事工程造价活动的专业人员。

(5) 工程造价咨询人：是指按照《工程造价咨询企业管理办法》(建设部令第 149 号)，取得工程造价咨询资质，在其资质许可范围内接受委托，提供工程造价咨询服务的企业。

2. 封面的填写内容

封面应按规定的内容填写、签字、盖章，造价员编制的工程量清单应有负责审核的造价工程师签字、盖章。

封面填写示例见图 5-5 所示。

建筑学院教师住宅工程

工程量清单

建筑学院 招 标 人：单位公章 (单位盖章)	工程造价 ×××造价咨询公司 咨询人：资质专用章 (单位资质专用章)
法定代表人： 建筑学院 或其授权人：法定代表人 (签字或盖章)	法定代表人：×××造价咨询公司 或其授权人：法定代表人 (签字或盖章)
×××签字 盖造价工程师 编 制 人：或造价员专用章 (造价人员签字盖专用章)	×××签字 复 核 人：盖造价工程师专用章 (造价工程师签字盖专用章)
编制时间：2013年4月5日	复核时间：2013年4月7日

图5-5 封面填写示例

单元三 工程量清单文件编制综合实训

一、任务

根据施工图纸(图4-75～4-78)编制工程量清单文件1份。

二、要求

分组编制，每组人员8～10人。每个人要独立完成1份完整的工程量清单文件。

单元四 工程量清单计价文件的编制

一、概述

1．术语释解

(1) 工程量清单计价：根据发包人提供的工程量清单以及国家或省级、行业建设主管部门颁发的有关计价依据和办法、设计施工图纸、施工组织设计、施工规范等确定清单综合单价，汇总形成建安工程造价的一种计价方式。

(2) 招标控制价(标底)：招标人按设计施工图纸计算的，对招标工程限定的最高工程造价。

(3) 投标报价：由投标人依据招标文件中的工程量清单，招标文件的有关要求，施工现场实际情况，结合投标人自身技术和管理水平、经营状况、机械配备，制定出施工组织设计以及本企业编制的企业定额(或参考当地消耗量定额)市场价格信息编制工程造价。

(4) 投标报价：投标人投标时报出的工程造价。

2．工程量清单计价的基本原理

工程量清单计价的基本原理可以描述为：在统一的工程量计算规则的基础上，编制工程量清单，再根据各种渠道所获得的工程造价信息和经验数据计算得到工程造价。

3．工程量清单计价编制的依据

工程量清单计价应根据下列依据进行编制：

(1) 《建设工程工程量清单计价规范》(GB50500—2013)；

(2) 国家或省级、建设行业主管部门颁发的计价定额和计价办法；

(3) 建设工程设计文件及相关资料；

(4) 拟定的招标文件及招标的工程量清单；

(5) 与建设项目相关的标准、规范技术资料；

(6) 施工现场情况、工程特点及常规施工方案；

(7) 工程造价管理机构发布的工程造价信息，工程造价信息没有发布的参考市场价。

(8) 其他的相关资料。

4．工程量清单计价编制的内容

工程量清单计价文件由下列内容组成：封面，总说明，投标报价汇总表，分部分项工程量清单计价表，措施项目清单计价表，其他项目清单计价表，规费、税金项目清单计价表，工程量清单综合单价分析表，措施项目清单综合单价分析表。

5．工程量清单计价的格式(见编制实例)

工程量清单计价表宜采用统一格式，但由于行业、地区的一些特殊情况，省级或行业建设主管部门可在规范提供计价格式的基础上予以补充。

6．工程量清单计价编制步骤(手编工程量清单计价文件的步骤)(图 5-6)

(1) 针对工程量清单进行组价：按《预算定额》(或《计价表》)计算出相应的工程量，并进行组价，计算出清单的综合单价；

(2) 编制分部分项工程量清单计价表；

(3) 编制措施项目清单计价表；

(4) 编制其他项目清单计价表；

(5) 编制规费、税金项目清单计价表；

(6) 编制计价汇总表；

(7) 复核；

(8) 填写总说明；

(9) 填写封面，装订。

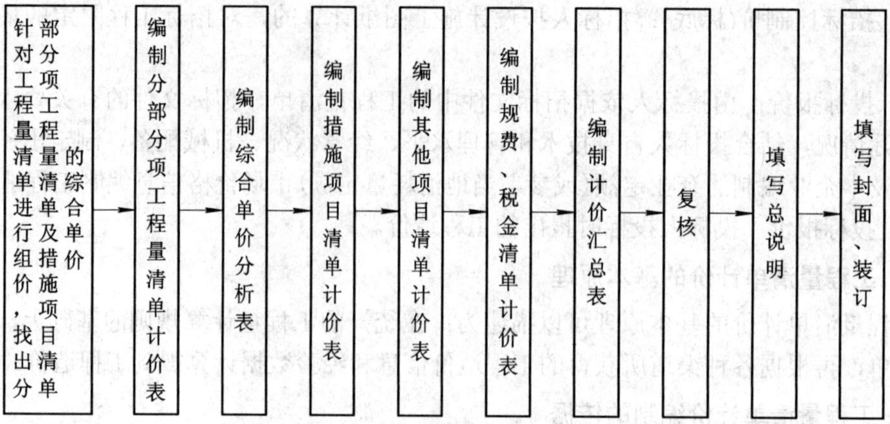

图 5-6　工程量清单计价编制程序图

二、工程量清单计价文件的编制(招标控制价及投标报价的编制)

工程量清单计价文件编制的一般规定：

(1) 采用工程量清单计价，建设工程造价由分部分项工程费、措施项目费、其他项目费、规费和税金组成。

(2) 分部分项工程量清单的综合单价是完成一个规定计量单位的分部分项工程量清单项目或措施清单项目所需的人工费、材料费、施工机械使用费、企业管理费、利润以及包含一定范围风险因素的价格表示。

① 使用的计价标准、计价政策应是国家或省级、行业建设主管部门颁布的计价定额和相关政策规定；

② 采用的材料价格应是工程造价管理机构通过工程造价信息发布的材料单价，工程造价信息未发布材料单价的材料，其材料价格应通过市场调查来确定。

(3) 工程量清单标明的工程量，在计价时不得更改。

(4) 措施项目清单计价应根据拟建工程的施工组织设计确定。对于可以计算工程量的措施项目，应按分部分项工程量清单的方式采用综合单价计价；其余的措施项目可以以“项”为单位的方式计价，应包括除规费、税金外的全部费用。

(5) 措施项目清单中的安全文明施工费应按照国家或省级、行业建设主管部门的规定计价，不得作为竞争性费用。

(6) 其他项目清单应根据工程特点和规范的规定来进行计价。

(7) 工程量清单中提供了暂估价的材料和专业工程属于依法必须招标的，由承包人和招标人共同通过招标确定材料单价与专业工程分包价。

① 若材料不属于依法必须招标的，经发、承包双方协商确认单价后计价。

② 若专业工程不属于依法必须招标的，由发包人、总承包人与分包人按有关计价依据进行计价。

(8) 规费和税金应按国家或省级、行业建设主管部门的规定计算。

(一) 分部分项工程量清单计价表的编制

1. 投标人对分部分项工程费中的综合单价的确定依据和原则

(1) 工程量的确定，依据分部分项工程量清单中的工程量；

(2) 综合单价的组成内容应符合规范的规定；

(3) 招标文件中提供了暂估单价的材料，应按暂估的单价计入综合单价；

(4) 综合单价中应考虑招标文件中要求投标人承担的风险内容及其范围(幅度)产生的风险费用。在施工过程中，当出现的风险内容及其范围(幅度)在合同约定的范围内时，工程价款不作调整。

实行工程量清单招标，招标人在招标文件中提供工程量清单，其目的是使各投标人在投标报价中具有共同的竞争平台。因此要求投标人在投标报价中填写的工程量清单的项目编码、项目名称、项目特征、计量单位、工程数量必须与招标人招标文件中提供的一致。

2. 综合单价的组价

(1) 分部分项工程费综合单价的组成内容，按分部分项工程量清单项目的特征描述确定综合单价。

(2) 综合单价中应考虑招标文件中要求投标人承担的风险费用。

(3) 招标文件中提供了暂估单价的材料，按暂估的单价计入综合单价。

(4) 招标人应在招标文件中或在签订合同时，明示投标人应该考虑的风险内容及其风险范围或风险幅度。

【例 5-11】 题同例 5-1。试编制土方部分清单计价表。(按计价表，不调整。工程量、金额均保留 2 位小数)

解：(1) 列出组价项目，计算组价工程量。见表 5-26。

表 5-26　工程量计算书

序号	清单项目或组价项目名称	单位	工程量	计 算 过 程
1	平整场地	m^2	48.42	
①	平整场地	m^2	122.34	$(9+0.24+4)\times(5+0.24+4)=122.34$
2	挖地槽	m^3	68.35	
①	挖地槽	m^3	89.09	$1.6\times1.6\times34.8=89.09$
②	双轮车运土 300 m		89.09	
3	基础回填土	m^3	44.11	
①	基础回填土	m^3	64.85	$89.09-4.27-6.49-13.48=64.85$
②	挖一类土	m^3	64.85	
③	双轮车运土 300 m	m^3	64.85	
4	室内回填土	m^3	5.91	
①	室内回填土	m^3	5.91	$(3-0.24)\times(5-0.24)\times(0.3-0.15)\times3=5.91$
②	挖土方	m^3	5.91	
③	双轮车运土 300 m	m^3	5.91	

(2) 组价过程见表 5-27。

表 5-27 清单组价表

清单项目				清单所含组项					
项目名称	计量单位	清单数量	清单综单价(元)	计价表编号	计价表项目名称	计量单位	工程量	综合单价(元)	合价(元)
A	B	C	D=∑J÷C	E	F	G	H	I	J=∑HI
平整场地	m^2	48.42	229.27/48.42=4.74	1-98	平整场地	10 m^2	12.234	18.74	229.27
挖地槽	m^3	68.35	3221.20/68.35=47.13	1-28	挖基槽	m^3	89.09	24.00	2138.76
				1-92 换	土方运输	m^3	89.09	12.15	1082.44
						小计			3221.20
基础回填土	m^3	44.11	1737.99/44.11=39.40	1-104	基础回填土	m^3	64.85	10.70	693.90
				1-1	挖一类土方	m^3	64.85	3.95	256.16
				1-92 换	土方运输	m^3	64.85	12.15	787.93
						小计			1737.99
室内回填土	m^3	5.91	150.94/5.91=25.54	1-102	室内回填土	m^3	5.91	9.44	55.79
				1-1	挖一类土方	m^3	5.91	3.95	23.34
				1-92 换	土方运输	m^3	5.91	12.15	71.81
						小计			150.94
说明：1-92 换　综合单价=6.25+1.18×5=12.15(元)									

(3) 编制工程量清单计价表。见表 5-28。

表 5-28 分部分项工程量清单与计价

序号	项目编码	项目名称	项目特征描述	计量单位	工程量	金额(元)		
						综合单价	合价	其中，暂估价
1	010101001001	平整场地	(1) 四类土； (2) 就地挖填找平	m^2	48.42	4.74	229.51	
2	010101002001	挖地槽	(1) 四类土； (2) 条形基础； (3) 垫层底宽 1.2 m； (4) 挖土深 1.6 m； (5) 双轮车运土 300 m	m^3	68.35	47.13	3221.34	

续表

序号	项目编码	项目名称	项目特征描述	计量单位	工程量	金额(元)		
						综合单价	合价	其中，暂估价
3	010103001001	基础回填土	(1) 夯填； (2) 挖一类土； (3) 双轮车运土 300 m	m^3	44.11	39.40	1737.93	
4	010103001001	室内回填土	(1) 夯填； (2) 挖一类土； (3) 双轮车运土 300 m	m^3	5.91	25.54	150.94	
小计							5339.72	

【例 5-12】 题同例 5-2。试编制桩工程部分工程量清单计价表。(按计价表，不调整。工程量、金额均保留 2 位小数)

解：(1) 列出组价项目，计算组价工程量。见表 5-29。

表 5-29 工程量计算书

序号	清单项目或组价项目名称	单位	工程量	计 算 过 程
1	钻孔灌注桩	m	1000	见表 5-5
①	钻土孔	m^3	190.88	见表 4-20
②	桩身砼	m^3	166.22	见表 4-20
③	泥浆外运	m^3	190.88	见表 4-20
④	砖砌泥浆池	m^3	166.22	见表 4-20

(2) 组价过程见表 5-30。

表 5-30 清单组价表

清 单 项 目				清单所含组项					
项目名称	计量单位	清单数量	清单综单价(元)	计价表编号	计价表项目名称	计量单位	工程量	综合单价(元)	合 价(元)
A	B	C	D=∑J÷C	E	F	G	H	I	J=∑HI
钢筋砼钻孔灌注桩	m	1000	99357.61/1000=99.36	2-29	钻土孔	m^3	190.88	177.38	33858.29
				2-35	桩身砼	m^3	166.22	305.26	50740.32
				2-37	泥浆外运	m^3	190.88	76.45	14592.78
				桩 68 注 3	砖砌泥浆池	m^3	166.22	1	166.22
				小计					99357.61

(3) 编制工程量清单计价表。见表 5-31。

表 5-31　分部分项工程量清单与计价表

序号	项目编码	项目名称	项目特征描述	计量单位	工程量	金额(元)		
						综合单价	合价	其中，暂估价
1	010302001001	钢筋砼钻孔灌注桩	(1) 三类土； (2) 单根长 10 m，100 根； (3) 桩直径 450 mm； (4) 钻孔； (5) C30 砼	m	1000	99.36	99 360	

【例 5-13】 题同例 5-3。试编制砖基础工程量清单计价表。(按计价表，不调整。工程量、金额均保留 2 位小数)

解：(1) 列出组价项目，计算组价工程量。见表 5-32。

表 5-32　工程量计算书

序号	清单项目或组价项目名称	单位	工程量	计 算 过 程
1	砖基础	m^3	16.18	
①	标准砖砖基础	m^3	16.18	$(1.6+0.197)\times0.24\times[(9+5)\times2+(5-0.24)\times2]=16.18$
②	墙基防潮层	m^2	9.00	$[(9+5)\times2+(5-0.24)\times2]\times0.24=9.00$

(2) 组价过程见表 5-33。

表 5-33　清单组价表

清单项目				清单所含组项					
项目名称	计量单位	清单数量	清单综单价(元)	计价表编号	计价表项目名称	计量单位	工程量	综合单价(元)	合价(元)
A	B	C	D=∑J ÷ C	E	F	G	H	I	J=∑HI
砖基础	m^3	16.18	3085.49/16.18 =190.70	3-1 换	标准砖砖基础	m^3	16.18	186.21	3012.88
				3-42	墙基防潮层	$10\ m^2$	0.90	80.68	72.61
				小计					3085.49
说明：3-1 换综合单价 185.80 − 29.71 + 30.12 = 186.21(元)									

(3) 编制工程量清单计价表。见表 5-34。

表 5-34　分部分项工程量清单与计价表

序号	项目编码	项目名称	项目特征 描述	计量单位	工程量	金额(元)		
						综合单价	合价	其中，暂估价
1	010302001001	砖基础	(1) MU10 标准砖； (2) 条形基础； (3) 深 1.6 m； (4) M5 水泥沙浆； (5) 防水砂浆防潮层	m^3	16.18	190.70	3085.53	

【例 5-14】 题同例 5-4。试编制砼工程部分工程量清单计价表。(按计价表，不调整。工程量、金额均保留 2 位小数)

解：(1) 列出组价项目，计算组价工程量。见表 5-35。

表 5-35　工程量计算书

序号	清单项目或组价项目称	单位	工程量	计 算 过 程
1	柱(周长 2.5 m 内)	m^3	4.72	
①	柱	m^3	4.72	
2	柱(周长 5 m 内)	m^3	12.61	
①	柱	m^3	12.61	
3	有梁板(厚 100 mm 内)	m^3	9.93	
①	有梁板	m^3	9.93	1.70+1.8+0.86+1.01+0.2+0.04+4.32=9.93
4	有梁板(厚 200 mm 内)	m^3	8.63	
①	有梁板	m^3	8.63	0.57+1.05+1.14+5.87=8.63

(2) 组价过程见表 5-36。

表 5-36　清单组价表

清单项目				清单所含组项					
项目名称	计量单位	清单数量	清单综单价(元)	计价表编号	计价表项目名称	计量单位	工程量	综合单价(元)	合价(元)
A	B	C	D=∑J÷C	E	F	G	H	I	J=∑HI
矩形柱	m^3	4.72	1308.76/4.72=277.28	5-13	柱	m^3	4.72	277.28	1308.76
矩形柱	m^3	12.61	3496.50/12.61=277.28	5-13	柱	m^3	12.61	277.28	3496.50
有梁板	m^3	9.93	2587.96/9.93=260.62	5-32	有梁板(厚 100 mm 内)	m^3	9.93	260.62	2587.96
有梁板	m^3	8.63	2249.15/8.63=260.62	5-32	有梁板(厚 200 mm 内)	m^3	8.63	260.62	2249.15
小　计									9642.37

(3) 编制工程量清单计价表。见表 5-37。

表 5-37 分部分项工程量清单与计价表

序号	项目编码	项目名称	项目特征描述	计量单位	工程量	金额(元)		
						综合单价	合价	其中，暂估价
1	010502001001	矩形柱	(1) 高 6 m； (2) 截面(400×500) mm； (3) C30 砼	m^3	4.72	277.28	1308.76	
2	010502001002	矩形柱	(1) 高 6 m； (2) 截面(900×1200(mm； (3) C30 砼	m^3	12.61	277.28	3496.50	
3	010505001001	有梁板	(1) 板底标高 5.9 m； (2) 板厚 100 mm； (3) C30 砼	m^3	9.93	260.62	2587.96	
4	010505001002	有梁板	(3) 板底标高 5.84 m； (2) 板厚 160 mm； (3) C30 砼	m^3	8.63	260.62	2249.15	
小　计							9642.37	

【例 5-15】 题同例 5-5。试编制预应力空心板部分的工程量清单计价。(按计价表，不调整。工程量、金额均保留 2 位小数)。

解：(1) 列出组价项目，计算组价工程量。见表 5-38。

表 5-38 工程量计算书

序号	清单项目或组价项目名称	单位	工程量	计 算 过 程
1	预应力空心板	块	50	
①	YKB 制作	m^3	7.84	0.154×50×1.018=7.84
②	YKB 运输	m^3	7.84	0.154×50×1.018=7.84
③	YKB 安装	m^3	7.78	0.154×50×1.010=7.78
④	YKB 灌缝	m^3	7.70	0.154×50 = 7.70

(2) 组价过程见表 5-39。

表 5-39　清单组价表

清单项目				清单所含组项					
项目名称	计量单位	清单数量	清单综单价(元)	计价表编号	计价表项目名称	计量单位	工程量	综合单价(元)	合价(元)
A	B	C	D=∑J÷C	E	F	G	H	I	J=∑HI
预应力空心板	块	50	3922.91/50=78.46	5-86	YKB 制作	m^3	7.84	302.41	2370.89
				7-8	YKB 运输	m^3	7.84	86.77	680.28
				7-88	YKB 安装	m^3	7.78	42.64	331.74
				7-107	YKB 灌缝	m^3	7.70	70.13	540.00
				小计					3922.91

(3) 编制工程量清单计价表。见表 5-40。

表 5-40　分部分项工程量清单与计价表

序号	项目编码	项目名称	项目特征 描述	计量单位	工程量	金额(元)		
						综合单价	合价	其中，暂估价
1	010512002001	预应力空心板	(1) 构件尺寸 600 mm×3600 mm； (2) 安装 3 m 高度； (3) C30 砼； (4) M10 水泥砂浆灌缝	块	50	78.46	3923.00	

【例 5-16】　题同例 5-6。试编制预埋件制作、油漆的工程量清单计价表。(按计价表，不调整。工程量、金额均保留 2 位小数)

解：(1) 列出组价项目，计算组价工程量。见表 5-41。

表 5-41　工程量计算书

序号	清单项目或组价项目名称	单位	工程量	计 算 过 程
1	预埋件	t	0.796	
①	预埋件制作	t	0.796	见表 4-60
②	预埋铁件刷防锈漆	t	1.035	0.796×1.30=1.035

(2) 组价过程见表 5-42。

表 5-42 清单组价表

清单项目				清单所含组项					
项目名称	计量单位	清单数量	清单综单价(元)	计价表编号	计价表项目名称	计量单位	工程量	综合单价(元)	合价(元)
A	B	C	D=∑J÷C	E	F	G	H	I	J=∑HI
预埋件	t	0.796	5125.43/0.796=6438.98	6-40	预埋件制作	t	0.796	6324.06	5033.95
				16-264	预埋铁件刷防锈漆	t	1.035	88.39	91.48
				小计					5125.43

(3) 编制工程量清单计价表。见表 5-43。

表 5-43 分部分项工程量清单与计价表

序号	项目编码	项目名称	项目特征描述	计量单位	工程量	金额(元)		
						综合单价	合价	其中，暂估价
1	010606012001	预埋件	(1) 6 mm 厚钢板，ϕ12 mm 钢筋； (2) 预埋件； (3) 刷防锈漆两遍	t	0.796	6438.98	5125.42	

若是编制预埋件制作、安装、油漆的工程量清单计价表。则为：

解：(1) 列出组价项目，计算组价工程量。见表 5-44。

表 5-44 工程量计算书

序号	清单项目或组价项目名称	单位	工程量	计算过程
1	预埋件	t	0.796	
①	预埋件制作、安装	t	0.796	见表 4-60
②	预埋铁件刷防锈漆	t	1.035	0.796×1.30=1.035

(2) 组价过程见表 5-45。

表 5-45 清单组价表

清单项目				清单所含组项					
项目名称	计量单位	清单数量	清单综单价(元)	计价表编号	计价表项目名称	计量单位	工程量	综合单价(元)	合价(元)
A	B	C	D=∑J÷C	E	F	G	H	I	J=∑HI
预埋件	t	0.796	6471.60/0.796=8130.15	4-27	预埋件制作、安装	t	0.796	8015.23	6380.12
				16-264	预埋铁件刷防锈漆	t	1.035	88.39	91.48
				小计					6471.60

(3) 编制工程量清单计价表。见表 5-46。

表 5-46 分部分项工程量清单与计价表

序号	项目编码	项目名称	项目特征描述	计量单位	工程量	金额(元)		
						综合单价	合价	其中，暂估价
1	010516002001	预埋件	(1) 6 mm 厚钢板，ϕ12 mm 钢筋； (2) 预埋件； (3) 刷防锈漆两遍	t	0.796	8130.15	6471.60	

【例 5-17】 题同例 5-7。试编制防水及保温工程清单计价表。(按计价表，不调整。工程量、金额均保留 2 位小数)

解：(1) 列出组价项目，计算组价工程量。见表 5-47。

表 5-47 工程量计算书

序号	清单项目或组价项目名称	单位	工程量	计 算 过 程
1	屋面卷材防水	m^2	75.51	
①	20 mm 厚 1∶2 水泥砂浆找平	m^2	75.51	66.94+8.57=75.51
				(11.6−0.24 ×2)×(6.5−0.24×2)=66.94
				(11.6−0.24 ×2+6.5−0.24×2)×2×0.25=8.57
②	SBS 防水层	m^2	75.51	
③	绿豆砂保护层	m^2	66.94	
2	保温隔热屋面	m^2	66.94	
①	20 厚 1∶2 水泥砂浆找平层	m^2	66.94	(11.6−0.24 ×2)×(6.5−0.24× 2) = 66.94
②	1∶10 水泥珍珠岩保温	m^3	7.04	66.94 × 0.10515 = 7.04

(2) 组价过程见表 5-48。

表 5-48 清单组价表

清单项目				清单所含组项					
项目名称	计量单位	清单数量	清单综单价	计价表编号	计价表项目名称	计量单位	工程量	综合单价(元)	合价(元)
A	B	C	D=∑J÷C	E	F	G	H	I	J=∑HI
屋面卷材防水	m^2	75.51	6120.09/75.51=81.05	12-16 换	1∶2 水泥砂浆找平层	10 m^2	7.551	88.85	670.91
				9-31	SBS 防水层	10 m^2	7.551	713.61	5388.47
				屋 343 说明三	绿豆砂保护层	10 m^2	6.694	9.07	60.71
				小计					6120.09
保温隔热屋面	m^2	66.94	1918.07/66.94=28.65	9-76 换	1∶2 水泥砂浆找平层	10 m^2	6.694	72.98	488.53
				9-215 换	水泥珍珠岩保温	m^3	7.04	203.06	1429.54
				小计					1918.07
12-16 换综合单价：79.71 − 44.60+0.253× 212.43=88.85(元)(说明：1∶3 水泥砂浆换成 1∶2 水泥砂浆)									
屋 343 说明三　人工费：0.066×26=1.72(元)　材料费：0.078×86=6.71(元) 管理费：1.72×25%=0.43　利润：1.72×12%=0.21(元) 综合单价：1.72+6.71+0.43 + 0.21 = 9.07(元)									
9-76 换 综合单价：65.68 − 35.61 + 0.202 × 212.43 = 72.98(说明：1∶3 水泥砂浆换成 1∶2 水泥砂浆)									
9-215 换综合单价：203.06 − 167.44 + 1.02 × 164.16 = 203.06(说明：1∶8 水泥珍珠岩换成 1∶10 水泥珍珠岩)									

(3) 编制工程量清单计价表。见表 5-49。

表 5-49 分部分项工程量清单与计价表

序号	项目编码	项目名称	项目特征描述	计量单位	工程量	金额(元)		
						综合单价	合价	其中，暂估价
	010902001001	屋面卷材防水	(1) 1∶2 水泥砂浆找平层； (2) SBS 卷材防水； (3) 双层冷粘法； (4) SBS 封口油膏； (5) 绿豆砂防护层	m^2	75.51	81.05	6120.09	
	011001001001	保温隔热屋面	(1) 1∶2 水泥砂浆找平层； (2) 1∶10 水泥珍珠岩保温	m^2	66.94	28.65	1917.83	
合计							8037.92	

【例 5-18】 题同例 5-8。试编制水磨石地面工程量清单计价表。

解：(1) 列出组价项目，计算组价工程量。见表 5-50。

表 5-50 工程量计算书

序号	清单项目或组价项目名称	单位	工程量	计 算 过 程
1	现浇水磨石地面	m^2	51.15	
①	地面碎石垫层		5.12	$[(6-0.24)\times(3-0.24)\times2+(6-0.24)\times(3.6-0.24)]\times0.1=5.12$
②	地面 C10 砼垫层		3.07	$[(6-0.24)\times(3-0.24)\times2+(6-0.24)\times(3.6-0.24)]\times0.06=3.07$
③	地面水磨石面层	m^2	51.15	$(6-0.24)\times(3-0.24)\times2+(6-0.24)\times(3.6-0.24)=51.15$
2	水磨石踢脚线	m^2	7.85	
①	水磨石踢脚线	m^2	52.32	$(3-0.24+6-0.24)\times2\times2+(3.6-0.24+6-0.24)\times2=52.32$

(2) 组价过程见表 5-51。

表 5-51 清单组价表

清单项目				清单所含组项					
项目名称	计量单位	清单数量	清单综单价	计价表编号	计价表项目名称	计量单位	工程量	综合单价(元)	合价(元)
A	B	C	D=∑J÷C	E	F	G	H	I	J=∑HI
现浇水磨石地面	m^2	51.15	3014.89/51.15=58.94	12-9	地面碎石垫层		5.12	82.53	422.55
				12-11	地面 C10 砼垫层		3.07	213.08	654.16
				12-31	地面水磨石面层	10 m^2	5.115	378.92	1938.18
					小计				3014.89
现浇水磨石踢脚线	m^2	7.85	514.93/7.85=65.60	12-34	水磨石踢脚线	10 m	5.232	98.42	514.93

(3) 编制工程量清单计价表见表 5-52。

表 5-52 分部分项工程量清单与计价表

序号	项目编码	项目名称	项目特征描述	计量单位	工程量	金额(元)		
						综合单价	合价	其中，暂估价
1	011101002001	现浇水磨石地面	(1) 100 mm 厚碎石； (2) 60 mm 厚 C10 砼； (3) 20 mm 厚 1∶3 水泥砂浆找平； (4) 15 mm 厚 1∶2 水泥白石子浆面层； (5) 玻璃线条； (6) 酸洗打蜡	m^2	51.15	58.94	3014.78	
	011105003001	现浇水磨石踢脚线	踢脚线 150 mm 与地面配套	m^2	7.85	65.60	514.96	
合计							3529.74	

【例 5-19】 题同例 5-9。试编制镶板门工程量清单计价表。(按计价表，不调整。工程量、金额均保留 2 位小数)

解：(1) 列出组价项目，计算组价工程量。见表 5-53。

表 5-53　工程量计算书

序号	清单项目或组价项目名称	单位	工程量	计 算 过 程
1	镶板木门	樘	10	
①	门框制作	m^2	25.2	1.2×2.1×10 = 25.2
②	门扇制作	m^2	25.2	1.2×2.1×10 = 25.2
③	门框安装	m^2	25.2	1.2×2.1×10 = 25.2
④	门扇安装	m^2	25.2	1.2×2.1×10 = 25.2
⑤	框料断面增 5 cm^2	m^2	25.2	1.2×2.1×10 = 25.2
⑥	扇料断面增 10 cm^2	m^2	25.2	1.2×2.1×10 = 25.2
⑦	五金配件	樘	10	1×10=10
⑧	门油漆	m^2	22.68	1.2×2.1×10×0.9 = 22.68

(2) 组价过程见表 5-54。

表 5-54　清单组价表

清 单 项 目				清单所含组项					
项目名称	计量单位	清单数量	清单综单价(元)	计价表编号	计价表项目名称	计量单位	工程量	综合单价(元)	合价(元)
A	B	C	D=∑J ÷ C	E	F	G	H	I	J=∑HI
镶板木门	樘	10	3387.25/10 =338.73	15-214	门框制作	10 m^2	2.52	260.21	655.73
				15-215	门扇制作	10 m^2	2.52	681.96	1718.94
				15-216	门框安装	10 m^2	2.52	23.15	58.34
				15-217	门扇安装	10 m^2	2.52	47.95	120.83
				15-218	框料断面增 5 cm^2	10 m^2	2.52	17.59	44.33
				15-219	扇料断面增 10 cm^2	10 m^2	2.52	81.55	205.51
				15-376	五金配件	樘	10	14.04	140.40
				16-61	门油漆	10 m^2	2.268	195.40	443.17
					小 计				3387.25

(3) 编制工程量清单计价表。见表 5-55。

表 5-55　分部分项工程量清单与计价表

序号	项目编码	项目名称	项目特征描述	计量单位	工程量	金额(元)		
						综合单价	合价	其中，暂估价
1	010801001001	镶板木门	(1) 三冒头无腰镶板双开木门； (2) 框料断面 60 cm^2，扇料断面 55 cm^2； (3) 润油粉、刮腻子、油色、清漆三遍	樘	10	338.73	3387.30	

(二) 措施项目清单计价表的编制

规定可以计算工程量的措施项目宜采用分部分项工程量清单的方式编制，与之相对应采用综合单价计价，以“项”为计量单位的，按项计价，但应包括除规费、税金以外的全部费用。

1. 措施项目清单计价包括的内容

措施项目的内容应依据招标人提供的措施项目清单和投标人投标时拟定的施工组织设计或施工方案。

2. 措施项目清单计价的方式

措施项目费的计价方式应根据招标文件的规定，可以计算工程量的措施清单项目采用综合单价方式报价，其余的措施清单项目采用以“项”为计量单位的方式报价，应包括除规费、税金外的全部费用。

由于各投标人拥有的施工装备、技术水平和采用的施工方法有所差异，招标人提出的措施项目清单是根据一般情况确定的，没有考虑不同投标人的“个性”，投标人投标时应根据自身编制的施工组织设计或方案确定措施项目，对招标人提供的措施项目进行调整。投标人根据自己的投标施工组织设计或施工方案调整和确定的措施项目应通过评标委员会的评审。

措施项目费由投标人自主报价，但其中安全文明施工费应根据《中华人民共和国安全生产法》、《中华人民共和国建筑法》、《建设工程安全生产管理条例》、《安全生产许可证条例》、《建筑工程安全防护、文明施工措施费及使用管理规定》(建办[2005]89 号)等规定加强专项管理。招标人不得要求投标人对该项费用进行优惠，投标人也不得将该项费用参与市场竞争，不得作为竞争性费用。

【例 5-20】　题同例 5-10，分部分项工程费 110 170 元。试编制措施项目工程量清单计价表。

解：工程量清单计价表见表 5-56。

表 5-56 措施项目清单与计价表

项目编码	项 目 名 称	计算基础(元)	费率(%)	金额(元)
011701001001	现场安全文明施工措施费	110 170	3.7%	4076.29
011701001001-1	基本费	110 170	2.2%	2423.74
011701001001-2	考评费	110 170	1.1%	1211.87
011701001001-3	奖励费	110 170	0.4%	440.68
011701005001	冬雨季施工增加费	110 170	0.2%	220.34
011701009001	临时保护设施费	110 170	2.2%	2423.74
011701010001	已完工程及设备保护	110 170	0.05%	55.09
合 计				6775.46

(三) 其他项目清单计价表的编制

1. 其他项目清单计价包括的内容

其他项目清单应根据工程特点和下列规定进行报价：

(1) 暂列金额应按招标人在其他项目清单中列出的金额填写；按照《工程建设项目货物招标投标办法》(国家发改委、建设部等七部委 27 号令)第五条规定："以暂估价形式包括在总承包范围内的货物达到国家规定规模标准的，应当由总承包中标人和工程建设项目招标人共同依法组织招标"的规定设置。

上述规定同样适用于以暂估价形式出现的专业分包工程。

对未达到法律、法规规定招标规模标准的材料和专业工程，需要约定定价的程序和方法，并与材料样品报批程序相互衔接。

(2) 材料暂估价应按招标人在其他项目清单中列出的单价计入综合单价；专业工程暂估价应按招标人在其他项目清单中列出的金额填写。

招标人在工程量清单中提供了暂估价的材料和专业工程属于依法必须招标的，由承包人和招标人共同通过招标确定材料单价与专业工程分包价。

若材料不属于依法必须招标的，经发、承包双方协商确认单价后计价；若专业工程不属于依法必须招标的，由发包人、总承包人与分包人按有关计价依据进行计价。

(3) 计日工按招标人在其他项目清单中列出的项目和数量，自主确定综合单价并计算计日工费用。

(4) 总承包服务费根据招标文件中列出的内容和提出的要求自主确定。

2. 其他项目清单计价的计算

(1) 暂列金额、暂估价按发包人给定的标准计取。

(2) 计日工：由发承包双方在合同中约定。

(3) 总承包服务费：招标人应根据招标文件列出的内容和向承包人提出的要求，参照下列标准计算：

① 招标人仅要求对分包的专业工程进行总承包管理和协调时，按分包的专业工程估算造价的1%计算；

② 招标人要求对分包的专业工程进行总承包管理和协调，并同时要求提供配合服务时，根据配合服务内容和提出的要求，按分包的专业工程估算造价的2%～3%计算。

(四) 规费、税金清单计价表的编制

1．规费和税金的计取原则

规费和税金应按有关权力部门的规定确定，在工程计价时应按规定计算，不得作为竞争性费用。

2．规费和税金计取标准

(1) 工程排污费：由招标人在招标文件中给出暂定费用金额，投标人按给定标准统一计取。施工期间环保部门收取的工程排污费由发包人垫付，竣工结算时发承包双方据实结算。

(2) 社会保障费：按规定标准计取。

(3) 公积金：按规定标准计取。

(4) 工伤保险：按规定标准计取。

【例 5-21】 某工程分部分项工程费+措施项目费+其他项目费=165 170 元。试编制规费、税金清单计价表。(工程排污费暂按 0.1%计取、税率 3.41%)

解：规费、税金项目清单与计价表见表 5-57。

表 5-57 规费、税金项目清单与计价表

序号	项 目 名 称	计 算 基 础	费率(%)	金额(元)
1	规费			5946.12
1.1	工程排污费	165 170	0.1%	165.17
1.2	社会保障费	165 170	3%	4955.10
1.3	住房公积金	165 170	0.5%	825.85
2	税金	165 170+5946.12	3.41%	5835.06

(五) 计价汇总表的填写

1．计价汇总表包括的内容

计价汇总表内容包括分部分项清单费、措施项目清单费、其他项目清单费和规费、税金清单费。

【例 5-22】 将例 5-20、5-21、5-22 条件及结果汇总(措施项目费 15 000 元，其中安全文明施工措施费 4076.29 元，其他项目费 40 000 元)。

解：单位工程投标报价汇总表见表 5-58。

表 5-58 单位工程投标报价汇总表

序号	汇 总 内 容	金额(元)	其中，暂估价(元)
1	分部分项工程	110 170	
2	措施项目费	15 000	
2.1	安全文明施工措施费	4076.29	
3	其他项目	40 000	
4	规费	5946.12	
4.1	工程排污费	165.17	
4.2	社会保障费	4955.10	
4.3	住房公积金	825.85	
5	税金	5835.06	
投标报价合计=1+2+3+4+5		176 951.18	

(六) 总说明的填写

1. 填写内容

(1) 工程概况：建设规模、工程特征、计划工期、合同工期、实际工期、施工现场及变化情况、施工组织设计的特点、自然地理条件、环境保护要求等。

(2) 编制依据等。

总说明编制示例见图 5-7。

总 说 明

一、工程概况：本工程为砖混结构，建筑层数为六层，建筑面积为 10 940 m^2，招标计划工期为 300 日历天，投标工期为 280 日历天。

二、投标报价包括范围：为本次招标的住宅工程施工图范围内的建筑工程。

三、投标报价编制依据：

1. 《建设工程工程量清单计价规范》(GB50500—2013)。
2. 招标文件及其所提供的工程量清单和有关报价的要求，招标文件的补充通知和答疑纪要。
3. 住宅楼施工图及投标施工组织设计。
4. 有关的技术标准、规范和安全管理管理规定等。
5. 省建设主管部门颁发的计价定额和计价管理办法及相关计价文件。
6. 材料价格根据本公司掌握的价格情况，并参照工程所在地工程造价管理机构××××年×月工程造价信息发布的价格。

图 5-7 总说明编制示例

(七) 封面的填写

1. 封面填写内容

封面应按规定的内容填写、签字、盖章，除承包人自行编制的投标报价外，受委托编制的投标报价为造价员编制的，应有负责审核的造价工程师签字、盖章以及工程造价咨询人盖章。

我国在工程造价计价活动中，对从业人员实行的是执业资格管理制度，对工程造价咨询人实行的是资质许可管理制度。建设部先后发布了《工程造价咨询企业管理办法》(建设部令第 149 号)、《注册造价工程师管理办法》(建设部令第 150 号)，中国建设工程造价管理协会引发了《全国建设工程造价员管理暂行办法》(中价协[2006] 013 号)。

工程造价文件是体现上述规章、规定的主要载体，工程造价文件封面的签字、盖章应按下列规定办理，方能生效。

(1) 招标人自行编制工程量清单和招标控制价时，编制人员必须是在招标人单位注册的造价人员。

(2) 工程造价文件由招标人盖单位公章，法定代表人或其授权人签字或盖章；当编制人是注册造价工程师时，由其签字并盖执业专用章；当编制人是造价员时，由其在编制人栏签字并盖专用章，并且应由注册造价工程师复核，在复核人栏签字、盖执业专用章。

当招标人委托工程造价咨询人编制工程量清单和招标控制价时，编制人员必须是在工程造价咨询人单位注册的造价人员。工程造价咨询人盖单位资质专用章，法定代表人或其授权人签字或盖章；当编制人是注册造价工程师时，由其签字并盖执业专用章；当编制人是造价员时，由其在编制人栏签字、盖专用章，并应由注册造价工程师复核，在复核人栏签字、盖执业专用章。

(3) 投标人编制投标报价时，编制人员必须是在投标人单位注册的造价人员。由投标人盖单位公章，法定代表人或其授权人签字或盖章；编制的造价人员(造价工程师或造价员)签字、盖执业专用章。

特别强调：在封面的有关签署和盖章中，应遵守和满足有关工程造价计价管理规章和政策的规定。这是工程造价文件是否生效的必备条件。

2．封面编制示例

封面编制示例见图 5-8。

招 标 控 制 价

招标控制价(小写)：176950 元

(大写)：拾柒万陆仟玖佰伍拾元

招　标　人：______（单位盖章）

工程造价咨询人：______（单位资质专用章）

法定代表人或其授权人：______（签字或盖章）

法定代表人或其授权人：______（签字或盖章）

编制人：______（造价人员签字盖专用章）

复核人：______（造价工程师签字盖专用章）

编制时间：2013 年 4 月 15 日

复核时间：2013 年 4 月 20 日

投 标 总 价

招　标　人：建筑学院

工 程 名 称：建筑学院教师住宅工程

投 标 总 价(小写)：176950 元

(大写)：拾柒万陆仟玖佰伍拾元

投　标　人：××建筑公司单位公章（单位盖章）

法定代表人或其授权人：××建筑公司法定代表人（签字或盖章）

编　制　人：×××签字盖造价工程师或造价员章（造价人员签字盖专用章）

编 制 时 间：2013 年 4 月 30 日

图 5-8　封面编制示例

(八) 其他注意事项

(1) 招标人发布的工程量清单，投标人必须逐项填报。对于没有填报单价和合价的项目，没有计算或少计算的费用，均视为已包括在报价表的其他项目或合价中。同时该费用除招标文件或合同约定外，结算时不得调整。这是国际通用的方法，业主承担量的风险，承包商承担价的风险。综合单价要把各个方面的因素考虑进去，包括市场价格变动的风险，施工措施费亦是如此。即使投标人没有计算或少计算费用，均视为此费用已包括在投标报价之内。

(2) 当发包人提供的工程量与实际不符时，承包人应根据实际完成的工程量按工程量计算规则的规定提出变更要求，经发包人核实后进行调整。

(3) 发包人要求投标人提供投标报价中主要材料和设备的价格时，应在招标文件中明确说明。报价单价指材料、设备在施工期运至施工现场的价格。由发包人供应的材料和设备，发包人应在招标文件中明确其品种、规格和价格。

(4) 当工程竣工结算时，实际完成的工程量与招标人提供的工程量清单中给定的工程量差额在 15%以上(含 15%)时，允许调整投标报价中的单价。具体的调整办法应在招标文件或合同中明确。

(5) 合同价款的变更应按招标文件和合同约定来办理。如招标文件和合同没有约定，应按下列办法调整：

① 合同中已有适用于变更工程的价格，按合同中已有的价格变更合同价款。

② 合同中有类似于变更工程的价格，可参照类似价格变更合同价款。

③ 合同中没有适用或类似于变更工程的价格，由承包人和发包人协商确定价格。协商不成，应报工程所在地工程造价管理机构来进行解决。

三、工程量清单计价模式与定额计价模式的区别与联系

1. 两者区别

(1) 适用范围不同。全部采用国有投资资金或以国有投资资金为主的建设工程项目必须实行工程量清单计价。除此以外的工程，可以采用工程量清单计价模式，也可以采用定额计价模式。

(2) 采用的计价方法不同。工程量清单计价模式采用清单的综合单价法计价，定额计价模式采用工料单价法计价或综合单价法计价。

(3) 项目划分不同。工程量清单计价项目基本以一个“综合实体”考虑，一般一个项目包括多项工作内容。定额计价的项目一般一个项目只包括一项工程内容。如“栽植乔木”清单项目包括了垫层、找平层水磨石面层等多项工作内容，而定额项目“水磨石地面”只包括了一项工作内容。

(4) 工程量计算规则不同。工程量清单计价模式下清单的工程量计算规则必须按照国家标准《房屋建筑与装饰工程计量规范》执行，全国统一。定额计价模式下工程量计算规则由一个地区(省、自治区、直辖市)制定，在本区域内统一。

(5) 采用的消耗量标准不同。在工程量清单计价模式下，投标人可以采用自己的企业

定额，其消耗量标准体现的是投标人个体的水平，是动态的；在定额计价模式下，投标人计价时采用统一的消耗量定额，其消耗量标准反映的是社会平均水平，是静态的。

(6) 风险分担不同。在工程量清单计价模式下，工程量清单由招标人提供，由招标人承担工程量计算风险，投标人承担报价风险；在定额计价模式下，工程量由各投标人自行设计，故工程量计算风险和报价风险均由投标人承担。

2．两者的联系

定额计价模式在我国已经使用了多年，具有一定的科学性和实用性。为了与国际接轨，我国于2003年开始推行工程量清单计价模式。由于目前还属工程量清单计价模式的实施初期，大部分施工企业还没有建立和拥有自己的企业定额体系，因此建设行政主管部门发布的定额，尤其是当地的消耗量定额，仍然是企业投标报价的主要依据。也就是说，在工程量清单计价活动中，存在部分定额计价的成分，工程量清单计价方式占主导地位，定额计价方式是一种补充方式。

单元五　工程量清单计价文件编制综合实训

一、任务

根据施工图纸(图4-76～4-79)编制工程量清单计价文件一份。

二、要求

分组编制，每组人员8～10人。每个人要独立完成一份完整的工程量清单计价文件。

【思考与练习题】

1．名词释解

工程量清单；工程量清单计价；暂列金额；暂估价；计日工；总包服务费；规费、税金；招标控制价；投标报价；综合单价。

2．工程量清单计价有哪些特点？

3．简述工程量清单计价方法的适用范围。

4．工程量清单有哪些作用？

5．工程量清单的编制依据是什么？

6．工程量清单的编制包括哪些内容？

7．简述工程量清单的编制步骤。

8．清单计价活动包括哪些内容？

9．简述《建设工程工程量清单计价规范》的主要内容。

10．简述《建设工程工程量清单计价规范》附录的适用范围。

11．附录A包括哪些内容？

12．附录 B 包括哪些内容？
13．清单项目与定额项目有什么区别？
14．分部分项工程量清单的五个要件是什么？
15．分部分项工程量清单项目编码是如何设置的？
16．描述工程量清单项目特征时应按哪些原则进行？
17．项目特征描述有什么意义？
18．措施项目清单的列项有哪些要求？
19．其他项目清单列项有哪些内容？
20．规费项目清单列项有哪些内容？
21．税金项目清单如何列项？
22．清单总说明应包括哪些内容？
23．如何计算清单中平整场地？
24．清单中挖基础土方如何计算？
25．简述工程量清单计价的原理。
26．工程量清单计价的编制依据是什么？
27．工程量清单计价的编制包括哪些内容？
28．简述工程量清单计价的编制步骤。
29．工程量清单计价中有哪些注意事项？
30．简述分部分项工程费中的综合单价的确定依据和原则。
31．简述措施项目清单计价的方式。
32．简述其他项目清单报价的依据。
33．如何填写清单计价总说明？
34．简述清单计价与定额计价的区别。

项目六　工程造价软件的应用

学习目标

了解：工程造价软件应用的必然性。
熟悉：工程造价软件的功能。
掌握：工程造价软件的操作。

单元一　概　述

一、工程造价软件电算化的必然性

计算工程量是一项工作量很大并且十分细致的工作。工程量是编制造价的基本数据，计算的精确程度不仅直接影响到工程造价，而且还影响到与之关联的一系列数据，如计划、统计、劳动力、材料等。因此，决不能把工程量计算看做是单纯的技术计算，它对整个企业的经营管理都有重要的意义。

随着建筑信息化的发展及计算机的迅速普及，工程造价电算化已经成为必然的趋势。近 10 年来，造价行业已经发生了巨大的变化：中国的基础建筑投资平均每年以 15%的速度增长，但造价从业人员的数量已经不足 10 年前的 80%，粗略计算，目前平均每个造价从业者的工作量大概是 10 年前的 40 倍。在这个过程中工程造价软件电算化起的作用是显而易见的，造价工作者学习计算机操作也是必然的选择，否则一定会跟不上行业的发展，导致因时间问题，准确性及工作强度过大等原因而退出造价行业。在竞争日益激烈的时代，工程量与工程造价计算的快速与准确已经成为对每个造价人员最基本的要求。

计算机技术的飞速发展，为工程造价行业提供了充足的技术保证。从人适应计算机到计算机适应人的工作模式、直观的打印预览功能、模板功能、全屏幕表格式操作、可视化和智能化等，使软件越来越体贴用户，为用户着想，再加上 CAD 技术的发展，为造价文件的无纸化提供了腾飞的翅膀。

有这样一组统计数据，一根三跨的平面整体表示方法标注的梁，用手工方法计算钢筋用量，20 分钟能够计算出结果的只有 15.224%，与严格按平面图集要求的计算方法计算的结果相比，结果正确的只有 0.32%，而用鲁班土建软件在 1 分钟内就能够计算出的结果为 97.077%。一万平方米的工程，利用鲁班钢筋软件在一天内计算出准确完整的工程量也已司空见惯，由此可见电算化的重要性，以及电算化给工作带来的方便及普及电算化的必要性。

二、工程造价软件的功能

工程造价软件通过画图方式建立建筑物的计算模型，软件根据内置的计算规则实现自动扣减，在计算过程中工程造价人员能够快速准确地计算和校对，达到算量方法的实用化，算量过程的可视化，算量结果的准确化。

工程造价软件不仅能够完整地计算出工程的钢筋总量，而且能够根据工程要求按照结构类型、楼层、构件的不同，计算出各自的钢筋明细量。

工程造价软件是预算软件中历史最长、产品最成熟的部分，目前建筑市场常用的工程造价软件是融计价、招标管理、投标管理于一体的全新计价软件，旨在帮助工程造价人员解决电子招投标环境下的工程计价、招投标业务问题，使计价更高效、招标更便捷、投标更安全。

三、几种工程造价软件的应用简介

计算机在工程造价软件中的应用，直接体现为计量软件与计价软件的使用，其中计量软件又分为工程量计算软件和钢筋计算软件。目前，我国建筑行业已开发使用的预算软件有很多品牌，如广联达、鲁班、神机妙算、新点等，这些软件品牌虽不同，但每种软件的内容和操作方法却有很多相同或相似之处。本书以鲁班软件图形建模计算工程量为线索，学习图形软件的建模思路及过程，鲁班系列软件的构成见图 6-1。

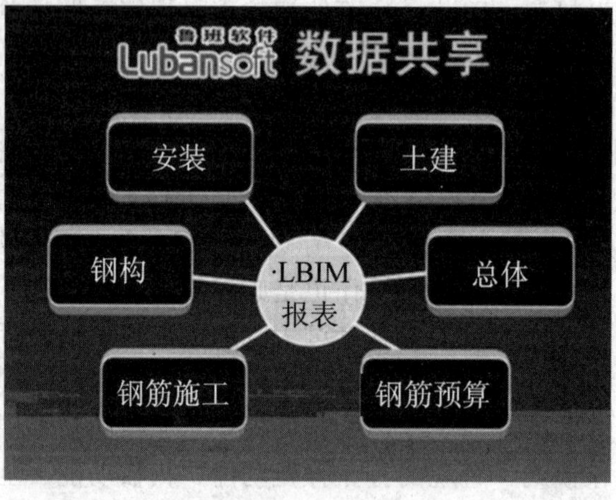

图 6-1　鲁班系列软件

单元二　鲁班土建图形算量软件

一、软件界面介绍

鲁班土建图形算量软件的界面如图 6-2 所示。

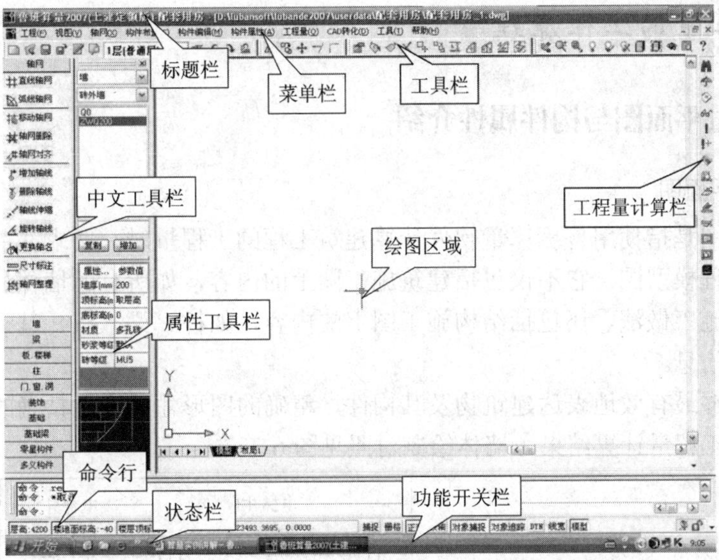

图 6-2　软件界面

(1) 标题栏：显示软件的名称、版本号、当前的楼层号、当前操作的平面图名称。

(2) 菜单栏：菜单栏是 Windows 应用程序标准的菜单形式，包括【工程】、【视图】、【轴网】、【构件布置】、【构件编辑】、【构件属性】、【工程量】、【CAD 转化】、【工具】。

(3) 工具栏：采用形象而又直观的图标形式，只需单击相应的图标就可以执行相应的操作，从而提高绘图效率，在实际绘图中非常有用。

(4) 属性工具栏：此项为鲁班 2006 新增加的功能。在此界面上可以直接复制、增加构件，并修改构件的各个属性，如标高、断面尺寸、砼的等级等。

(5) 中文工具栏：此处中文命令与工具栏中图标命令作用一致，用中文显示出来，更便于您的操作。例如，左键点击[轴网]，会出现所有与轴网有关的命令。

(6) 命令行：是屏幕下端的文本窗口。包括两部分：第一部分是命令行，用于接收从键盘输入的命令和命令参数，显示命令运行状态，CAD 中的绝大部分命令均可在此输入，如画线等；第二部分是命令历史纪录，记录着曾经执行的命令和运行情况，它可以通过滚动条上下滚动，以显示更多的历史纪录。

技巧：如果命令行显示的命令执行结果行数过多，可以通过“F2”功能键击活命令文本窗口的方法，来帮助用户查找更多的信息。再次按“F2”功能键，命令文本窗口即消失。

(7) 状态栏：在执行【构件名称更换】、【构件删除】等命令时，状态栏中的坐标变为如下状态：

已选0个构件<-<-增加<按TAB键切换[增加/移除]状态：按S键选择相同名称的构件>

提示：按“TAB”键，在增加与删除构件间切换，按“S”键，可以选择相同名称的构件。

(8) 功能开关栏：在图形绘制或编辑时，状态栏显示光标处的三维坐标和代表“捕捉”(SNAP)、“正交”(ORTHO)等功能开关按钮。按钮凹下去表示开关已打开，正在执行该命令；按钮凸出来表示开关已关闭，退出该命令。

二、鲁班算量的工作原理

(一) 算量平面图与构件属性介绍

1．算量平面图

算量平面图是指使用鲁班算量软件计算建筑工程的工程量时，要求在鲁班算量界面中建立的一个工程模型图。它不仅包括建筑施工图上的内容，如所有的墙体、门窗、装饰，所用材料甚至施工做法，还包括结构施工图上的内容，如柱、梁、板、基础的精确尺寸以及标高的所有信息。

平面图能够最有效地表达建筑物及其构件，精确的图形才能表达精确的工程模型，才能得到精确的工程量计算结果。墙体绘制对照见图 6-3。

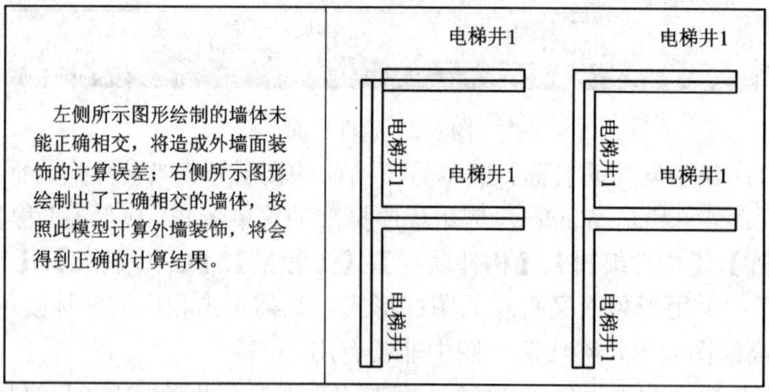

图 6-3　墙体绘制对照

2．构件属性

1) 构件类型

鲁班算量遵循工程的特点和习惯，把构件分成三类：

(1) 骨架构件：需精确定位。骨架构件的精确定位是工程量准确计算的保证，即骨架构件的不正确定位，将会导致附属构件、区域型构件的计算不准确。如柱、墙、梁等。

(2) 寄生构件：需在骨架构件绘制完成的情况下才能绘制，如门窗、过梁、圈梁、砖基、条基、墙柱面装饰等。

(3) 区域型构件：软件可以根据骨架构件自动找出其边界，从而自动形成这些构件。例如，楼板是由墙体或梁围成的封闭形区域，当墙体或梁精确定位以后，楼板的位置和形状也就确定了。同样，房间、天棚、楼地面、墙面装饰也是由墙体围成的封闭区域，建立起了墙体，等于自动建立起了楼板、房间等“区域型”构件。

2) 构件属性

创建的算量平面图中，我们是以构件作为组织对象的，因而每一个构件都必须具有自己的属性。构件属性就是指构件在算量平面图上不易表达的、工程量计算时又必需的构件信息。构件属性主要分为四类：

(1) 物理属性：主要是构件的标识信息，如构件名称、材质等；

(2) 几何属性：主要指与构件本身几何尺寸有关的数据信息，如长度、高度、面积、体积、断面形状等；

(3) 扩展几何属性：是指由于构件的空间位置关系而产生的数据信息，如工程量的调整值等；

(4) 清单(定额)属性：主要记录着该构件的工程做法，即套用的相关清单(定额)信息，实际也就是计算规则的选择。

构件的属性一旦被赋予后，是可变化的。用户可以通过“属性工具栏”或“构件属性定义”按钮，对其相关属性进行编辑和重定义。

(二) 算量平面图与楼层的关系

1．楼层包含的内容

一张“鲁班算量”平面图即表示一个楼层中的建筑、结构构件，如果是几个标准层，则表示几个楼层中的建筑、结构构件。一张算量平面图中究竟表达了哪些构件呢？如图 6-4 所示，上、中、下三部分分别表示了顶层算量平面图、中间某层算量平面图、基础算量平面图中所表达的构件及其在空间的位置。

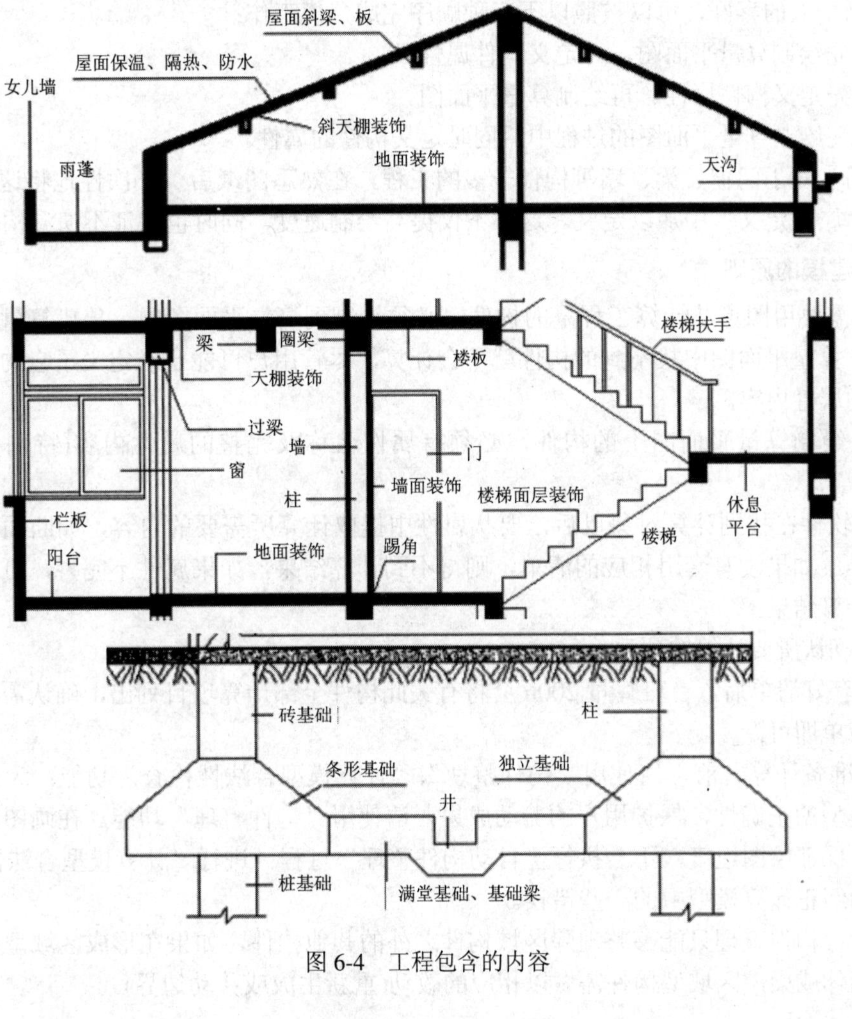

图 6-4　工程包含的内容

2. 楼层的划分原则与楼层编号

对于一个实际工程，需要按照以下原则划分出不同的楼层，以分别建立起对应的算量平面图，楼层用编号表示：

0：表示基础层。

1：表示地上的第一层。

2～99：表示地上除第一层之外的楼层。此范围之内的楼层，如果是标准层，图形可以合并成一层，如“2，5”表示从第2层到第5层是标准层。6/8/10表示隔层是标准层。

–3，–2，–1：表示地下层。

(三) 建模包含内容

建模包括两个方面的内容：① 绘制算量平面图：主要是确定墙体、梁、柱、门窗、过梁、基础等骨架构件及寄生构件的平面位置，其他的构件由软件自动确定；② 定义每种构件的属性：构件类别不同，具体的属性不同，其中相同的是清单查套机制，可以灵活运用。

1. 建模的顺序

根据个人的喜好，可以按照以下三种顺序完成建模工作：

(1) 先绘制算量平面图，再定义构件属性。

(2) 先定义构件属性，再绘制算量平面图。

(3) 在绘制算量平面图的过程中，同时定义构件的属性。

技巧　对于门窗、梁、墙等构件较多的工程，在熟悉图纸后，一次性地将这些构件的尺寸在“属性定义”中加以定义。这样不仅提高绘制速度，同时也保证不遗漏构件。

2. 建模的原则

(1) 需要用图形法计算工程量的构件，必须绘制到算量平面图中。鲁班算量在计算工程量时，算量平面图中找不到的构件就不会计算，尽管用户可能已经定义了它的属性名称及具体的属性内容。

(2) 绘制算量平面图上的构件，必须有属性名称及完整的属性内容(特别是套用的清单)。

(3) 软件在找到计算对象以后，要从属性中提取计算所需要的内容，如断面尺寸、套用清单等，如果没有套用相应的清单，则得不到计算结果，如果属性不完善，可能得不到正确的计算结果。

(4) 确认所要计算的项目。

(5) 套好清单后，鲁班算量2006会将有关此构件全部计算项目列出，确认需要计算后套相关清单即可。

(6) 准备计算之前，请使用“构件整理”、“计算模型合法性检查”功能；为保证用户已建立模型的正确性，保护用户的劳动成果，请使用“构件整理”功能。在画图过程中，软件为了保证绘图速度，不会执行“自动构件整理”过程；进行“计算模型合法性检查”，将会自动纠正计算模型中的一些错误。

注意：构件整理只能够整理除区域构件之外的其他构件，如果在形成区域型构件之后改动了墙体或梁，区域型构件需做以相应的改动(重新生成或移动边界)。

3．灵活掌握，合理运用

鲁班算量提供网状的构件绘制命令：达到同一个目的可以使用不同的命令，具体选择哪一种更为合适，将随用户的熟练程度与操作习惯而定。例如：绘制墙的命令有“轴网变墙”、“绘制墙体”、“线变墙体”、“偏移拷贝”四种，各有其方便之处。

4．蓝图与鲁班算量软件的关系

理解并适应鲁班算量计算工程量的特点。设计单位提供的施工蓝图是计算工程量的依据，手工计算工程量时，一般要经过熟悉图纸、列项、计算等几个步骤。在这些过程中，蓝图的使用比较频繁，要反复查看所有的施工图，以找到所需要的信息。在使用鲁班算量软件计算工程量时，蓝图的使用频率直接影响着工作的效率和舒适程度，这也是为什么把“蓝图的使用”当做一个问题加以说明的原因。在使用软件工作之前，不需要单独熟悉图纸，拿到图纸直接上机即可。

蓝图使用与使用本软件建模进度的对应关系：在建立模型的过程中，可以依据单张蓝图进行工作，特别是在绘制算量平面图时，暂时用不到的图形不必理会。表 6-1 所示是所需蓝图与工作进度的关系。

表 6-1　所需蓝图与工作进度的关系

序号	蓝图内容	软件操作	备　注
1	建施：典型剖面图一张	工程管理、系统设置、楼层层高设置	可能需要结构总说明，设置砼、砂浆的强度
2	建施：底层平面图	绘制轴网、墙体、阳台、雨棚	配合使用剖面图、墙身节点详图、其他节点详图
3	建施：二层结构平面图	梁、柱、圈梁、板	布置梁时，可考虑按纵向、横向布置，这样不易遗漏构件
4	建施：门窗表	属性定义：抄写门窗尺寸	为下一步布置门窗作准备
5	建施：底层平面图、设计说明	在平面图上布置门窗、过梁	由于门窗的尺寸直接影响平面图的外观，门窗尺寸抄写完毕，再布置到平面图中比较恰当
6	建施：说明、剖面图	设置房间装饰，包括墙面、柱面	
7	建筑剖面、结构详图	调整构件的高度	与当前楼层高度、缺省设置高度不相符的构件高度

完成了表 6-1 中的步骤以后，第一个算量平面图的建模工作就算完成了。按照这样的顺序完成全部楼层的算量平面图以后，对图纸的了解就比较全面了，各种构件的工程量应

该如何计算，已经心中有数，为下一步的计算奠定了基础。

注意：正如表 6-1 所示，实际的工程图纸中结构图关于楼层的称呼与鲁班算量软件中关于楼层的称呼有些不一致。如：算量平面中，要布置某工程第一层的楼板与梁，在实际工程图纸中这一层的梁板是被放在“二层结构平面图或二层梁布置图”中的。

(四) 与传统手工计算的区别

传统的工程量计算，预算人员先要读图，要在多张图纸间建立工程三维立体联系，导致工作强度增大，而用算量软件则完全改变了工作流程，拿到其中一张图就可将这张图的信息输入电脑，一张一张进行处理，忽略每张图之间的三维关系，三维关联的思维工作会被计算机据模型轴网、标高等几何关系自动解决代替，这样会大大降低预算员的工作强度和工作复杂程度，从而也改变了算量工作流程。手工算量、计算机算量流程见图 6-5。

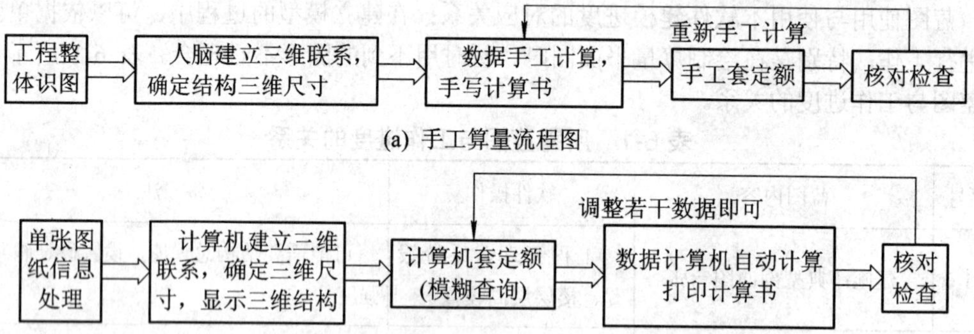

(a) 手工算量流程图

(b) 土建三维工程量计算软件(鲁班软件)流程图

图 6-5　手工算量、计算机算量流程图

三、基本操作知识

1. 鼠标的使用

(1) 鼠标左键：对象选择。

(2) 鼠标右键：确定键及捷径菜单。

(3) 滚轮键：向前推动——界面放大；向后推动——界面缩小；双击滚轮——图形充满界面。

鼠标的外形见图 6-6。

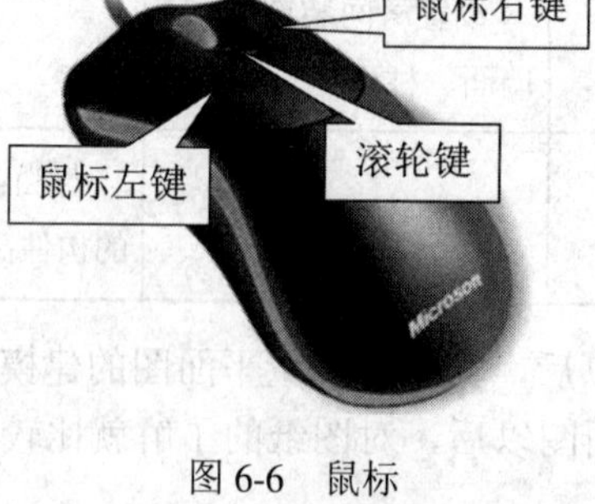

图 6-6　鼠标

2. 选框

(1) 实框选。从左往右框选，框为实线，被选图形必须完全框选在内，才可选中该图形。

(2) 虚框选。从右往左框选，框为虚线，被选图形不必完全框选在内，只要有图形的部分被框选中，即可选中图形。

提示：实际绘图中经常会遇到图形的选择，请完全掌握和理解框选的方法，以便在复杂图形中能快速、准确地选中所需要的图形。

3. 空格键的使用

(1) 重复上一个命令：当用户执行完前一项命令，又需要重复执行该命令时，可直接敲击空格键即可。

(2) 用空格键实现“拉伸”、“移动”、“镜象”、“旋转”、“缩放”：选中图形，单击其中一夹点，可对图形进行“拉伸”操作，每敲击一次空格命令，即可切换下一种命令，根据命令提示栏的提示完成操作，同此可实现其他命令。

四、命令菜单介绍

1. 轴网

若无CAD图，则在采用软件建模时首先必须建立轴网，它的作用在于快速、方便地对建模构件进行定位，以及在最终计算结果中显示构件位置。轴网菜单如图6-7所示。

在点取命令建直线轴网后，屏幕上会出现【直线轴网】设置界面，如图6-8所示。

图6-7 轴网菜单

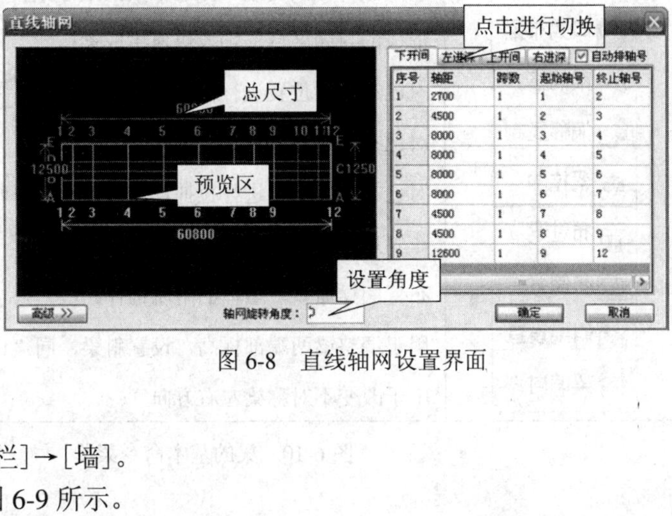

图6-8 直线轴网设置界面

2. 墙体、门窗

菜单位置：[中文菜单栏]→[墙]。

墙的基本命令菜单如图6-9所示。

墙	构件类型
连续布墙	常用布墙命令，可结合输入[左边距离]快速布置偏心墙体；
轴网变墙	此命令适用于至少有纵横各两根轴线组成的轴网；
轴段变墙	利用现有轴段变墙，适用于墙中线在轴线上的墙体建模；
线变墙	利用现有线段变墙，如基础梁中线变墙，以便布置砖基础等；
口式布墙	形成的封闭区域的轴段快速生成墙体；
布填充墙	属墙体寄生构件，不能单独布置；
形成外墙外边线	用以指定边线，计算建筑面积及外墙装饰；
内边线变外边线	对外墙外边线进行编辑；
外边线变内边线	对外墙外边线进行编辑；
墙偏移	对已布置墙体位置进行偏移；
偏移复制	对已布置墙体进行复制后偏移；
墙拉伸	对已布置墙体长度进行拉抻，输入负值，可收缩；
山墙设置	可调整墙体两端部标高，生成山墙。

图 6-9　墙的基本命令菜单

3．梁、板、楼梯

梁、板、楼梯的基本命令菜单如图 6-10、图 6-11 所示。

梁	构件类型
连续布梁	梁基本操作命令同墙，无须额外增加学习成本。
轴网变梁	此命令适用于至少有纵横各两根轴线组成的轴网；
轴段变梁	利用现有轴段变梁，适用于梁中线在轴线上的梁建模；
线变梁	利用现有线段变梁，如墙中线变梁等；
口式布梁	形成的封闭区域的轴段快速生成梁；
梁偏移	对已布置梁位置进行偏移；
偏移复制	对已布置梁进行复制后偏移；
梁拉伸	对已布置梁长度进行拉抻，输入负值，可收缩；
布过梁	布置过梁命令，门窗的附属构件；
布圈梁	布置圈梁命令，墙体的附属构件；
斜梁设置	用于调整梁两端部标高，设置斜梁，同“山墙设置”；
梁偏向	用于改变不对称梁左右方向

图 6-10　梁的基本命令菜单

板.楼梯	构件类型
形成板	批量生成板的方式，可按墙或梁封闭区域批量生成；
自由绘板	自由绘板板区域，用于绘制单块不规则形状的板；
框选布板	通过选框，捕捉选框外封闭区域自动生成板；
矩形布板	指定对角线，快速绘制单块矩形板的命令；
布预制板	布置预制板的命令；
板上开洞	板上布置洞口命令；
增加夹点	增加板边线夹点，用鼠标左键可对夹点进行拖拽，以形成任意形状；
斜板设置	设置斜板命令，可将平板变斜；
布楼梯	布置楼梯命令

图 6-11　板、楼梯的基本命令菜单

4．柱、基础、基础梁、装饰

菜单位置：[中文菜单栏]→[柱]/[基础]/ [基础梁]。

功能：建立柱及基础，提供相关地编缉处理。

菜单位置：[中文菜单栏]→[装饰]。

功能：提供装饰建模及编缉命令，计算装饰工程量。

基本命令菜单如图 6-12 所示。

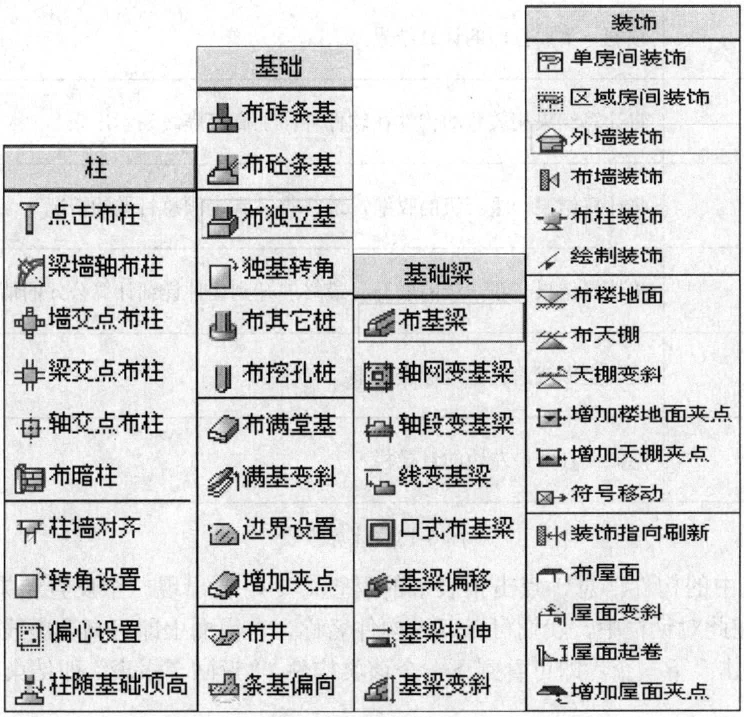

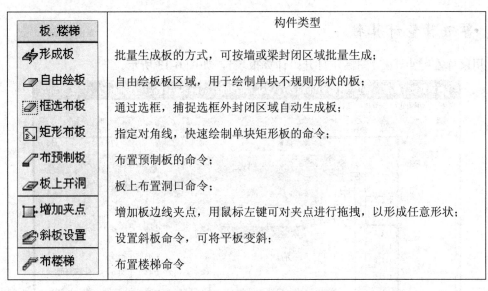

图 6-12　柱、基础、基础梁、装饰的基本命令菜单

五、鲁班算量计算书

用鼠标左键点击图标，打开“计算报表”，如图 6-13 所示。

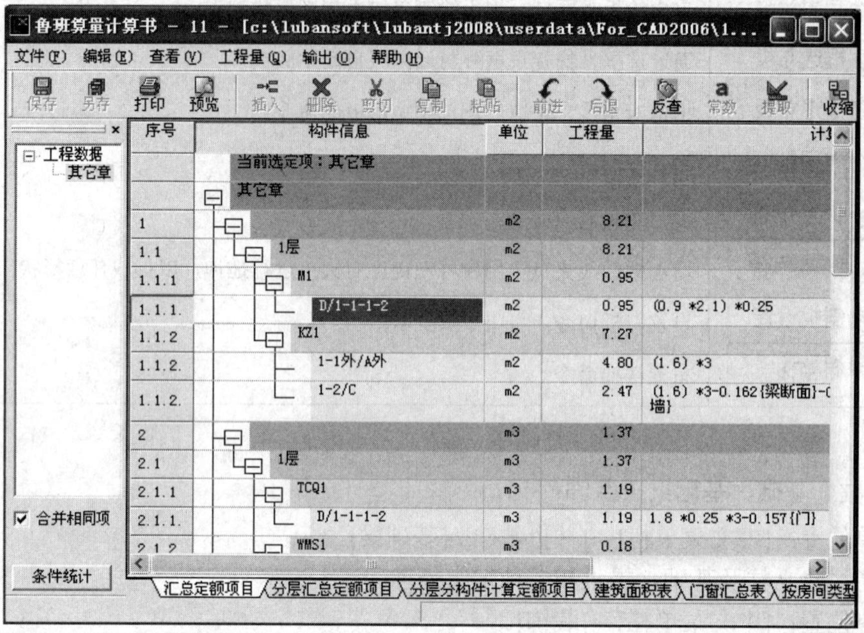

打印	将计算结果打印出来
预览	预览一下要打印的计算结果
反查	将计算结果相关联的构件在软件界面上高亮虚线表示出来
收缩	将计算结果一级一级的收缩，最终收缩到定额总目录的情况
展开	将计算结果一级一级的展开，最终展开到构件详细计算公式的情况
工具箱	出现定额或消耗量定额查询框
目录	隐藏或打开最左边的目录栏

图 6-13 计算报表

选择报表中的构件信息，点击报表中的反查命令，会出现一个反查结果对话框(如图 6-14 所示)，在此对话框中，我们可以双击构件名称，在界面上即可高亮虚线显示该“M1”的构件，再点击“下一个”即可看到下一个该类构件。“返回至报表”即结束该对话框，返回至报表。

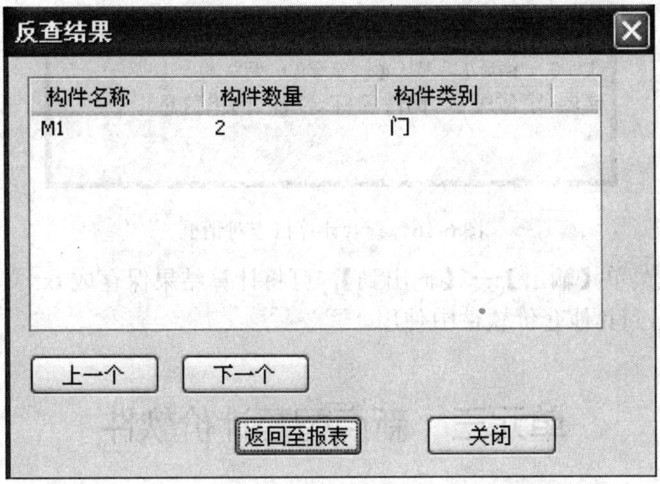

图 6-14　反查结果对话框

合并相同项：可以合并一些完全相同的计算结果，节省打印纸张。

条件统计：正常情况软件是按套定额章节统计工程量计算结果，如图 6-15 所示。可以改变统计条件，按楼层、楼层中的构件统计。

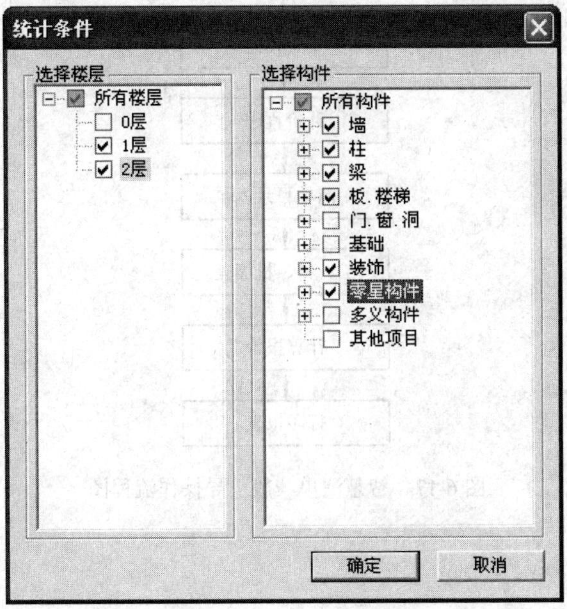

图 6-15　统计条件对话框

计算结果汇总的类型有汇总定额项目表、分层汇总定额项目表、分层分构件计算项目表、建筑面积表、门窗汇总表、按房间类型汇总装饰、按层或房间类型汇总装饰等七种。

提示：需要执行计算命令，无论算什么构件都可以，门窗汇总表中才能出现计算结果。

(1) 点击下拉菜单【查看】→【查看计算日志】，打开计算日志记事本文本文件，里面有计算过程中出现问题的构件所在楼层、定额编码、构件名称、位置及出错信息的描述，依据此信息可以找到出现问题的构件，如图 6-16 所示。

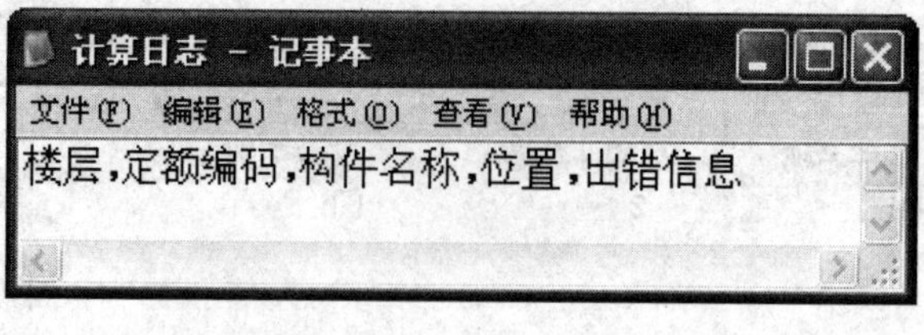

图 6-16　查看计算日志对话框

(2) 点击下拉菜单【输出】→【输出到】，可将计算结果保存成 txt 文件或 excel 文件，这样可以方便输出到其他套价软件中使用。

单元三　新点智慧计价软件

一、智慧清单一般引导操作流程

智慧清单一般引导操作流程图如图 6-17 所示。

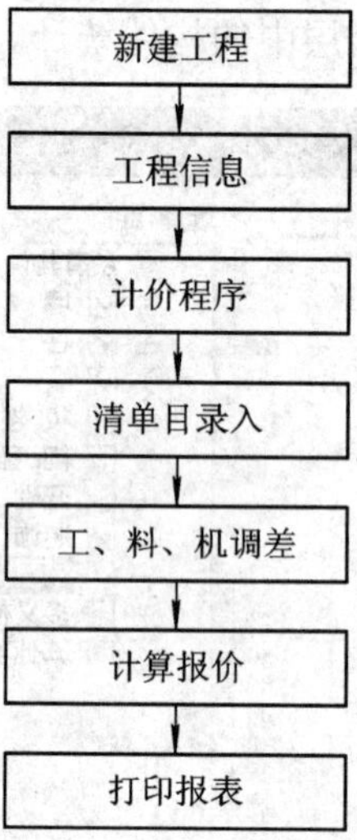

图 6-17　智慧清单一般引导操作流程图

二、常规操作

(一) 登录

运行进入软件主界面(如图 6-18 所示)，进入“流程管理控制”。

可以根据流程图提供的顺序进行工程的操作。例如：一个简单的工程需要：新建工程—工程信息—计价程序—清单录入—打印报表五步即可完成。图上的大按钮可以直接点击进入相应的操作界面。当然，用户的特别要求还可以通过【辅助】菜单和【系统】菜单下的【系统设置】等操作来完成。

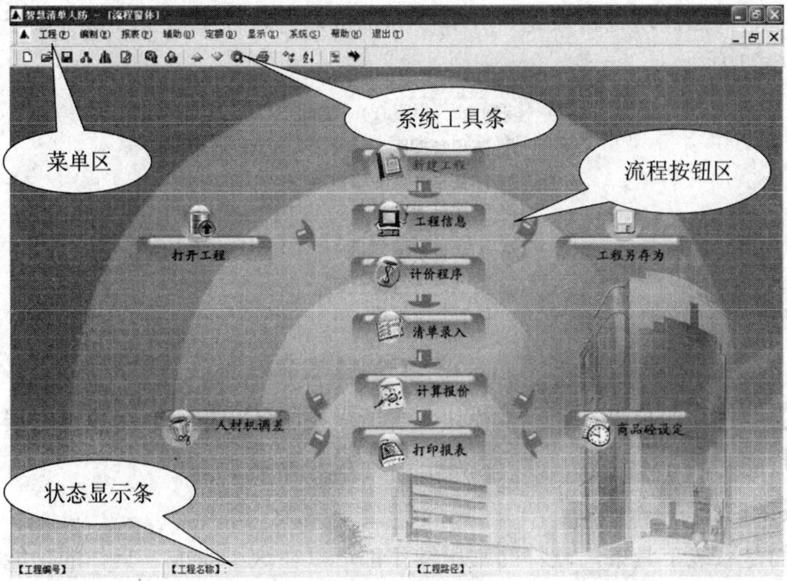

图 6-18 软件主界面

(二) 软件菜单及工具条

1. 菜单的介绍

软件的菜单如图 6-19 所示。

图 6-19 软件菜单

菜单由【工程】、【编制】、【报表】、【辅助】、【定额】、【显示】、【系统】、【帮助】、【退出】九部分组成，软件的所有功能都可以在这里完成。

菜单的下面是系统工具条，软件的常用操作就是在这里完成。

【工程】菜单：本模块包含新建工程、打开工程、工程属性、保存工程、工程另存为、工程加口令、工程解除口令、退出，是软件中对工程进行操作的模块，如图 6-20 所示。

图 6-20 【工程】菜单

【编制】菜单：本模块包括流程管理图、计算程序及费率设定、工程量清单录入、人材机价差设定、商品砼现行价设定、计算实际报价，是软件中对工程进行整个操作流程的模块，如图 6-21 所示。

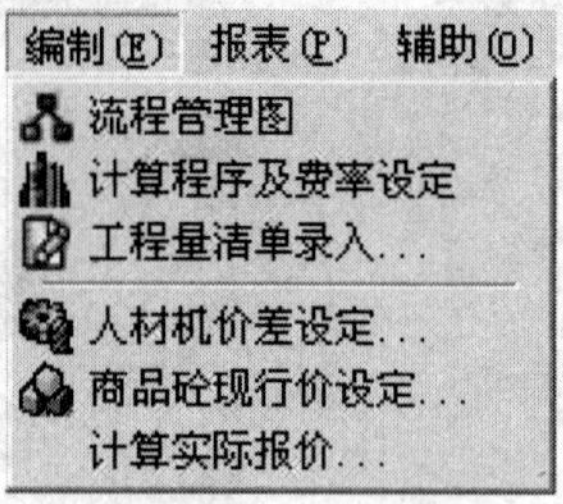

图 6-21 【编制】菜单

【报表】菜单：即报表打印。本模块包含所需要的各种报表，用户可根据实际情况选择进行报表打印。

2．工具条的介绍

菜单下面是系统工具条，软件的常用操作都可以在这里完成。具体的功能同菜单的功能。软件最下方是状态条，分别显示工程编号、工程名称和工程路径，如图 6-22 所示。

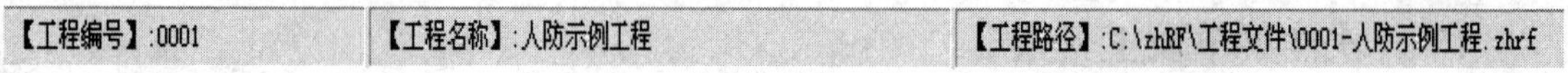

图 6-22 状态条

(三) 新建工程

创建一个新的工程必须执行【新建工程】按钮(流程管理图中同样也有对应操作)，将会出现如图 6-23 所示对话框，信息录入后，点击【完成】按钮即可。

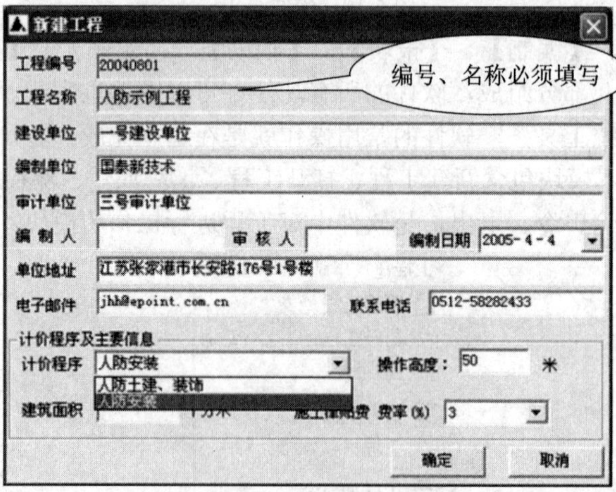

图 6-23 新建工程对话框

在计价程序中，要选择的内容是人防安装和人防土建、装饰，须填入操作物的高度和建筑面积，详见图 6-23。

注意：计价程序一定要选择，即工程中计价模式的选择。

(四) 综合取费设定

1. 功能与说明

综合取费设定菜单是完成【清单录入】模块的辅助操作，它在新增工程后也会自动出现，它的操作将决定整个工程的造价结果。如图 6-24 所示。

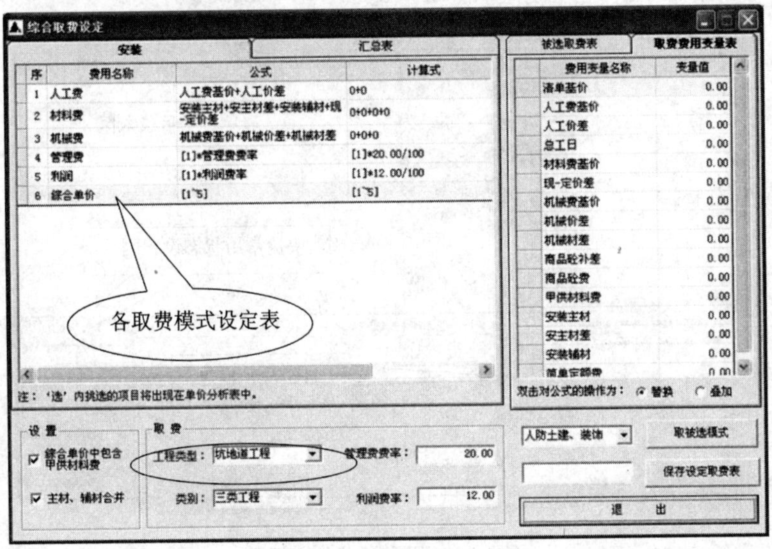

图 6-24　综合取费设定

2. 管理费利润费率的设定

管理费费率是根据《人防工程工程量清单计价办法》中的规定并由公式计算而来的，如图 6-25 所示的管理费费率、利润费率设定，可以直接在此图中修改工程类型、管理费费率、利润费率等，点击“退出”，软件会自动计算管理费费率。

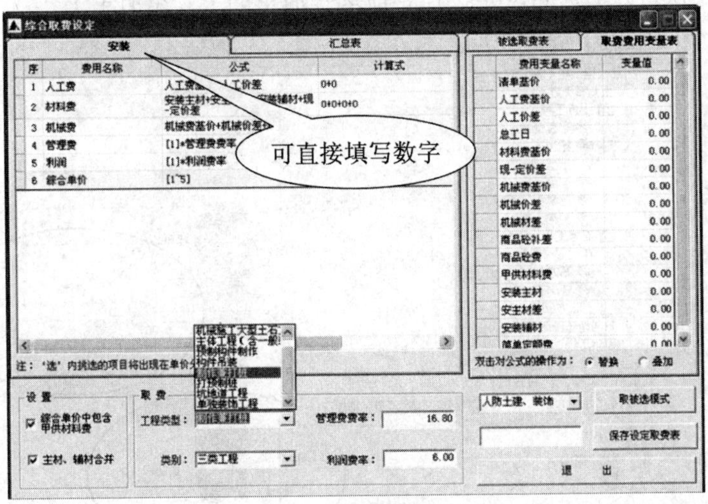

图 6-25　管理费费率设定

选择“确定”，整个工程中所有子目的管理费费率、利润费率都会以选择的费率为准。

(五) 清单录入

1. 界面简介

预算书是软件的核心部分，所有清单、子目的录入均在此进行，如图 6-26 所示。

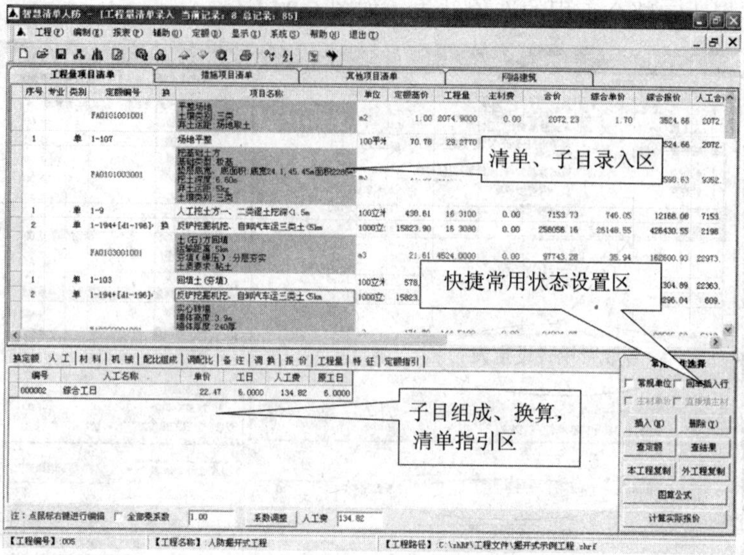

图 6-26 预算书录入主界面

2. 分部分项工程量清单的录入

进入预算书录入界面，直接按回车键将会出现工程量清单选择窗口，如图 6-27 所示，点击“+”展开下级的清单树，选择“工程量清单名称”，单击“确定”，该清单将自动填入到预算书中。在清单选择中可以看到清单的编号、单位、项目特征和工作内容。清单录入窗体在下一次进入时会自动定位在当前选择清单的下一条清单上。

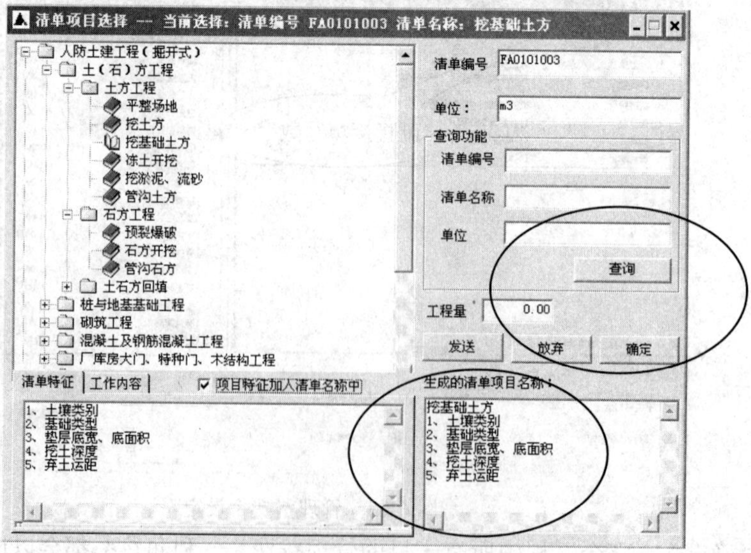

图 6-27 清单选择窗口

清单特征可以在下拉菜单中选择，也可以自己录入，录入后电脑会自动记忆，若下次输入同一个清单时，在下拉菜单中可以挑选。若在“项目特征加入清单名称中”打勾，清单显示的方式将以清单特征＋特征描述的形式出现。

清单的输入：直接在预算书录入界面的“定额编号”中输入清单的 9 位国家清单编码，软件会自动加入 3 位顺序码。例如，输入“FA0101001”，软件自动扩充成“FA0101001001”12 位清单编号，项目名称自动填入“平整场地”，单位自动填入“m^2”。

3．通过定额指引录入子目

清单的综合单价是由其包含的所有子目的实际合价的合计除以清单的工程量计算所得。软件也提供了多种子目输入的方法，使用最多的可能就是根据《人防工程工程量清单计价项目指引》中清单和子目的对应关系输入。软件中也预制了这一功能，称为“定额指引”，用户可以在“定额指引”卡片中看到显示的与当前分部分项清单相关的一系列定额。

如图 6-28 所示的就是“平整场地”清单的定额指引(清单编号 FA0101001)。用户在找到自己所需要录入的子目后，双击该条指引，该条指引就会在清单、子目录入区显示。

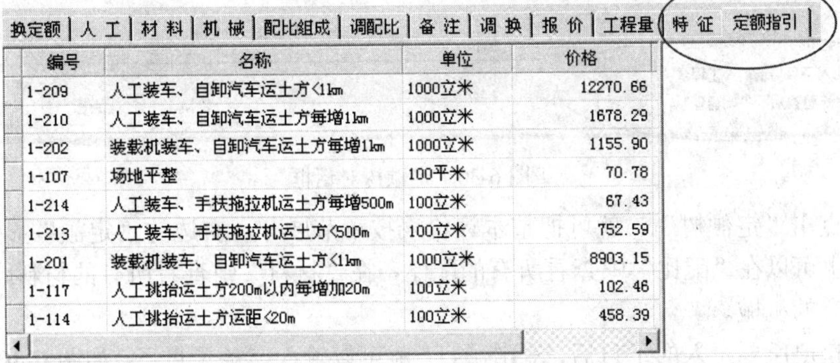

编号	名称	单位	价格
1-209	人工装车、自卸汽车运土方<1km	1000立米	12270.66
1-210	人工装车、自卸汽车运土方每增1km	1000立米	1678.29
1-202	装载机装车、自卸汽车运土方每增1km	1000立米	1155.90
1-107	场地平整	100平米	70.78
1-214	人工装车、手扶拖拉机运土方每增500m	100立米	67.43
1-213	人工装车、手扶拖拉机运土方<500m	100立米	752.59
1-201	装载机装车、自卸汽车运土方<1km	1000立米	8903.15
1-117	人工挑抬运土方200m以内每增加20m	100立米	102.46
1-114	人工挑抬运土方运距<20m	100立米	458.39

图 6-28　“平整场地”清单的定额指引对话框

4．通过查定额方式录入子目

如果知道需要输入的子目编号，则可以直接输入子目编号；如果不明确需要输入的子目的编号，则可以通过【查定额】按钮来查找对应的子目。【查定额】按钮在预算书录入界面中的右下角，如图 6-29 所示。

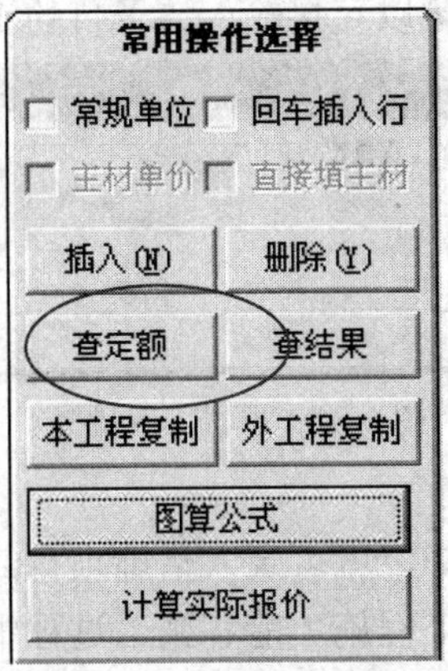

图 6-29　常用操作选择对话框“查定额”

点击【查定额】按钮后，就会弹出如图 6-30 所示的界面。

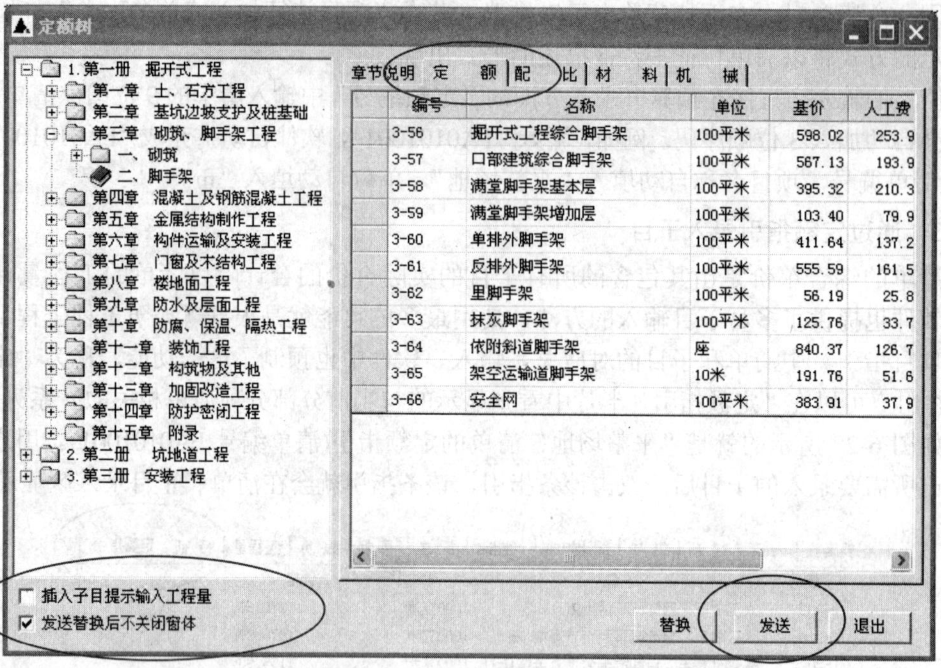

图 6-30 定额树对话框

只需点击“定额树”，就可把整本计价表按章节展开，右边的“定额”显示该节的所有子目。也可以在“配比”中查看所有的配比，在“材料”中查看所有的材料，在“机械”中查看所有的机械。

找到自己所要录入的子目后，双击子目，就可以输入该条子目了。如图 6-30 所示，【发送】是指该条子目会添加到清单、子目录入区中光标位置的下面；【替换】是指该条子目会直接替换清单、子目录入区中光标位置中的内容。图 6-30 圈中的内容，默认“发送替换后不关闭窗体”是打上勾的，意思是在发送或替换子目后，该窗体(图 6-30 定额树窗体)不会自动关闭，否则该窗体就会自动关闭。默认“插入子目提示输入工程量”末打上勾，若已打勾，用户无论在发送还是替换插入子目时，都会弹出如图 6-31 所示的界面，提示用户输入该子目的工程量，这时用户可以直接输入该子目的工程量。

图 6-31 子目工程量提示

5. 措施项目清单的录入

分部分项工程量清单录入完毕，就可录入措施项目清单了。措施项目清单的定义是为完成工程项目的施工，发生于该工程施工前和施工过程中技术、生活、安全等方面的非工程实体项目。

在清单录入的主界面中，点击措施项目卡片，即可进入措施项目清单的录入界面。

措施项目清单的组价共有两种：

1) 清单套子目形式

这种形式和分部分项清单的计价方式相同。清单下面套子目，由子目的实际合价反除清单的工程量得到清单的综合单价。弹出界面如图 6-32 所示。

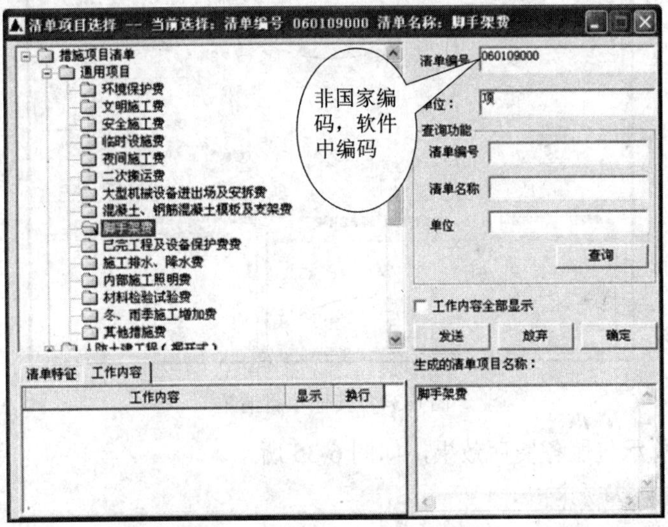

图 6-32　措施项目清单挑选图

注意：措施项目清单中的清单编号非国家编码(国家编码无)，是软件中的编码。

2) 自定义措施项目

假设此时已经定义好了需要的自定义措施项目，则可以点击鼠标右键，在弹出的右键菜单中选择【自定义措施项目】，将会弹出如图 6-33 所示界面，直接选择后点击【确定】就把所选的措施项目录入到措施项目中去了。

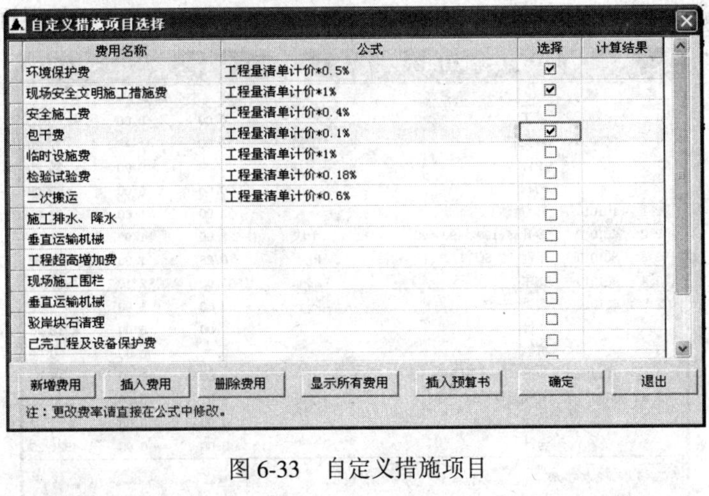

图 6-33　自定义措施项目

6．其他项目清单的录入

措施项目清单录入完毕，就可以录入其他项目清单了。一般预留金、材料购置费、总承包服务费、零星工作项目费都录入到其他项目清单中。

注意：此处的清单编号非国家编码(国家编码无)，而是软件中的编码。

在定额编号一栏中输入回车键，就会弹出如图 6-34 所示界面。

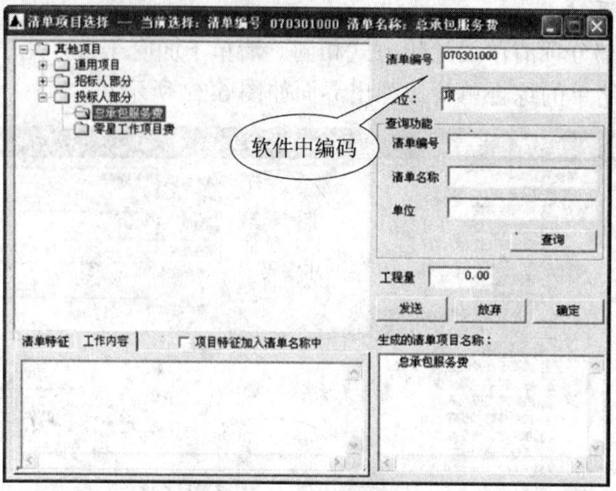

图 6-34　其他项目清单

例如，输入总承包服务费后效果，如图 6-35 所示。

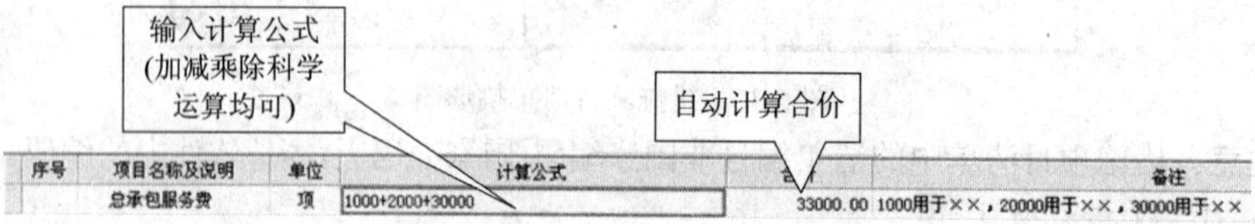

图 6-35　输入总承包服务费后效果图

如果输入的是“零星工作项目费”，那么根据清单的规范，零星工作项目费的单价不能直接以一笔费用的形式出现，这笔费用必须要细分，即是由人工、材料、机械组成的。用户可以点击右键菜单中的【总价项目细分】，将会弹出如图 6-36 所示的界面。

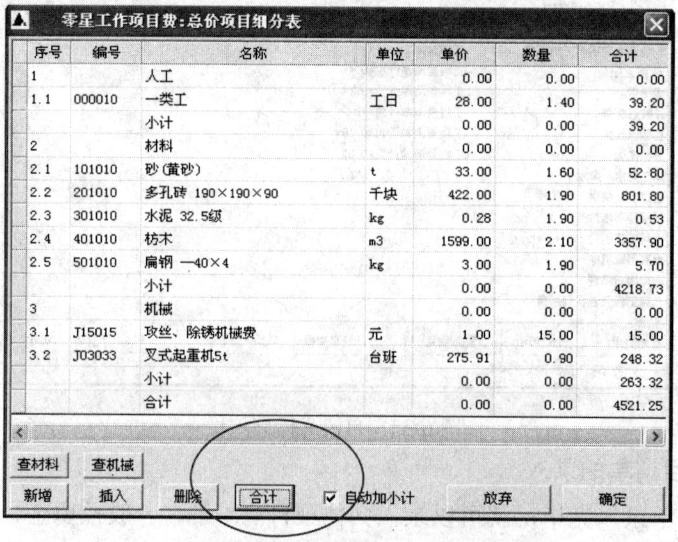
零星工作项目费:总价项目细分表

序号	编号	名称	单位	单价	数量	合计
1		人工		0.00	0.00	0.00
1.1	000010	一类工	工日	28.00	1.40	39.20
		小计		0.00	0.00	39.20
2		材料		0.00	0.00	0.00
2.1	101010	砂(黄砂)	t	33.00	1.60	52.80
2.2	201010	多孔砖 190×190×90	千块	422.00	1.90	801.80
2.3	301010	水泥 32.5级	kg	0.28	1.90	0.53
2.4	401010	枋木	m3	1599.00	2.10	3357.90
2.5	501010	扁钢 —40×4	kg	3.00	1.90	5.70
		小计		0.00	0.00	4218.73
3		机械		0.00	0.00	0.00
3.1	J15015	攻丝、除锈机械费	元	1.00	15.00	15.00
3.2	J03033	叉式起重机5t	台班	275.91	0.90	248.32
		小计		0.00	0.00	263.32
		合计		0.00	0.00	4521.25

图 6-36　细分零星工作项目费

只要输入人工、材料、机械的编号，软件将会自动调入材料名称和单位，填写数量，如果对材料和机械的编号不熟悉，则可以点【查材料】和【查机械】按钮计算零星工作项目费的合计。点【合计】按钮后，效果图如图 6-37 所示。

序号	项目名称及说明	单位	计算公式	合价	备注
	零星工作项目费	项	4521.25	4521.25	

图 6-37　零星工作项目费效果图

(六) 人工、材料、机械现行价的设定

点击【编制】菜单【人材机差价设定】按钮，将会弹出材料、机械、人工现行价设定窗口，可根据实际情况选择材料、机械、人工现行价的设定，如图 6-38 所示。

挑选	材料编号	材料名称	单位	用量	信息价	定额价	成本价	单位差价	差价合
☑	100008	水泥 425#	kg	36641.5000	0.000	0.30	0.000	0.000	0.
☑	100015	中(粗)砂	t	70.0350	0.000	31.00	0.000	0.000	0.
☑	100017	碎石 5-40	t	133.9800	0.000	36.18	0.000	0.000	0.
☑	200002	二等板(方)材	m3	0.2000	0.000	1200.00	0.000	0.000	0.
☑	300029	金属周转材料摊销	kg	127.4000	0.000	5.37	0.000	0.000	0.
☑	700001	水	m3	110.8625	0.000	0.45	0.000	0.000	0.
☑	700013	麻袋(双层)	条	25.0000	0.000	4.11	0.000	0.000	0.
☑	700014	草袋子	m2	32.6000	0.000	1.29	0.000	0.000	0.
☑	700015	草袋片	片	145.0000	0.000	0.85	0.000	0.000	0.
☑	D00001	家具中材料费		200.0000	0.000	200.00	0.000	0.000	0.

图 6-38　人工、材料、机械调差

(1) 手工调整：这是该软件默认的材料、机械现行价设定方式，操作时只需将对应材料的名称和规格在“现行价”或“成本价”栏内输入价格即可。如果现行价格高于材料价格，单位差价就会以浅绿色表示；若低于材料价格，单位差价就会以红颜色表示，主材(计价表上单价为零的材料)会以浅蓝色表示。

(2) 材料、机械现行价自动设定：点击【取价格信息文件】按钮，可根据需要选择相应的价格文件来进行调整，具体可参见“取价格信息”文件。

特殊按钮介绍：

【清信息价】：清除当前所有材料的现行价。

【其他工程】：可以得到其他工程的现行价。

【材料分布】：可以得到当前材料在哪些子目中套用，如图 6-39 所示。

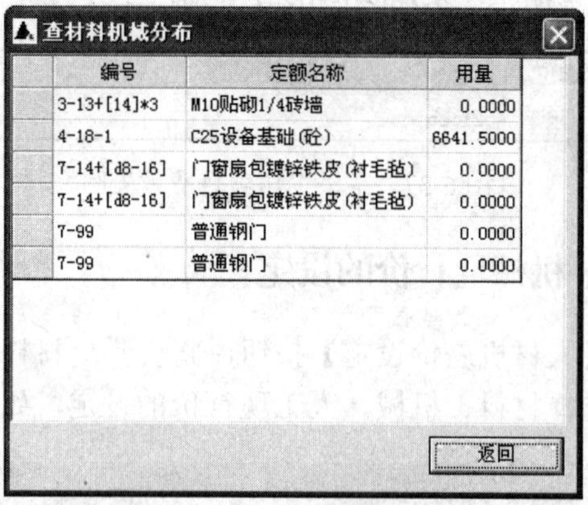

图 6-39　查材料机械分布

【取价格信息文件】：可以提取网上下载的或自己设置的材料价格文件直接进行调差，挑选一个材料信息文件，如图 6-40 所示，就会自动将市场价自动录入。

人工、材料、机械的市场价设定好后，点击【退出】按钮，再点击【分析实际报价】，如图 6-41 所示，软件就自动会套用市场价来重新计算清单的单价和各种费用。

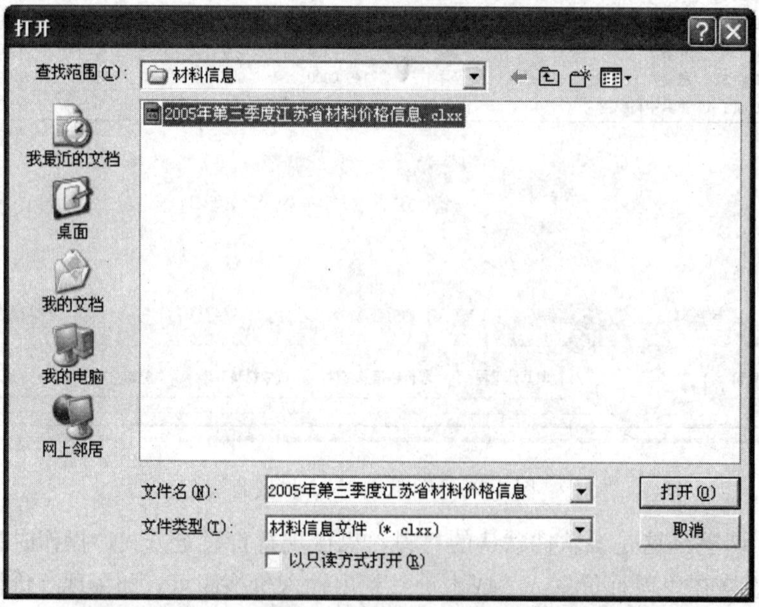

图 6-40　取材料价格信息

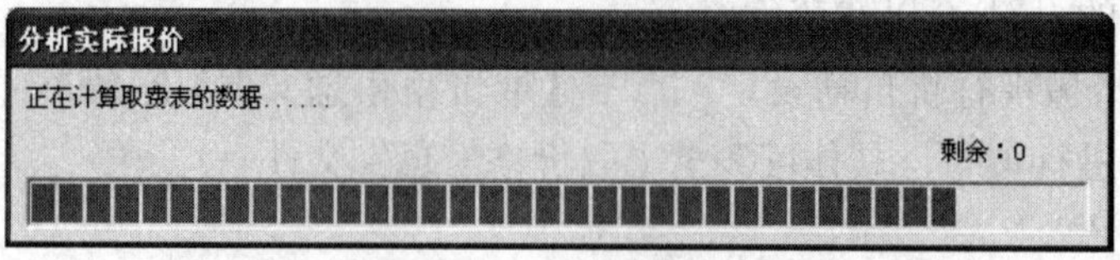

图 6-41　综合单价分析

(七) 报表打印

1. 界面简介

报表打印界面如图 6-42 所示，本模块是软件对数据处理的一个总结，即在处理完工程数据，计算完实际报价后的汇总，由此我们可看到精美的报表。

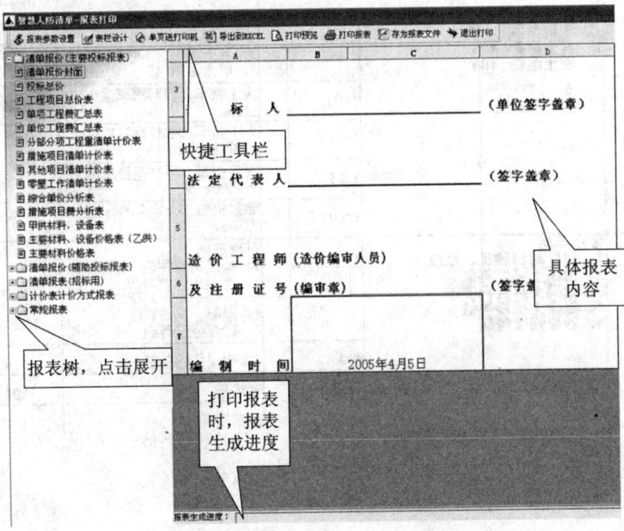

图 6-42　报表打印主界面

点击左边报表的任意名称后，会刷新出现相应的报表。

2. 快捷工具条介绍

快捷工具条如图 6-43 所示。

图 6-43　快捷工具条

【报表参数设置】：可以设置该报表的页面、字体/行高、页边距等参数，如图 6-44 所示。

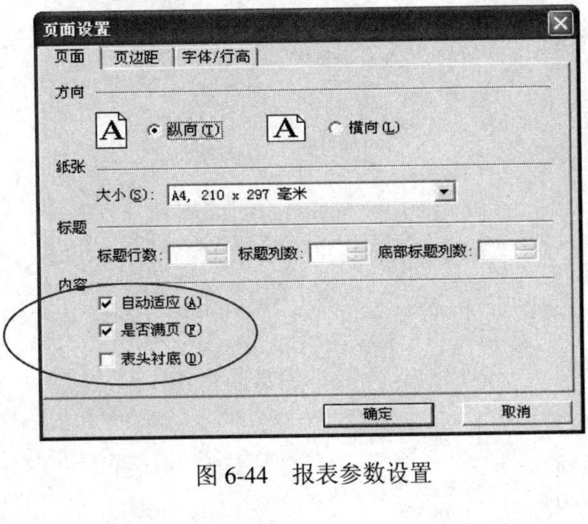

图 6-44　报表参数设置

【打印预览】：可以看到报表打印出来的效果，如图 6-45 所示。

【打印报表】：直接将预览的效果输出到打印机。

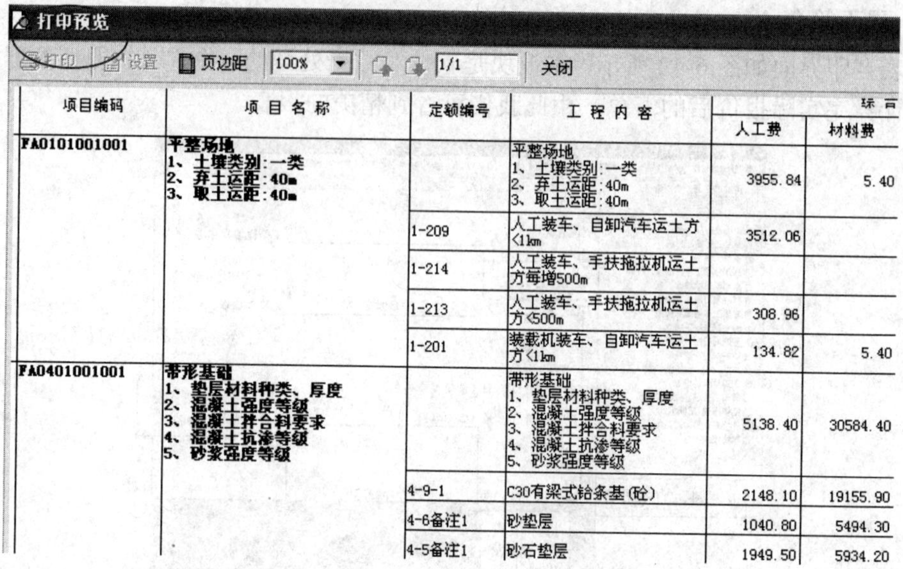

项目编码	项 目 名 称	定额编号	工 程 内 容	人工费	材料费
FA0101001001	平整场地 1、土壤类别：一类 2、弃土运距：40m 3、取土运距：40m		平整场地 1、土壤类别：一类 2、弃土运距：40m 3、取土运距：40m	3955.84	5.40
		1-209	人工装车、自卸汽车运土方<1km	3512.06	
		1-214	人工装车、手扶拖拉机运土方每增500m		
		1-213	人工装车、手扶拖拉机运土方<500m	308.96	
		1-201	装载机装车、自卸汽车运土方<1km	134.82	5.40
FA0401001001	带形基础 1、垫层材料种类、厚度 2、混凝土强度等级 3、混凝土拌合料要求 4、混凝土抗渗等级 5、砂浆强度等级		带形基础 1、垫层材料种类、厚度 2、混凝土强度等级 3、混凝土拌合料要求 4、混凝土抗渗等级 5、砂浆强度等级	5138.40	30584.40
		4-9-1	C30有梁式铪条基(砼)	2148.10	19155.90
		4-6备注1	砂垫层	1040.80	5494.30
		4-5备注1	砂石垫层	1949.50	5934.20

图 6-45 打印预览效果

附　　录

附录一　国外工程计价方法

国外工程计价一般都采用国际上的通用做法，实行工程量清单计价方式。

一、国外建筑工程计价管理的特点

(1) 国外建筑工程计价，没有国家颁布的统一定额，均依据本公司定额。国外各建筑企业均依据本公司积累的经验、数据、资料和按当时有关地区的材料、设备、运输等市场价格来建立定额库。因此，计价人员首先计算各种主要材料的单价、设备单价、人工单价、成品和半成品单价等，继而编制分部分项工程单价，这就是说，预算单价是现编的。当然，有经验的计价人员和建筑企业均累积有丰富的资料，有自己的定额数据库，随着工程地点、施工条件、市场价格等的变化，可迅速、准确地编制出相应的预算单价。尽管如此。此项工作仍是比较繁琐。

(2) 工程计价前先研究工期和施工方案，并进行多方案比较。国外工程计价前必须先拟订出各种不同施工方案的进度计划和施工方法，并进行比较，在此基础上才开始编制各项单价和预算总价。显然，它的工作量较大，而且要求预算人员掌握施工技术、管理、经济、运输及税务等全面的知识。

(3) 国外装饰工程计价中的间接费等费用是逐项分别计算的。我国装饰工程预算的间接费等是按统一规定的综合费率计算，应用简便。而国外工程计价中的有关间接费往往有数十项，需要根据实际条件和收集实际费用资料后逐项精确计算，工作量较大。工程所在的国家与地点不同，各种条件变化多端，所以绝不能用一个简单的系数来代替。国外工程计价中有时也用系数，但是这种系数是每个工程单独分析和计算而得，计价工作量虽大，但是能确切反映出实际、准确的费用。

(4) 对工程的针对性极强。国外工程计价首先考虑施工方法、运输工具、工期、税金、设备费用、保险费、现场大型临时施工、成品与半成品附属加工企业以及电询费、出差费等。也就是说，国外工程计价是针对某一工程，一切与造价发生关系的条件、环境等因素均一一详细考虑到，计算十分细致。对建筑企业而言，有了如此周密地预算，确可做到万无一失。

二、国外工程计价管理综合模式

(1) 政府间接调控。政府对工程造价采取不直接干预的方式，通过税收、信贷、价格、信息指导等经济手段，引导和控制投资方向，政府调控市场，市场引导企业，使投资符合市场经济发展的要求。实行总分包的工程管理体制，是各国共有的方式。

(2) 采用清单计价方式。由政府颁发统一的工程量计算规则，统一工程计价的工程量计算方法，委托专业咨询公司进行工程计价和控制。专业咨询公司一般都有丰富的工程造价实例资料与数据库，以及长期的计价实践经验，有较完善的工程计价信息系统和技术实力及手段，实行动态计价管理。

(3) 政府提供市场信息。由政府颁布多种造价指数、价格指数或由有关协会和咨询公司提供价格和造价资料，供社会享用，数据形成及时，以适应市场经济条件下的快速、高效、多变的特点，满足建筑市场计价和对价格信息的需要。

(4) 由施工方承担施工图设计。这有利于承包商将设计与施工有机结合，充分发挥技术优势，降低工程成本，并降低项目投资与工程项目建设造价。

三、美、日、英等国计价管理模式简介

1. 美国工程计价管理模式

1) 美国工程计价级别

美国工程计价共分5级，见附表1。

附表1　美国工程计价级别

级　序	名　称	精　度
第1级	数量级估算	−30%～+50%
第2级	概念计算	+15%～+30%
第3级	初步计算	−10%～+20%
第4级	详细计算	−5%～+15%
第5级	完全详细计算	−5%～+5%

2) 业主与承包商计价的差异

业主与承包商的估价结果有很大不同，这是因为他们不同的观点、概念、交易管理风险、介入深度、估价所需的准确性以及估价方法的使用不同所致。

业主的估价一般在研究和发展阶段进行，当他们进行一个新工艺的可行性研究时，需要考虑工艺技术及应用风险、投资策略、场地选择、市场影响、操作、后勤以及合同管理策略等一系列的问题，其中每一项都对成本具有影响，具有较大的不确定性，其采用的估价方法一般为参数法。

对于服务于业主方的估价人员来讲，可供其使用估价数据来源有专业协会，大型工程咨询顾问公司以及有关政府部门出版的有关工程造价的商业出版物。

美国的大型承包商都有自己的一套估价系统，同时把其单价视为商业机密，不向业主及社会公开其价格信息。

相对业主来讲，承包商的考虑范围要小一些。因为承包商一般均在项目的中期和后期才开始介入，此时业主的意图已基本确定，已经对多个方案进行了研究，并对其进行了较为充分地比较、选择，项目的范围和轮廓一般已相当清晰，承包商只需根据业主给出的初始条件来设计，拟订施工实施方案，承包商采用的估价方法一般为计算单位成本或用项目估算法。

2. 日本工程计价管理模式

日本工程计价有统一的定额标准。在日本也实行量、价分离，这种计价活动与我国工

程计价体系有相似之处。

日本的工程积算，属于量价分离的计价模式。日本作为一个发达的经济大国，市场化程度非常高，法制健全，建筑市场已非常巨大，其单价是以市场为取向的，即基本上按照市场参考价格。隶属于日本官方机构的经济调查会和建筑物价调查会，专门负责调查各种相关的经济数据和指标，与建筑工程造价相关的有《建筑物价》杂志、《积算资料》(月刊)、《土木施工单价》(季刊)、《建筑施工单价》(季刊)、《物价版》(周刊)及《积算资料袖珍版》等定期刊性资料，另外还在因特网上提供一套《物价版》(周刊)登载的资料。该调查会还受托对政府实际情况报告市场各种建筑材料的工程价、材料价、印刷费、运输费和劳务费。价格的资料来源是各地商社、建材店、货场或工地实地调查所得，每种材料都标明由工厂运至工地或由商店运至工地的差别，并标明各自的升降状态。通过这种价格完成的工程预算比较符合实际，体现了市场定价的原则，而且不同地区不同价格，有利于在同等的条件下投标报价。

日本的工程造价管理实行的是类似我国的定额取费方式，建设省制定一整套工程计价标准，即建筑工程积算基准，这种工程计价的前提是确定数量(工程量)，而这种工程量计算规则是由建筑积算研究会编制的《建筑数量积算基准》来制定的，该基准为政府公共工程和民间(私人)工程同时广泛应用，所有工程一般先有建筑积算人员按此规则计算出工程量，工程量计算业务以设计图及设计书为基础，对工程数量进行调查、记录、合计、计量、计算构成建筑物的各部分。其具体方法是将工程量按种目、科目、细目进行分类，即整个工程分为不同的种目，如建筑工程、电气设备工程和机械设备工程等，每一种目又分为不同科目，每一科目再细分到各个细目，每一项目相当于分项工程。《建设省建筑工程积算基准》中制定了一套建筑工程标准定额(步挂)，对于每一细目以列表的形式列明的人、材、机械的消耗量及一套其他经费(如分包经费)，通过对其结果分类、汇总，制作详细清单，这样就可以根据材料、劳务、机械器具的市场价格计算出细目的费用，继而可算出整个工程的纯工程费。这些占整个积算业务的60%～70%，成为积算技术的基础。

整个项目的费用是由纯工程费、临时设施费、现场经费、一般管理费及消费税等部分构成的。对于临时设施费、现场经费和管理费，应按实际成本计算，或根据过去的经验按照与纯工程费的比率予以计算。

3. 英国计价管理模式

1) 英国皇家测量师协会在工程造价管理中的作用

造价控制是业主项目管理中的一项主要内容，由英国皇家测量师协会(Royal Institute of Chartered Surveyors，RICS)认证职业资格。RICS 对特许工料测量师职业资格的要求与我国对造价工程师的要求基本是一致的。

英国的工料测量(工程造价管理)活动包括的内容非常广泛，大致如下：预算咨询、可行性研究、成本计划和控制、通货膨胀趋势预测；就施工合同的选择进行咨询，选择承包商；建筑采购，招标文件的编制；投标书的分析与评价，标后谈判，合同文件的准备；在工程进行中的定期成本控制，财务报表，变更成本估计；已竣工工程的评估、决算，合同索赔的保护；与基金组织的协作；成本重新估计；对承包商破产或被并购后的相应措施；应急合同的财务管理。

工程量的测算、计算方法是工料测量的基础，由于英国没有统一的价格定额，因此工程量计算规则就成为参与工程建设各方共同遵守的计算基本工程量的规则。由皇家测量师学会组织制定的《建筑工程工程量标准计算规则》应用最为广泛，并为各方所认可。

2) 英国工程计价模式

(1) 工程建设费的组成。在英国，一个工程项目的工程建设费，从业主的角度有以下的项目：①土地购置或租赁费；②现场清除及场地准备费；③工程费；④永久设备购置费；⑤设计费；⑥财务费用，如贷款利息等；⑦法定费用，如支付地方政府的费用、税收等；⑧其他，如广告费等。其中，③工程费由以下三部分组成：

ⅰ. 直接费：即直接构成分部分项工程的人工费、材料费和施工机械费。一般人工费约占 40%，材料费约占 50%，施工机械费约占 10%。直接费还包括材料搬运和损耗附加费、机械搁置费、临时工程的安装和拆除以及一些不组成永久性构筑物的消耗性材料等附加费。

ⅱ. 现场费：现场费主要包括驻现场职员、交通、福利和现场办公室费用，保险费以及保函费用等，约占直接费的 15%～25%、

ⅲ. 管理费、风险费和利润：约占直接费的 15%。

(2) 工程量清单。工程量清单的主要作用是给参加竞标者提供一个平等的报价基础。工程量清单通常被认为是合同文本的一部分。合同条款、图纸及技术规范应与工程量清单同时由发包方提供，清单中的任何错误都容许在以后修改，因而在报价时承包商不必对工程量进行复核，这样可以减少投标的准备时间。

工程量清单中的计价方法一般分为两类：一类是按单价计价项目，如镶贴大理石按每平方米多少钱；另一类是按项包干计算，如工程保险费等。编写工程量时要把有关项目写全，最好将工程量清单采用的图纸号也在相应的条目说明处注明，以方便承包报价。工程量清单一般由五部分构成：开办费、分部工程概要、工程量部分、暂定金额和主要成本、汇总。

4. 德国工程造价管理模式

(1) 投资估算的严肃性、科学性和合理性。在德国，任何一项建设工程，不论是政府的还是私人的投资项目，其项目管理均包括质量、进度、造价的控制，这是三位一体的有机结合、不可分割的管理，最终是要达到优质的建筑产品。项目投资额的确定，必须要根据国家质量标准 DIN 要求，慎重地计算所需要的费用，而且需要有一定的预算与浮动，投资一定要估计充足，留有余地，这就是工程项目投资估算的确定。确定投资额一般由社会性项目管理公司中的工程造价专业人员进行。

德国的工程项目管理是全过程的管理，质量、进度和成本的控制贯穿了项目的全过程。一个部门或一个建立公司承接项目管理，在造价控制方面则是从投资估算、设计概算、施工预算、竣工结算、决算等方面一条龙服务。这样就避免了计划与建设的脱节和不配合，科学、合理地确定了投资额，在实施计划的建设过程中，计划与建设融为一体，必须严格控制投资额，不得超过已定的投资额。

德国工程投资控制是动态的，影响投资的因素有设计、市场供求价格的特殊情况等。关键在于建设前期的成本确定和控制。所以，在德国凡从事工程管理的部门必须参与设计审定。

在德国，只要工程项目投资额确定后，在实施过程中，必须严格按照投资额执行，不得随意修改和突破。

工程项目管理含造价控制行业在德国普遍存在，并且出现激烈的竞争，各项目控制单位均对优化设计，采用新工艺、新技术、新材料，提高质量、缩短工期，以及科学的管理和监控手段，项目的造价、质量、进度等方面进行严格的控制，并以控制的成功实例和业

绩争取得到社会的公认及树立良好的声誉，以赢得市场。反之，如果控制不好，出现成本加大，超出一定的投资额而又没有充分的理由，则项目控制单位要承担经济责任。

(2) 德国的工程计价。工程计价在工程实施中是工程费用支付、管理依据，是招标审查报价的尺度。工程费基本上如同国际上习惯采用的FIDIC(土木工程建筑合同条件)的要求和做法一致，即由工程数量乘以单价，而工程数量和项目均在表述中全部列出，投标人则按综合单价和总价进行报价，当然，有一些现场管理的项目和措施性项目的费用等就另行开列报价。工程费计算方式一般是以过去承建的工程的工程费为基础，从中抽出各工程项目的单价，加上地区差价和不同施工期造成的价差，然后确定每一个工程项目内新的各项单价，用其乘以工程量即为工程合价，各项合价总和即为总造价。在造价中必须考虑风险、利润、税金等因素。

在德国，从事工程计价的人员都必须是工程师、教授和取得学位的博士，都是兼具多方面专业知识且均有多年实际经验的人员。在德国凡从事工程造价管理工作者必须先取得工程师资格，再参加协会组织的资格考试，合格后才能获得资格受聘与业主或受聘于承包商，也可在政府的公共工程部门服务。

5．法国工程造价管理

法国的工程造价是采用工程量清单计价方法，无社会统一定额单价，基本上是以企业定额报价，包括直接费、风险、利润等费用。

根据项目各阶段工作深度及所掌握项目资料的不同，工程造价计算通常分为4个阶段：

第一阶段：项目规划、可行性研究阶段，进行大致估算，准确的可达到±30%；

第二阶段：工艺方案设计阶段，进行较详细估算，准确的可达到±(15%～25%)；

第三阶段：基本设计、招标文件准备阶段，进行详细估算，准确度可达到±5%。通常项目业主以基本设计所估算的总投资作为投资的控制目标。在基本设计阶段，已明确土建、工艺、设备、电器等专业的标准、规格和数量，厂房布置图，提出了主要设备清单，完成了标书的编制，一般不会突破在此阶段得出的估算投资。

第四阶段：施工图设计阶段，设计单位能保证各分部工程预算控制在基本设计所确定的限额内。在法国，造价的控制是通过控制建设标准、优化设计，尤其是加强合同管理，包括制定标准合同总条款、严格合同同文本的审查、加强合同执行中的监督来实现的。

从以上美国、日本与欧洲各国的工程造价可得出一个共同的概念，即工程造价均属于工程项目管理业的分支或组成部门，其服务范围是从项目策划、立项起，直到竣工、维修及后评估的全面服务。其中内容包括项目投资、进度、质量、合同、索赔、信息及管理等全过程，并且划分极细。此外，项目管理公司可以接受业主、设计单位、施工单位及政府部门的委托服务。

附录二　计价文件编制综合实训

任务：如附图1～11所示，分组编制办公楼定额计价文件及工程量清单计价文件。

施工说明

1. 本工程为办公楼。
2. 砖砌体做法：±0.00以下为Mu10标准砖，M7.5水泥砂浆砌筑。±0.00以上KP1多孔砖，M5.0混合砂浆砌筑。所有墙体在－0.06处设防潮层一道，做法详见苏J9501-1/1。
3. 砼工程：垫层C10砼，其余均为C20砼。
4. 钢筋工程：ϕ 为 I 级钢，Φ 为 II 级钢。
5. 门窗过梁(板)：洞口宽≤1500，240×60，3ϕ8，ϕ6@200，L＝洞口宽＋500；洞口宽≤1800，240×120，4Φ12，ϕ6@200，L＝洞口宽＋500；洞口宽＞1800，240×250，4Φ14，ϕ6@200，L＝洞口宽＋500。
6. 地面做法：接待室花岗岩板地面详见苏J9501-18/2，其余抛光地砖地面(500×500)详见苏J9501-14/2。
7. 楼面做法：会议室木地板楼面详见苏J9501-19/3，其余均为抛光地砖地面(500×500)详见苏J9501-11/3。
8. 楼梯面层：贴花岗岩板；楼梯栏杆扶手：苏J9505-3。
9. 踢脚线：同相应地面材料。
10. 内墙做法：苏J9501-5/5白水泥批腻子刷乳胶漆两遍。
11. 外墙做法：苏J9501-12/6(面砖规格250×100)。
12. 平顶做法：苏J9508-4/8。
13. 屋面做法：苏J9501-11/7(保温层改为1：8现浇水泥珍珠岩，最薄处70 mm厚，建筑找坡)。
14. 檐沟防水：20厚1：2防水砂浆防水。
15. 其他：

   木材面油漆：苏J9501-3/10。

   散水：苏J9501-4/12(宽600。

   台阶：苏J9501-5/11(抛光地砖面层)。

   檐沟防水：苏J9501-1/18。C15细石混凝土自分水线找1%坡度，20厚1：2水泥砂浆抹面(掺5%防水剂)。

   所有埋入墙体内的木砖均需刷防腐油作防腐处理。
16. 本工程除按本图纸施工外尚需执行现行“建筑安装施工验收规范”。
17. 本工程根据地质勘查报告土壤类别为三类，地下水位－1.8 m。
18. 落水管、落水斗采用增强型UPVC管、斗，直径为100 mm，伸至散
19. 水面。

   檐口做法：C20钢筋砼檐沟，C15细石砼找坡，20厚1：2水泥砂浆粉
20. 刷，外侧刷苯丙乳胶漆。
21. 因施工场地狭小，挖出土方距建筑150 m处堆放。

   洞口宽≤1500的过梁为现场预制，其他过梁均为现场浇筑。

门 窗 表

门窗名称	洞口尺寸		门窗数量	备 注
	宽	高		
C-1	1800	1500	28	苏J002-2000 CST34 85系列
C-2	1200	1500	3	苏J002-2000 CST32 85系列
C-3	2400	1500	4	苏J002-2000 CST37 85系列
C-4	1500	1500	4	苏J002-2000 CST33 85系列
C-5	1200	900	1	苏J002-2000 CST12 85系列
M-1	900	2400	32	苏J73-2 M-407 III级断面
M-2	1500	2400	2	苏J73-2 参M-310 III级断面

附图 1

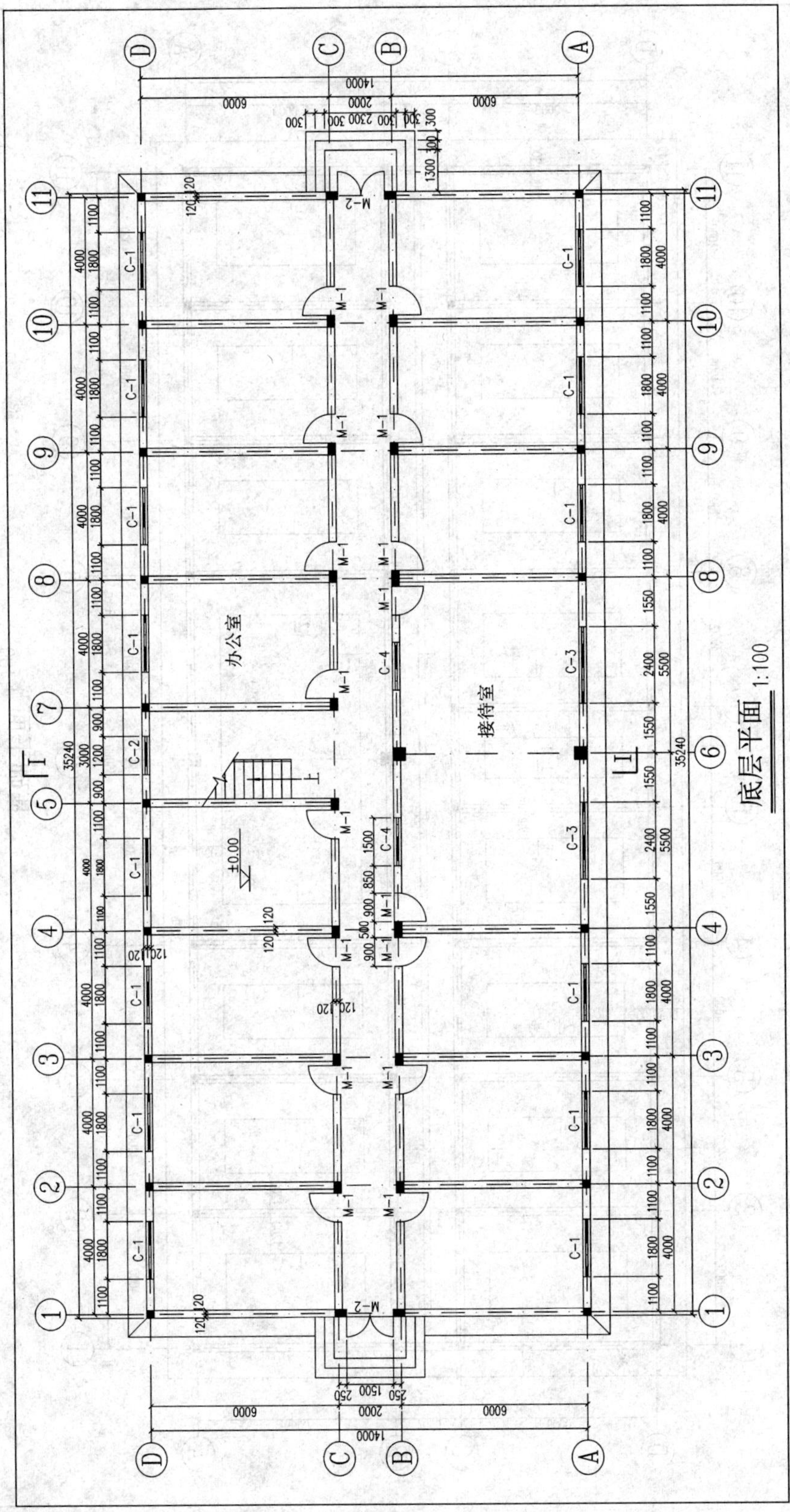

底层平面 1:100
办公室
接待室
±0.00
上
C-1
C-2
C-3
C-4
M-1
M-2
35240
14000
6000
2000
4000
1800
1100
5500
2400
1550
3000
1200
900
1500
850
500
120
250
2300
300
1300

附图 2

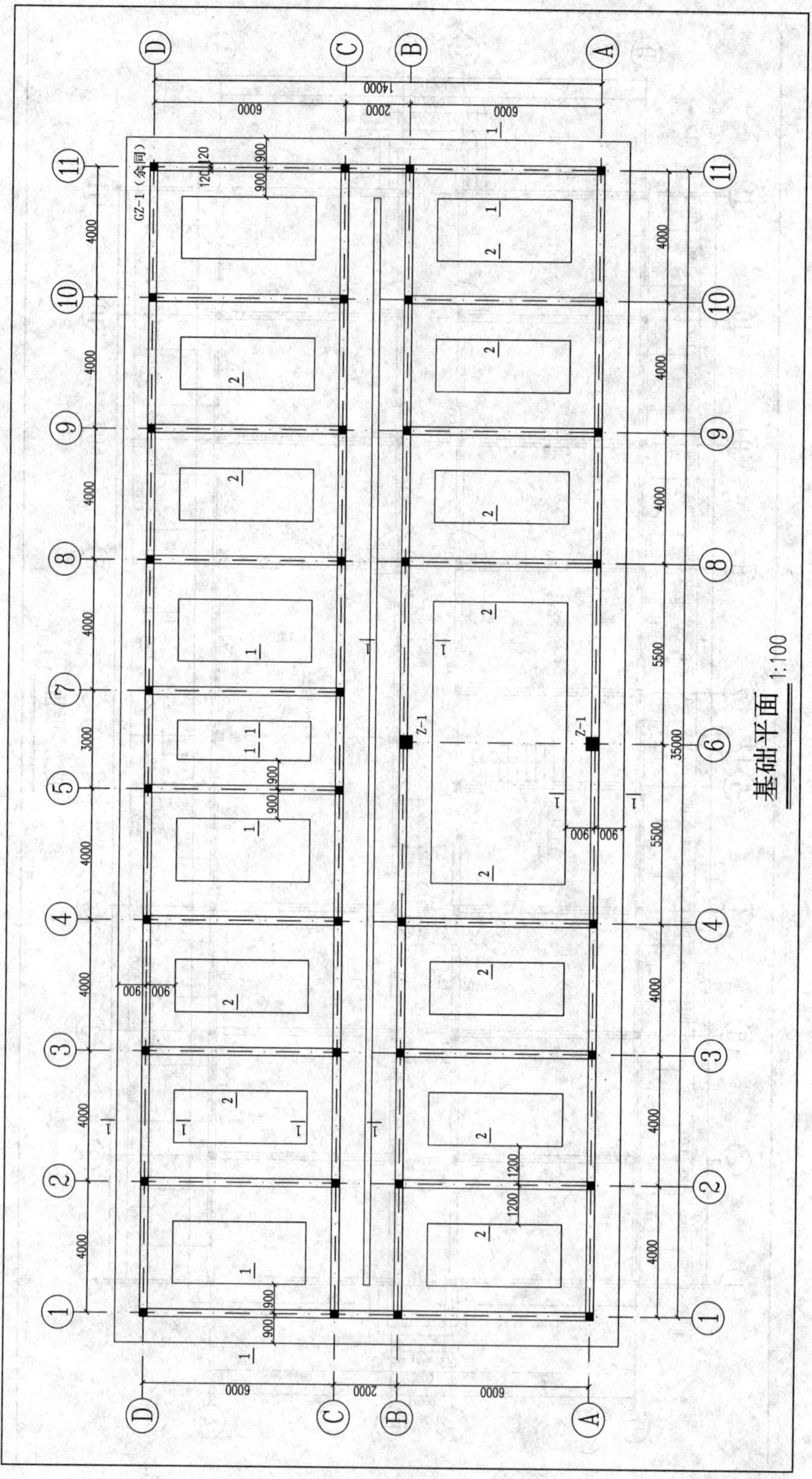

基础平面 1:100

附图 3

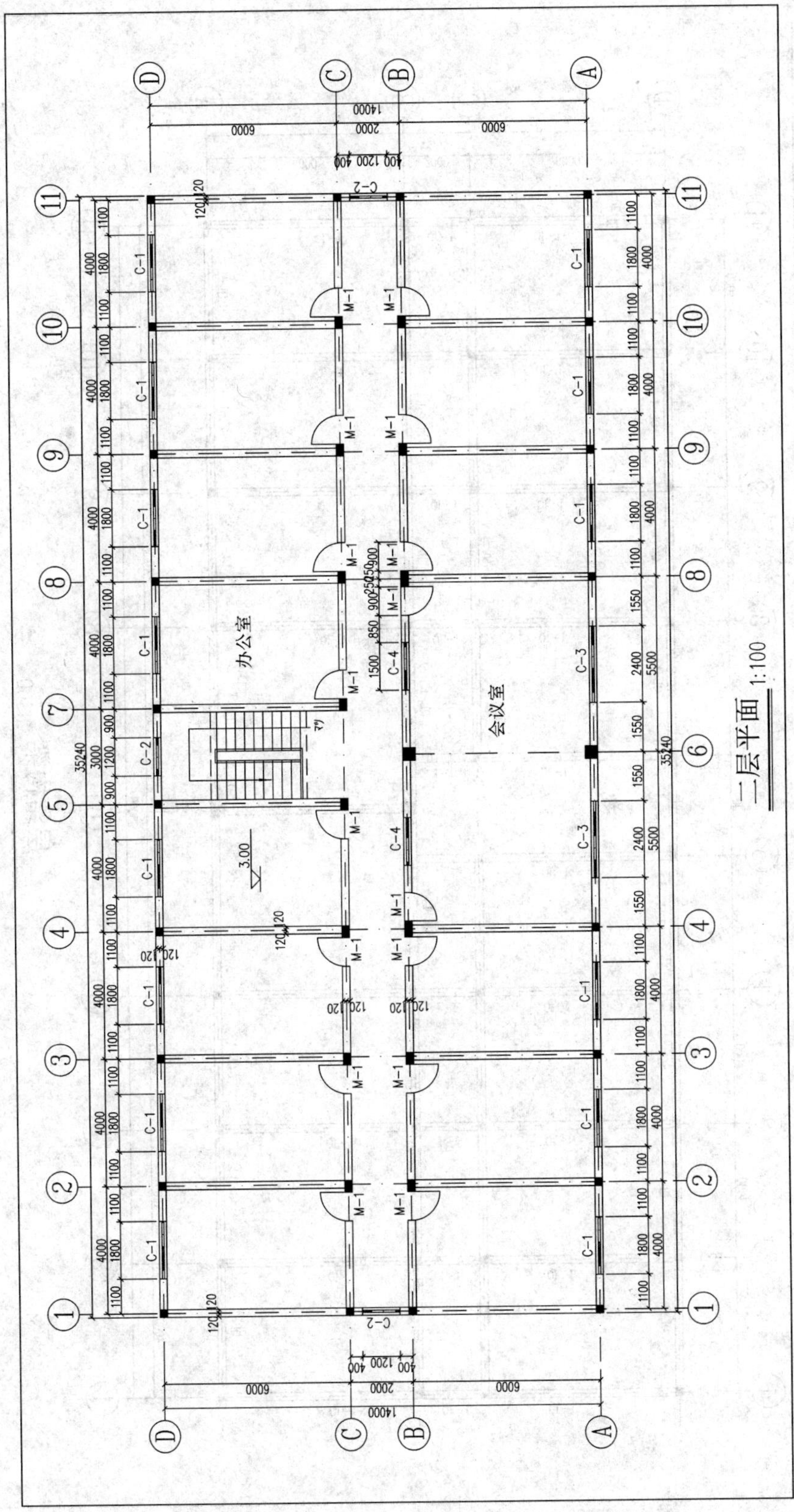

二层平面 1:100

附图 4

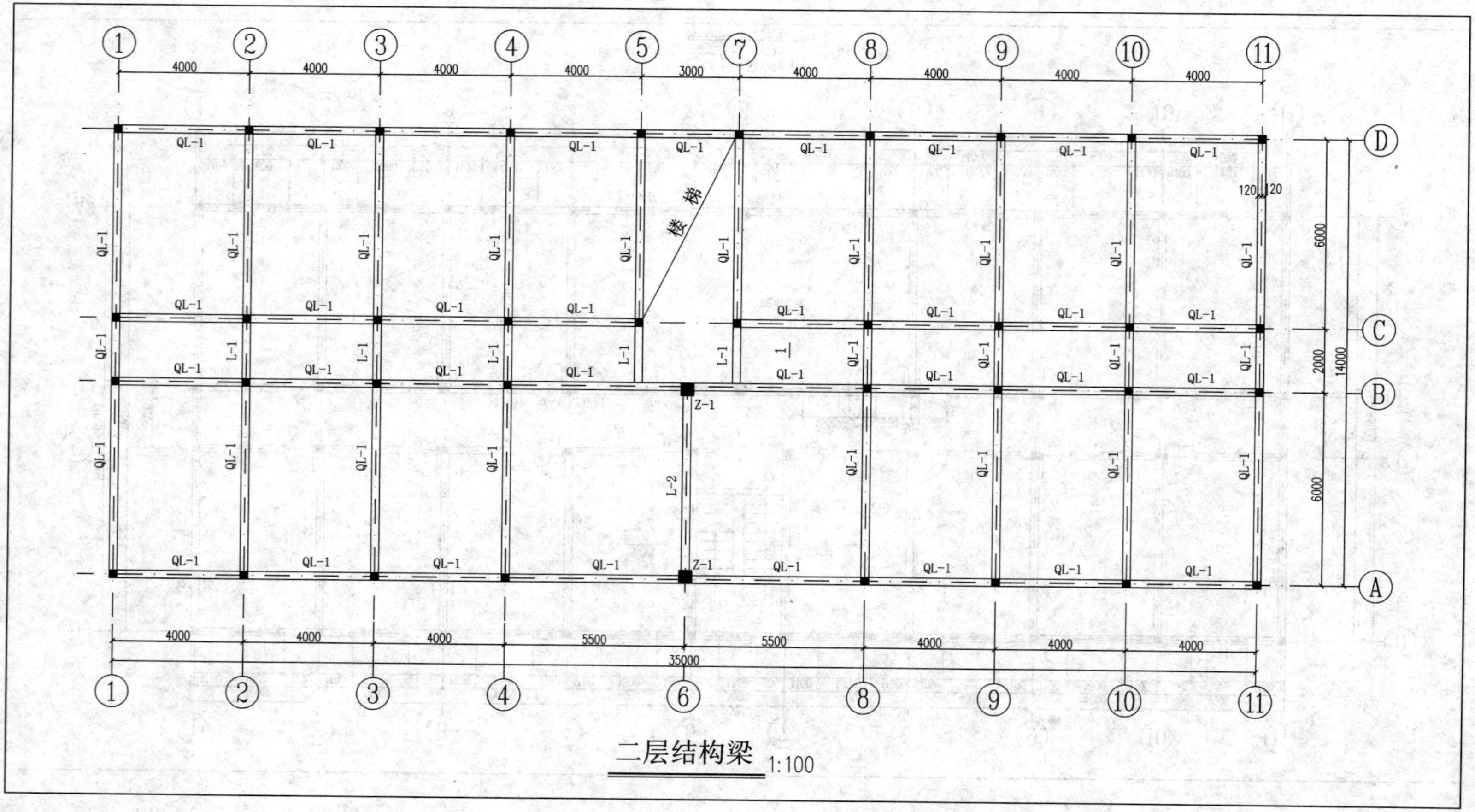
二层结构梁 1:100
楼梯
QL-1
L-1
L-2
Z-1
120
4000
3000
5500
35000
6000
2000
14000
1
2
3
4
5
6
7
8
9
10
11
A
B
C
D

附图 5

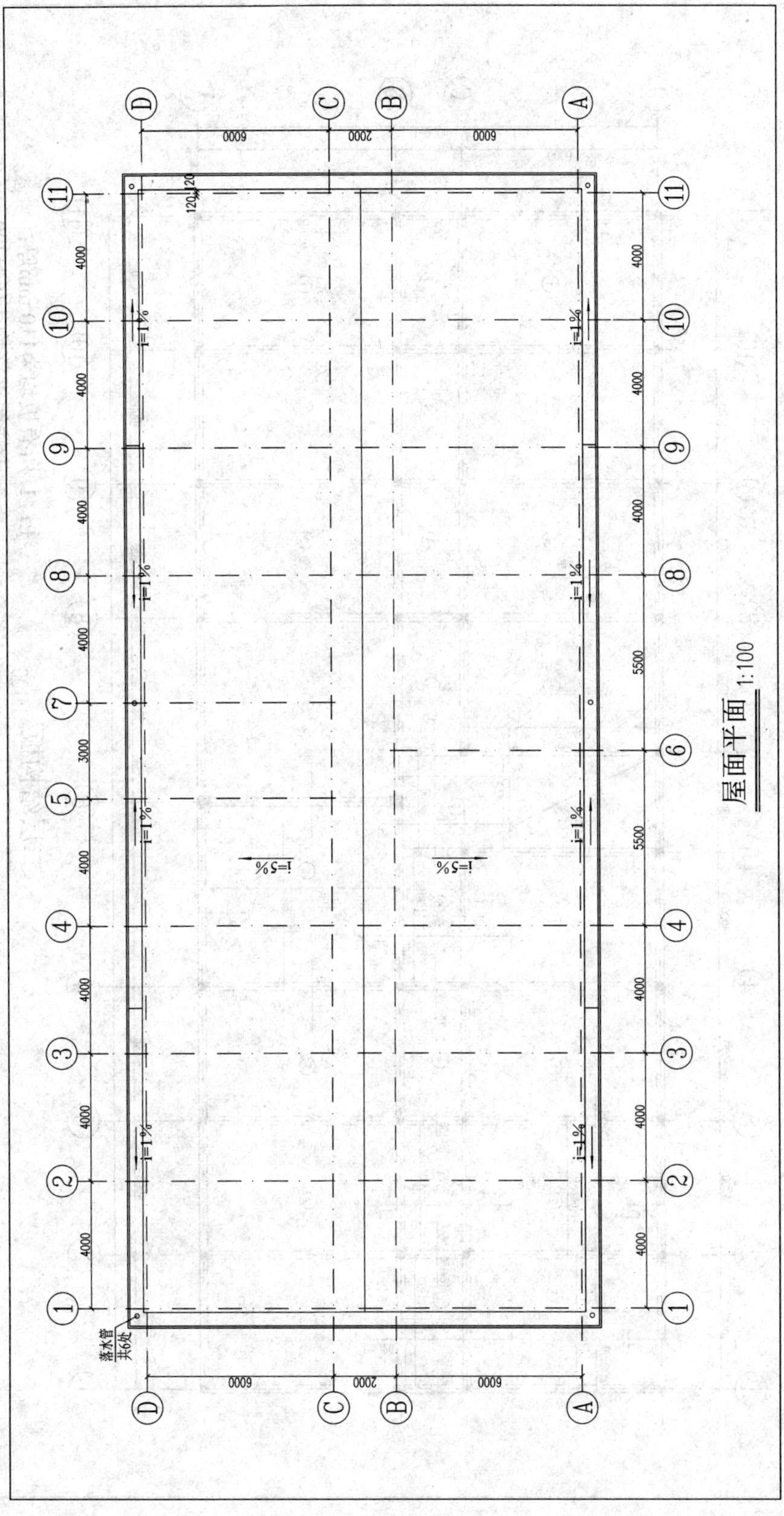

附图 6

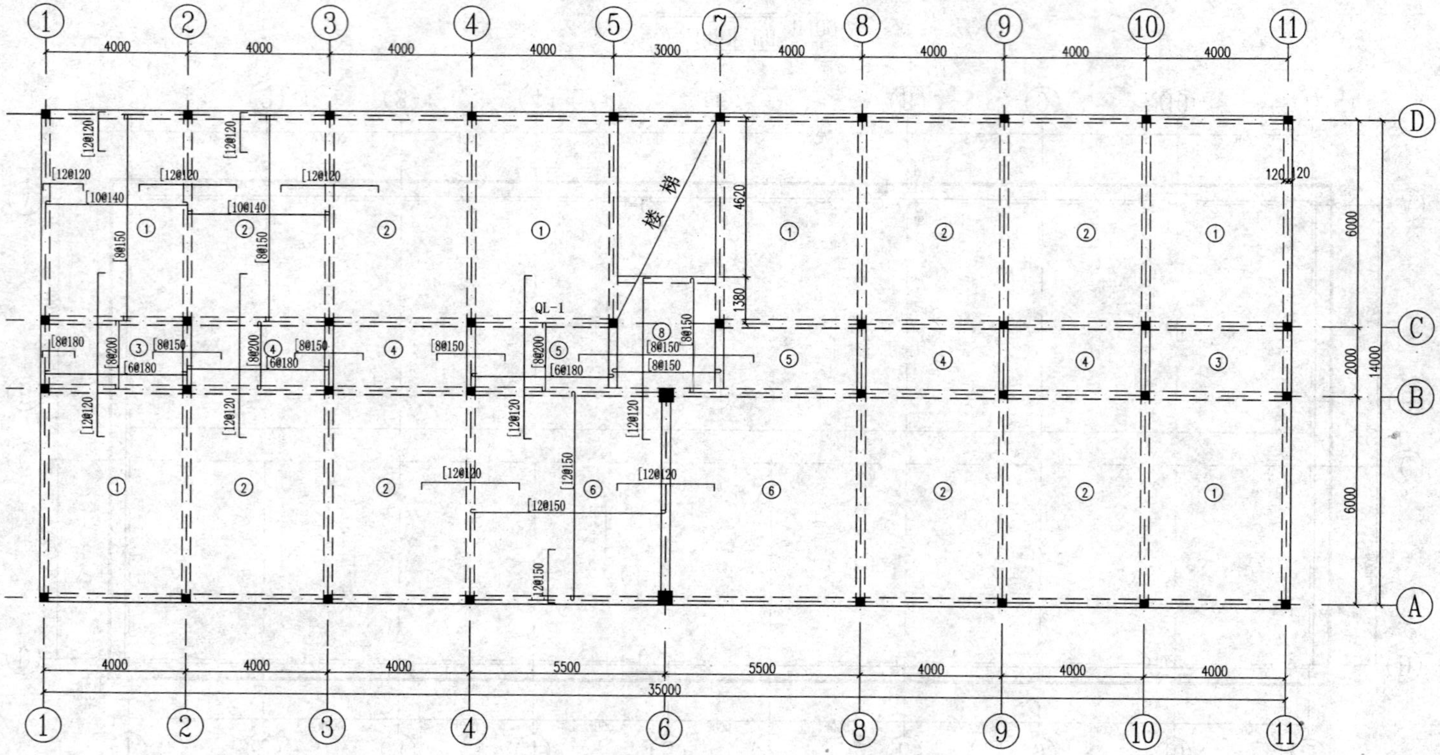

二层结构板 1:100

注：1. 所有板均为110 mm厚；
2. 未注明钢筋均为[6@200。

附图 7

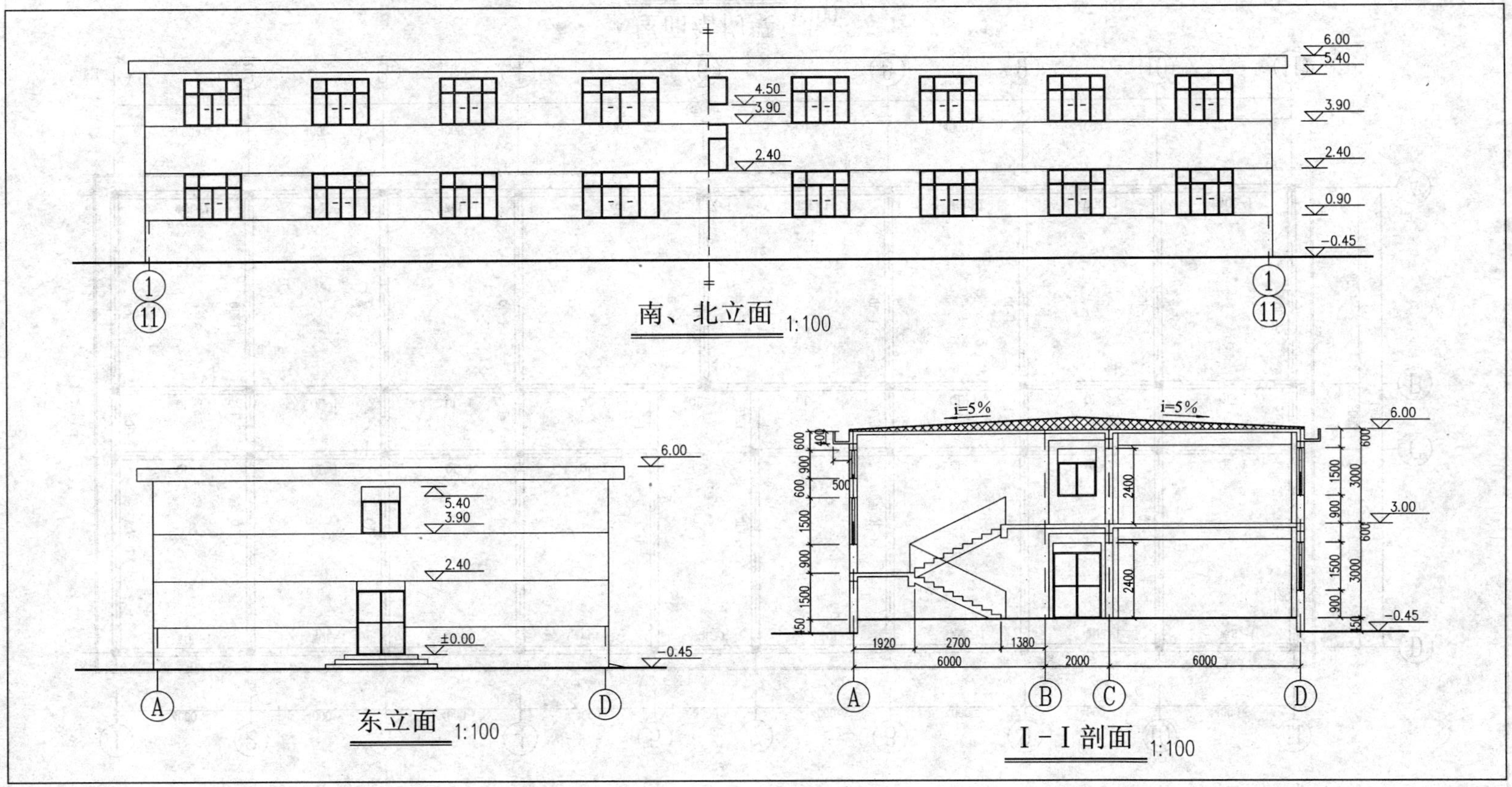
南、北立面 1:100
东立面 1:100
I－I 剖面 1:100
i=5%
6.00
5.40
4.50
3.90
3.00
2.40
0.90
±0.00
−0.45
1920
2700
1380
6000
2000
2400
1500
900
600
500
3000

附图 8

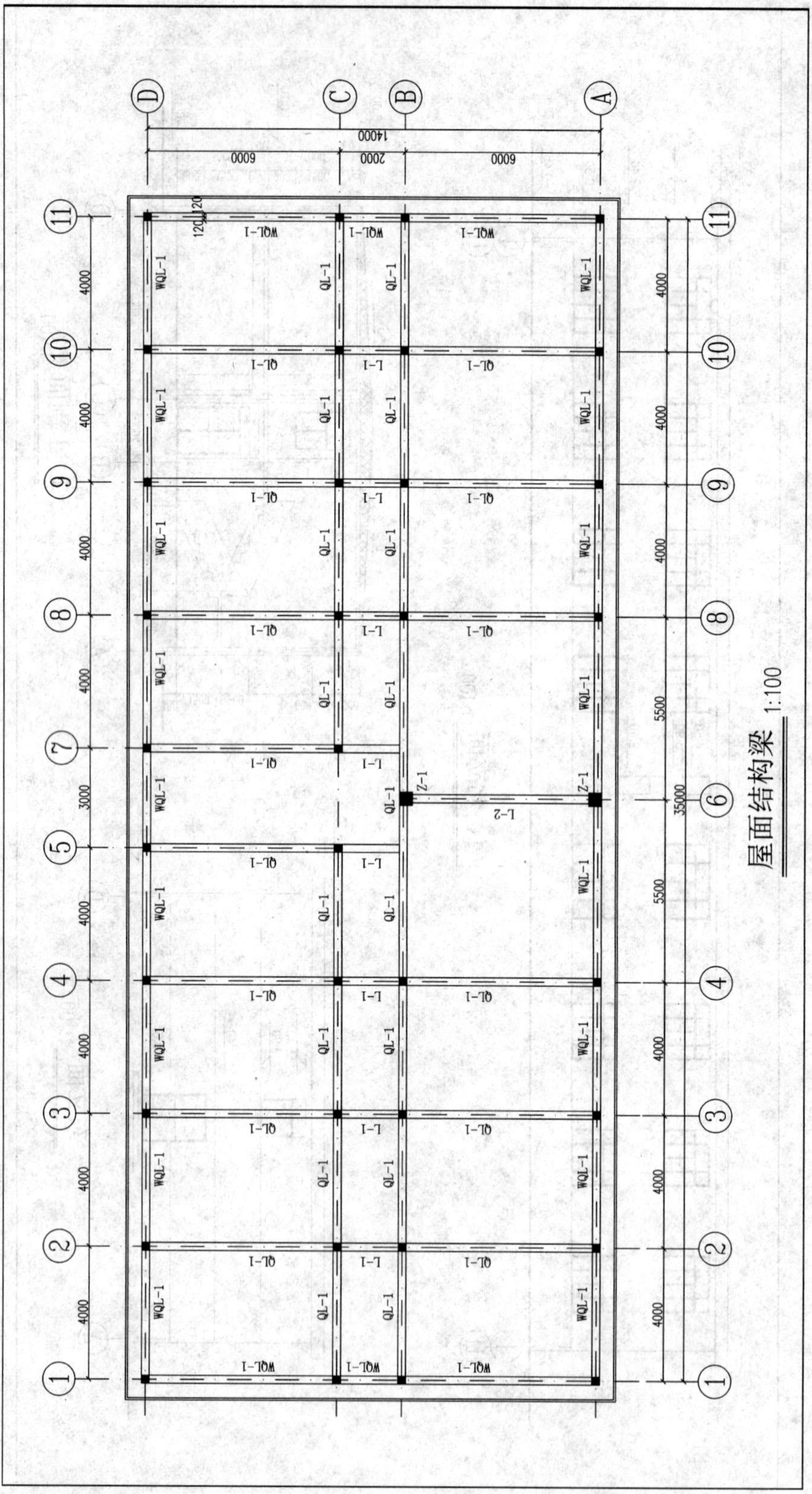

屋面结构梁 1:100

附图 9

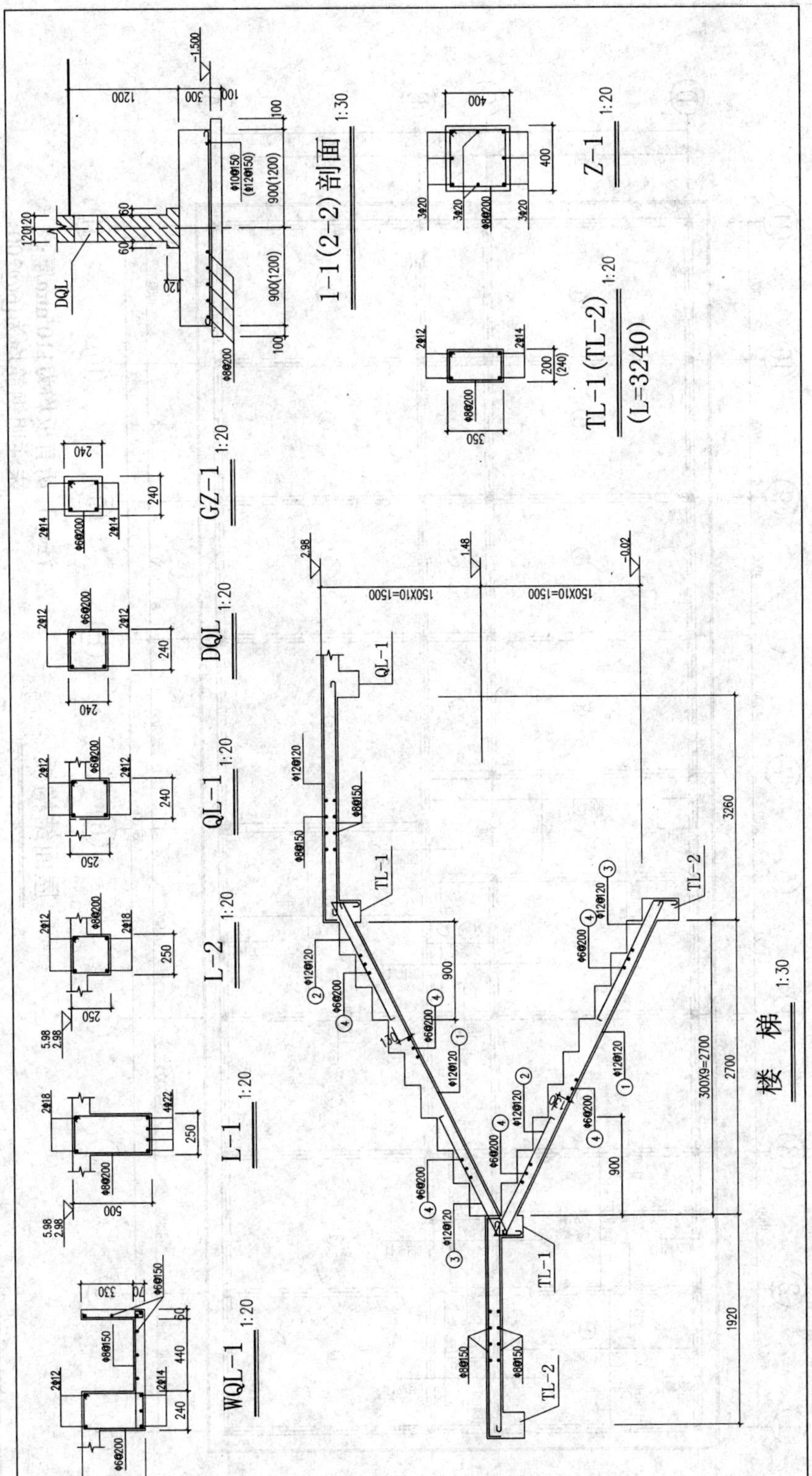
WQL−1 1:20
L−1 1:20
L−2 1:20
QL−1 1:20
DQL 1:20
GZ−1 1:20
1−1 (2−2) 剖面 1:30
TL−1 (TL−2) 1:20
(L=3240)
Z−1 1:20
楼 梯 1:30
TL−1
TL−2
QL−1
DQL

附图 10

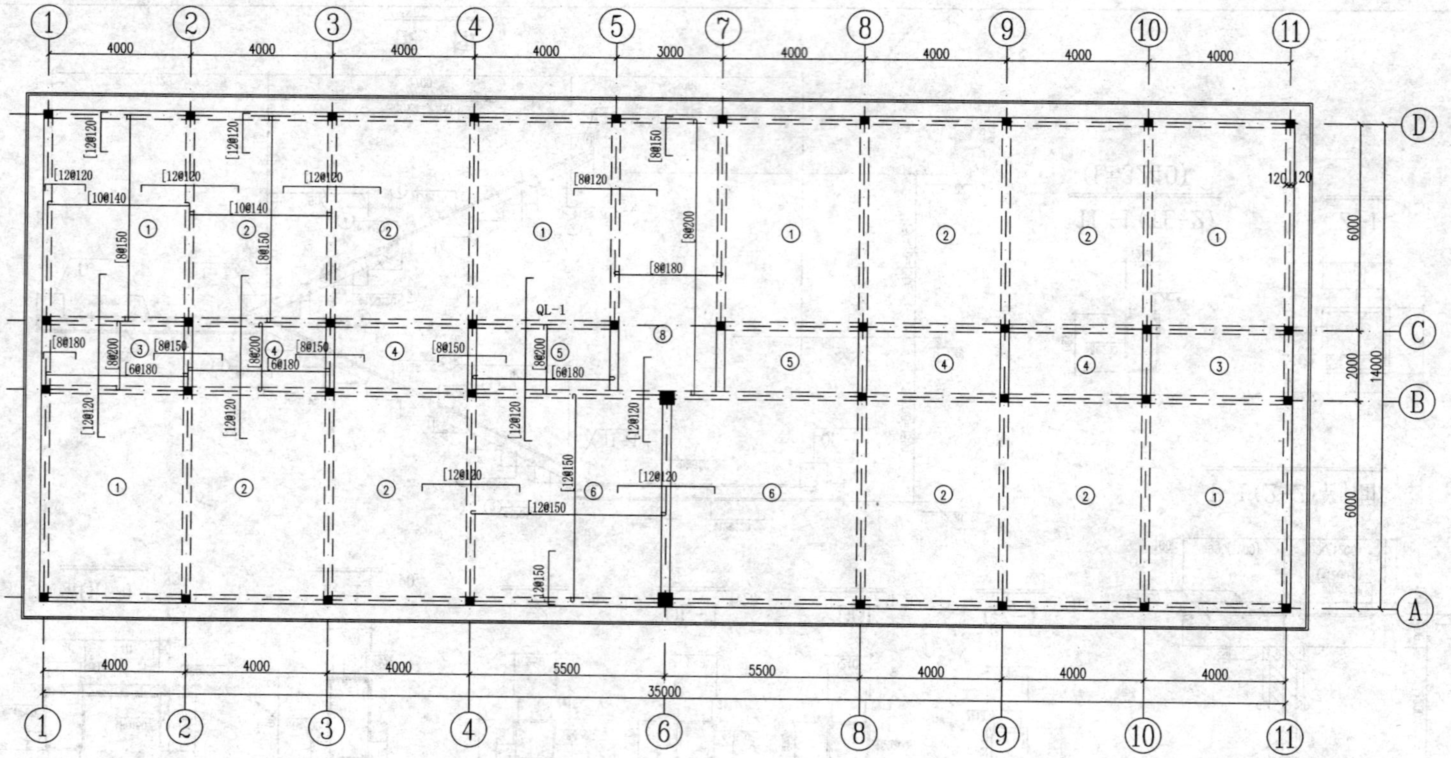

屋面结构板 1:100

注：1. 所有板均为110 mm厚；
2. 未注明钢筋均为[6@200。

附图 11

参考文献

[1] 廖雯. 工程量清单与计价[M]. 北京：中国建筑工业出版，2010.

[2] 廖雯. 新编装饰工程计价教程[M]. 北京：北京理工大学出版社，2011.

[3] 廖雯. 装饰工程计价实训练习册[M]. 徐州：中国矿业大学出版社，2012.

[4] 徐秀维. 建筑工程计量与计价[M]. 北京：机械工业出版社，2010.

[5] 王齐武. 建筑工程计量与计价[M]. 北京：中国建筑工业出版社，2007.

[6] 李宝英. 建筑工程计量与计价[M]. 北京：中国建筑工业出版社，2006.

[7] 何辉，吴瑛. 建筑工程计价新教程[M]. 杭州： 浙江人民出版社，2007.

[8] 刘钟莹. 建筑工程工程量清单计价[M]. 南京：东南大学出版社，2005.

[9] 李文娟. 建筑工程定额与清单计价[M]. 北京：北京理工大学出版社，2011.

[10] 徐南. 建筑工程定额与预算[M]. 北京：化学工业出版社，2005.

[11] 李景云，但霞. 建筑工程定额与预算[M]. 重庆：重庆大学出版，2004.

[12] 杨锐. 建筑工程定额与预算[M]. 北京：煤炭工业出版社，2004.

[13] 钱昆润. 建筑工程定额与预算[M]. 南京：东南大学出版社，2003.

[14] 高瞻. 建筑工程定额与预算[M]. 徐州：中国矿业大学出版社，1999。

[15] 于忠诚. 建筑工程定额与预算[M]. 北京：中国建筑工业出版社，1995.

[16] 张明轩. 怎样进行建筑工程概预算编制[M]. 北京：中国电力出版社，2011.

[17] 侯小霞. 建筑装饰工程概预算[M]. 北京：北京理工大学出版社，2009.

[18] 郎桂林. 建筑及装饰工程技术与计价[M]. 南京：江苏省建设工程造价管理总站，2009.